Bootstrap 从入门到项目实战

李爱玲 编著

清华大学出版社

北　京

内 容 简 介

本书从零基础开始讲解，用实例引导读者深入学习，深入浅出地讲解了Bootstrap 4网页设计的各项技术及实战技能。

本书共18章，主要内容包括：开发框架Bootstrap 4简介、使用最新的框架Bootstrap 4、快速掌握Bootstrap 4布局、Bootstrap 4的新布局——弹性盒子、核心工具库——CSS通用样式类、Bootstrap 4的新版式、认识CSS组件、深入掌握CSS组件、高级的CSS组件、Bootstrap 4的新增组件——旋转器和卡片、快速认识JavaScript插件、深入精通JavaScript插件等。最后讲解了6个行业热点项目实训，包括招聘网中的简历模板、仿星巴克网站、相册类博客项目、设计流行企业网站、Web设计与定制网站、开发神影视频网站。

本书适合任何想学习Bootstrap网页设计的读者，无论您是否从事相关行业，是否接触过Bootstrap网页设计，通过学习本书内容均可快速掌握Bootstrap网页设计和开发动态网站的方法和技巧。

本书封面贴有清华大学出版社防伪标签，无标签者不得销售。

版权所有，侵权必究。举报：010-62782989，beiqinquan@tup.tsinghua.edu.cn。

图书在版编目(CIP)数据

Bootstrap从入门到项目实战 / 李爱玲编著. —北京：清华大学出版社，2019.9 (2024.2 重印)
ISBN 978-7-302-53899-8

Ⅰ. ①B… Ⅱ. ①李… Ⅲ. ①网页制作工具 Ⅳ. ①TP393.092.2

中国版本图书馆 CIP 数据核字（2019）第 209546 号

责任编辑：张彦青
封面设计：李　坤
责任校对：吴春华
责任印制：杨　艳

出版发行：清华大学出版社
网　　　址：https://www.tup.com.cn，https://www.wqxuetang.com
地　　　址：北京清华大学学研大厦 A 座　　　　邮　　编：100084
社 总 机：010-83470000　　　　　　　　　　　邮　　购：010-62786544
投稿与读者服务：010-62776969，c-service@tup.tsinghua.edu.cn
质 量 反 馈：010-62772015，zhiliang@tup.tsinghua.edu.cn
印 装 者：三河市人民印务有限公司
经　　销：全国新华书店
开　　本：185mm×260mm　　　印　　张：25.25　　　字　　数：611 千字
版　　次：2019 年 9 月第 1 版　　　印　　次：2024 年 2 月第 9 次印刷
定　　价：78.00 元

产品编号：082917-01

前　言

为什么要写这样一本书

　　Bootstrap 是目前最受欢迎的前端框架之一。Bootstrap 是基于 HTML、CSS、JavaScript 的，它简洁灵活，能够在很大程度上降低 Web 前端开发的难度，因此深受广大 Web 前端开发人员的喜爱。Bootstrap 框架功能虽然强大，但是对于初学者来说入门比较困难，市场上的图书则以翻译为主，缺少一本真正适合初学者入门的书。本书以能让读者掌握 Bootstrap 框架技术作为编写本书的思路，知识点从易到难，讲解详细且透彻，结构合理，对于读者快速掌握 Bootstrap 前端框架有很大的帮助。

本书特色

零基础、入门级的讲解

　　无论您是否从事相关行业，无论您是否接触过 Bootstrap 网页设计，都能从本书中找到最佳起点。

实用、专业的范例和项目

　　本书从 Bootstrap 基本操作开始，逐步带领读者学习 Bootstrap 的各种应用技术，侧重实战技能，使用简单易懂的实际案例进行分析和操作指导，让读者学起来简明轻松，操作起来有章可循。

细致入微、贴心提示

　　本书在讲解过程中，在各章中使用了"注意""提示""技巧"等小栏目，使读者在学习过程中能更清楚地了解相关操作、理解相关概念，并轻松掌握各种操作技巧。

超值资源大放送

全程同步教学录像

　　涵盖本书所有知识点，详细讲解每个实例及项目的过程及技术关键点。比看书更能轻松地掌握书中所有的网页制作和设计知识，而且扩展的讲解部分使您得到比书中更多的收获。

超多容量王牌资源

　　赠送大量王牌资源，包括实例源代码、教学幻灯片、本书精品教学视频、88 个实用类网页模板、12 部网页开发必备参考手册、HTML 5 标签速查手册、精选的 JavaScript 实例、CSS 3 属性速查表、JavaScript 函数速查手册、CSS+DIV 布局赏析案例、精彩网站配色方案赏析、网页样式与布局案例赏析、Web 前端工程师常见面试题等。

读者对象

- 没有任何 Bootstrap 网页开发基础的初学者。
- 有一定的 Bootstrap 网页开发和基础，想精通前端框架开发的人员。
- 有一定的网页前端设计基础，没有项目经验的人员。
- 大专院校及培训学校的老师和学生。

创作团队

本书由李爱玲编著，参加编写的人员还有刘春茂、李艳恩和李佳康。在编写过程中，我们虽竭尽所能将最好的讲解呈现给了读者，但难免有疏漏和不妥之处，敬请读者不吝指正。

编 者

扫码下载本书视频二维码

目 录 **Contents**

第18章　项目实训6——开发神影视频网站

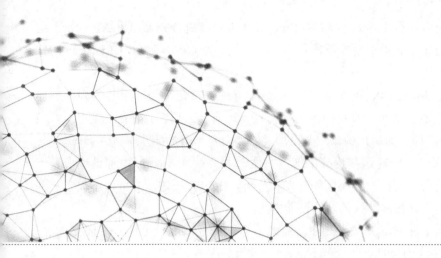

第1章

开发框架Bootstrap 4简介

　　Bootstrap 是一个简洁、直观、强悍的前端开发框架，只要学习并遵守它的标准，即使是没有学过网页设计的开发者，也能做出很专业、美观的页面，极大地提高工作效率。

　　Bootstrap 是目前最流行的一套前端开发框架，集成了 HTML、CSS 和 JavaScript 技术，为网页快速开发提供了包括布局、网格、表格、按钮、表单、导航、提示、分页、表格等组件。本章主要介绍 Bootstrap 的发展、优势、特性、网站欣赏和资源。

1.1
Bootstrap 概述

　　Bootstrap 是最受欢迎的 Web 前端框架之一，用于开发响应式布局、移动设备优先的 Web 项目。Bootstrap 是美国 Twitter 公司的设计师 Mark Otto（马克·奥托）和 Jacob Thornton（雅各布·桑顿）合作开发的，是基于 HTML、CSS、JavaScript 的简洁、直观、强悍的前端开发框架，使用它可以快速、简单地构建网页和网站。

1.1.1　Bootstrap 发展历史

　　在 Twitter 的早期，工程师们几乎使用他们熟悉的任何一个库来满足前端的需求，这就造成了网站维护困难、可扩展性不强、开发成本高等问题。在 Twitter 的第一个 Hack Week 期间，Bootstrap 最初是为了应对这些挑战而迅速发展的。

　　2010 年 6 月，为了提高内部的协调性和工作效率，Twitter 公司的几个前端开发人员自发成立了一个兴趣小组，小组早期主要围绕一些具体产品展开讨论。在不断的讨论和实践中，小组逐渐确立了一个清晰的目标，期望设计一个伟大的产品，即创建一个统一的工具包，允许任何人在 Twitter 内部使用它，并不断对其进行完善和超越。后来，这个工具包逐步演化为一个有助于建立新项目的应用系统。在它的基础上，Bootstrap 的构想产生了。

Bootstrap 项目由 Mark Otto 和 Jacob Thornton 主导建立，定位为一个开放源码的前端工具包。他们希望通过这个工具包提供一种精致、经典、通用，且使用 HTML、CSS 和 JavaScript 构建的组件，为用户构建一个设计灵活和内容丰富的插件库。

最终，Bootstrap 成为应对这些挑战的解决方案，并开始在 Twitter 内部迅速成长，形成了稳定版本。随着工程师对其不断的开发和完善，Bootstrap 进步显著，不仅包括基本样式，而且有了更为优雅和持久的前端设计模式。

2011 年 8 月，Twitter 将其开源，开源页面地址为：http://twitter.github.com/bootstrap。至今，Bootstrap 已发展到包括几十个组件，并已成为最受欢迎的 Web 前端框架之一。截至 2019 年 4 月 16 日，在 GitHub 上已有超过 7315 个关注、132545 个加星和 64838 个分支，如图 1-1 所示。当然，这个数字还在不断变化中。

图 1-1　GitHub 开源页面

1.1.2　Bootstrap 的优势

据调查，目前在各大中小型公司和企业中，很多前端项目都在全面推行使用 Bootstrap。当然如此火爆，自然有它的道理，下面为大家简单地分析一下。

第一，Bootstrap 出自 Twitter。由大公司发布，并且完全开源，自然久经考验，减少了测试的工作量。这也就是我们经常说到的站在巨人的肩膀上，不重复造轮子。

第二，Bootstrap 的代码有着非常良好的代码规范。在使用 Bootstrap 时也有助于我们养成良好的编码习惯，在 Bootstrap 的基础之上创建项目，日后代码的维护也变得异常简单清晰。

第三，Bootstrap 是基于 Less 打造的，并且也有 Sass 版本。Less/Sass 是 CSS 的预处理技术，正因如此，它一经推出就包含了一个非常实用的 Mixin 库供用户调用，使得开发者在开发过程中对 CSS 的处理更加简单。

第四，响应式开发。Bootstrap 响应式的网格系统（Grid System）非常先进，它已经帮用户搭建好了实现响应式设计的基础框架，并且非常容易修改，如果你是一个新手，Bootstrap 可以帮助你在非常短的时间内上手响应式布局的设计。

第五，丰富的组件与插件。Bootstrap 的 HTML 组件和 JavaScript 组件非常丰富，并且代码简洁，非常易于修改，如果你觉得它设计的样子不是自己所想要的，你完全可以在其基础之上修改成自己想要的任何样子。由于 Bootstrap 的火爆，又出现了不少围绕 Bootstrap 而开发的 JavaScript 插件，这就使得开发的工作效率得到极大提升。

以上这些都是使用 Bootstrap 所带来的优势。当然 Bootstrap 并不能帮你完成所有事情，它只是一个框架，在这个框架上面你依旧可以任意发挥，并且发挥得更好，但是前提是你要驾驭得了它。

1.1.3　Bootstrap 4 介绍

Bootstrap 4 是 Bootstrap 的最新版本，目前已经更新到了 Bootstrap 4.2.1 版本，还在持续更新中。本书使用的是 Bootstrap 4.2.1 版本，书中如果没有特别的说明，Bootstrap 4 就是指 Bootstrap 4.2.1 版本。

1. Bootstrap 4 是什么

Bootstrap 是全球最受欢迎的前端框架之一，用于开发响应式布局、移动设备优先的 Web 项目。它是一套用于 HTML、CSS 和 JS 开发的开源工具集。利用 Bootstrap 4 提供的 Sass 变量和大量 mixin、响应式栅格系统、可扩展的预制组件、基于 jQuery 的强大插件系统，能够快速开发出原型或者构建整个 App。

2. Bootstrap 4 与 Bootstrap 3

Bootstrap 4 与 Bootstrap 3 相比，其拥有更多具体的类并把一些有关的部分变成了相关的组件。同时 Bootstrap.min.css 的体积减小了 40% 以上。

Bootstrap 4 放弃了对 IE 8 的支持，现在仅仅支持 IE 9 以上版本的浏览器。如果还在使用 IE 9 以前的浏览器，可使用 Bootstrap 3。

3. Bootstrap 4 更新的重要内容

2015 年 8 月，Bootstrap 4 内测版发布。Bootstrap 4 是一次重大更新，几乎涉及每行代码。主要包括：

- 从 Less 迁移到 Sass：Bootstrap 编译速度比以前更快。
- 改进网格系统：新增一个网格层适配移动设备，并整顿语义混合。
- 支持选择弹性盒模型（Flexbox）：利用 Flexbox 的优势快速布局。
- 废弃了 wells、thumbnails 和 panels，使用 cards（卡片）代替。cards 是个全新概念，但使用起来与 wells、thumbnails 及 panels 很像，且更方便。

- 将所有 HTML 重置样式表整合到 Reboot 中：在用不了 Normalize.css 的地方，可以用 Reboot，它提供了更多选项。例如 box-sizing:border-box、margin tweaks 等都存放在一个单独的 Sass 文件中。

- 新的自定义选项：不再像前面的一样，将渐变、淡入淡出、阴影等效果分放在单独的样式表中，而是将所有选项都移到一个 Sass 变量中。想要给全局或考虑不到的角落定义一个默认效果时，只要更新变量值，然后重新编译就可以了。

- 不再支持 IE 8，使用 rem 和 em 单位：放弃对 IE 8 的支持意味着开发者可以放心地利用 CSS 的优点，不必研究 css hack 技巧或回退机制了。使用 rem 和 em 代替 px 单位，更适合做响应式布局，控制组件大小。如果要支持 IE 8，只能继续使用 Bootstrap 3。

- 重写所有 JavaScript 插件：为了利用 JavaScript 的新特性，Bootstrap 4 用 ES6 重写了所有插件。现在提供 UMD 支持、泛型拆解方法、选项类型检查等特性。

- 改进工具提示（tooltips）和弹窗（popovers）自动定位：这部分要感谢 Tether 工具的帮助。

- 改进文档：所有文档以 Markdown 格式重写，添加了一些方便的插件组织示例和代码片段，文档使用起来会更方便，搜索的优化工作也在进行中。

- 更多变化：支持自定义窗体控件、空白和填充类，此外还包括新的实用程序类等。

发布 Bootstrap 3 的时候，Bootstrap 曾放弃了对 2.x 版本的支持，给很多用户造成了麻烦，因此当升级到 Bootstrap 4 时，开发团队将继续修复 Bootstrap 3 的 bug，改进文档。Bootstrap 4 最终发布之后，Bootstrap 3 也不会下线。

1.1.4　Bootstrap 4 浏览器支持

Bootstrap 4 支持所有的主流浏览器和平台的最新的、稳定的版本。针对 Windows，则是支持 IE 10-11/Microsoft Edge 浏览器。

使用最新版本 WebKit、Blink 或 Gecko 内核的第三方浏览器（例如 360 安全浏览器、极速浏览器、搜狗浏览器、QQ 浏览器、UCweb 浏览器），无论是直接地还是通过 Web API 接口，虽然 Bootstrap 4 官方没有针对性的开发支持，但在大多数情况下也都是完美兼容，不会影响视觉呈现和脚本运行。

可以在 Bootstrap 源码文件中找到 .browserslistrc 文件，它包括支持的浏览器以及版本，代码如下所示：

```
#https://github.com/browserslist/browserslist#readme
>= 1%
last 1 major version
not dead
Chrome >= 45
Firefox >= 38
```

```
Edge >= 12
Explorer >= 10
iOS >= 9
Safari >= 9
Android >= 4.4
Opera >= 30
```

Bootstrap 4 在移动设备浏览器上的支持情况如表 1-1 所示。

表 1-1 移动设备浏览器上的支持情况

	Chrome	Firefox	Safari	Android Browser & WebView
安卓（Android）	支持	支持	N/A	Android v5.0+ 支持
苹果（iOS）	支持	支持	支持	N/A

Bootstrap 4 在桌面浏览器上的支持情况如表 1-2 所示。

表 1-2 桌面浏览器上的支持情况

	Chrome	Firefox	Internet Explorer	Microsoft Edge	Opera	Safari
Mac	支持	支持	N/A	N/A	支持	支持
Windows	支持	支持	支持，IE10+	支持	支持	不支持

对于 Firefox 浏览器，除了最新的普通稳定版本，还支持 Firefox 浏览器最新的扩展版本。

大多数情况下，在 Chromium、Chrome for Linux、Firefox for Linux 和 IE 9 中，Bootstrap 4 运行良好，尽管它们没有得到官方的支持。

对于 IE 浏览器来说，支持 IE 10 及更高版本，不支持 IE 9（即使大多兼容，依然不推荐）。

注意

IE 10 中不完全支持某些 CSS 3 属性和 HTML 5 元素，或者需要前缀属性才能实现完整的功能（访问 https://caniuse.com 网站可以了解不同浏览器对 CSS 3 和 HTML 5 功能的支持）。

1.2
Bootstrap 特性

下面简单地介绍一下 Bootstrap 的功能和特色。

1.2.1 Bootstrap 4 的构成

Bootstrap 4 构成模块从大的方面可以分为页面布局、页面排版、通用样式、基本组件和 jQuery 插件等部分。下面简单介绍一下 Bootstrap 4 中各模块的功能。

1. 页面布局

布局对于每个项目都必不可少。Bootstrap 在 960 栅格系统的基础上扩展出一套优秀的栅格布局，而在响应式布局中有更强大的功能，能让栅格布局适应各种设备。这种栅格布局使用也相当简单，只需要按照 HTML 模板应用，即可轻松构建所需的布局效果。

2. 页面排版

页面排版的好坏直接影响产品风格，在 Bootstrap 中，页面的排版都是从全局的概念上出发，定制了主体文本、段落文本、强调文本、标题、Code 风格、按钮、表单、表格等格式。

3. 通用样式

Bootstrap 4 定义了通用样式类，包括边距、边框、颜色、对齐方式、阴影、浮动、显示与隐藏等，可以使用这些通用样式快速开发，无须再编写大量 CSS 样式。

4. 基本组件

基本组件是 Bootstrap 的精华之一，它们都是开发者平时需要用到的交互组件。例如按钮、下拉菜单、标签页、工具栏、工具提示和警告框等。这些组件都配有 jQuery 插件，运用它们可以大幅度提高用户的交互体验，使产品不再那么呆板、无吸引力。

5. jQuery 插件

Bootstrap 中的 jQuery 插件主要用来帮助开发者实现与用户交互的功能。下面是 Bootstrap 提供的常见插件。

（1）模态框（Modal）：在 JavaScript 模板基础上自定义的一款灵活性极强的弹出蒙版效果的插件。

（2）下拉菜单（Dropdown）：Bootstrap 中一款轻巧实用的插件，可以帮助实现下拉功能，例如下拉菜单、下拉工具栏等。

（3）滚动监听（Scrollspy）：实现监听滚动条位置的效果，例如在导航中有多个标签，用户单击其中一个标签，滚动条会自动定位到导航中标签对应的文本位置。

（4）标签页（Tab）：这个插件能够快速实现本地内容的切换，动态切换标签页对应的本地内容。

（5）工具提示（Tooltip）：一款优秀的 jQuery 插件，无须加载任何图片，采用 CSS 3 新技术，动态显示存储的标题信息。

（6）弹出提示（Popover）：在 Tooltips 的插件上扩展，用来显示一些叠加内容的提示效果，此插件需要配合 Tooltips 使用。

（7）警告框（Alert）：用来关闭警告信息块。

（8）按钮（Button）：用来控制按钮的状态。

（9）折叠（Collapse）：一款轻巧实用的手风琴插件，可以用来制作面板或菜单折叠效果。

（10）轮播（Carousel）：实现图片播放功能的插件。

1.2.2　Bootstrap 的特色

Bootstrap 是目前最好的前端开发工具包之一，它拥有以下特色。

（1）支持响应式设计：从 Bootstrap 2 开始，提供完整的响应式特性。所有的组件都能根据分辨率和设备灵活缩放，从而提供一致性的用户体验。

（2）适应各种技术水平：Bootstrap 适应不同技术水平的从业者，无论是设计师，还是程序开发人员，不管是骨灰级别的大牛，还是刚入门槛的菜鸟，使用 Bootstrap 既能开发简单的小东西，也能构造更为复杂的应用。

（3）跨设备、跨浏览器：最初设想的 Bootstrap 只支持现代浏览器，不过新版本已经能支持所有主流浏览器，甚至包括 IE 7。从 Bootstrap 2 开始，提供对平板和智能手机的支持。

（4）提供 12 列网格布局：网格系统不是万能的，不过在应用的核心层有一个稳定和灵活的网格系统可以让开发变得更简单。

（5）样式化的文档：与其他前端开发工具包不同，Bootstrap 优先设计了一个样式化的使用指南，不仅可以用来介绍特性，更可以用来展示最佳实践、应用以及代码示例。

（6）不断完善的代码库：尽管经过 gzip 压缩后，Bootstrap 只有 10KB 大小，但是它却仍是最完备的前端工具包之一，提供了几十个全功能的随时可用的组件。

（7）可定制的 jQuery 插件：任何出色的组件设计，都应该提供易用、易扩展的人机界面。Bootstrap 为此提供了定制的 jQuery 内置插件。

（8）选用 LESS 构建动态样式：当传统的枯燥 CSS 写法止步不前时，LESS 技术横空出世。LESS 使用变量、嵌套、操作、混合编码，帮助用户花费很少的时间成本，编写更快、更灵活的 CSS。

（9）支持 HTML 5：Bootstrap 支持 HTML 5 标签和语法，可在 HTML 5 文档类型基础上进行设计和开发。

（10）支持 CSS 3：Bootstrap 支持 CSS 3 所有属性和标准，逐步改进组件以达到最终效果。

（11）提供开源代码：Bootstrap 全部托管于 GitHub（https://github.com/），完全开放源代码，并借助 GitHub 平台实现社区化开发和共建。

1.3
Bootstrap 应用浏览

Bootstrap 是目前最受欢迎也是最简洁的建站方式之一，所以互联网上涌现了很多基于 Bootstrap 建设的网站。同时，还出现了许多 Bootstrap 扩展插件。

1.3.1　Bootstrap 网站

下面介绍 3 个不同类型的国内网站，这些网站虽然鲜为人知，但分别从不同的侧面展示 Bootstrap 在开发中的应用效果。如果读者想了解更多的 Bootstrap 网站，可以浏览 http://www.youzhan.org/。

1. 星巴克（https://www.starbucks.com.cn/）

星巴克（Starbucks）是一家连锁咖啡公司的名称，网站比较独特，采用两栏的方式进行布局，如图 1-2 所示。

图 1-2　星巴克网站首页

2. 派悦坊（https://www.pantrysbest.com/）

派悦坊是一个甜点网站，如图 1-3 所示。

图 1-3　派悦坊网站首页

3. 悦合同（https://yuehetong.com/）

悦合同是一个以司法大数据作为工具，致力于打造专业化的企业顾问服务的网站。页面整体效果大方、美观，如图 1-4 所以。

图 1-4　悦合同网站首页

1.3.2　Bootstrap 插件

Bootstrap 的使用越来越广泛，而且越来越多的人为 Bootstrap 开发各种扩展插件来增强 Bootstrap 的功能。下面介绍一些常用的插件。

1）Font Awesome

http://fontawesome.dashgame.com/。

Font Awesome 提供可缩放的矢量图标，Font Awesome 是一套专为 Bootstrap 设计的图标字体，几乎囊括了网页中可能用到的所有图标，可以使用 CSS 所提供的所有特性对它们进行更改，包括：大小、颜色、阴影或者其他任何支持的效果。

2）Flat UI

http://www.bootcss.com/p/flat-ui/。

Flat UI 由 Designmodo 提供。Flat UI 包含了许多 Bootstrap 提供的组件，外观上更加漂亮，所以 Flat UI 迅速普及开来。

3）Bsie

http://www.bootcss.com/p/bsie/。

Bsie 弥补了 Bootstrap 对 IE 6 的不兼容。目前，Bsie 能在 IE 6 上支持大部分 Bootstrap 的特性，但还有一些无法支持。

4）Sco.js

http://www.bootcss.com/p/sco.js/。

Sco.js 创造的起因是为了增强 Bootstrap 中现有的 JavaScript 组件，并且也为了满足项目的特定需求。

5）jQuery-UI-Bootstrap

http://www.bootcss.com/p/jquery-ui-bootstrap/。

jQuery-UI-Bootstrap 将 Bootstrap 应用到了 jQuery UI 控件上，让用户在使用 jQuery UI 控件时也能充分利用 Bootstrap 的样式，而且不会出现样式不统一的情况。

6）HTML 5 Boilerplate

http://www.bootcss.com/p/html5boilerplate/。

HTML 5 Boilerplate 是最流行的 Web 开发前端模板，可以快速构建健壮、适应性强的 App 或网站。

7）Metro UI CSS

http://www.bootcss.com/p/metro-ui-css/。

Metro UI CSS 是一套用来创建类似于 Windows 8 Metro UI 风格网站的样式。

8）Chart.js

https://chartjs.bootcss.com/。

Chart.js 是一个简单、灵活的 JavaScript 图表工具，是专门为设计和开发人员准备的。

1.4
Bootstrap 开发工具和资源

对于初学者来说，拥有好的学习资源，将会对学习 Bootstrap 起到事半功倍的效果。

1.4.1　Bootstrap 开发工具

Layoutit（http://www.bootcss.com/p/layoutit/）是一个在线工具，首页效果如图 1-5 所示。它可以简单而又快速地搭建 Bootstrap 响应式布局，操作基本是使用拖动方式来完成的，而元素都是基于 Bootstrap 框架集成的，所以这个工具很适合网页设计师和前端开发人员使用。

图 1-5　Layoutit 工具首页效果

ibootstrap（http://www.ibootstrap.cn/）也是一个在线工具，和 Layoutit 工具类似，界面如图 1-6 所示。ibootstrap 适配了很多浏览器，同时可以简单可视化编辑和生成，有基本的布局设置、基本的 CSS 布局、工具组件和 JavaScript 工具，操作基本上是使用拖动方式来完成的。

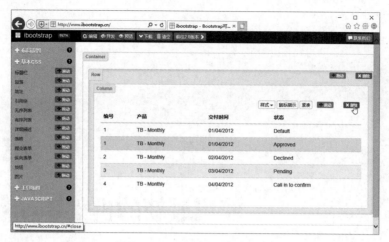

图 1-6　ibootstrap 工具首页效果

1.4.2　Bootstrap 资源

使用 Bootstrap 开发网站，就像在拼图一样，需要什么就拿什么，最后拼成一个完整的样子。Bootstrap 框架定义了大量的组件，根据网页的需要，可以直接拿来相应的组件进行拼凑，然后稍微添加一些自定义的样式风格，即可完成网页的开发。对于初学者来说，花几个小时阅读本书，就能快速地了解各个组件的用法，只要按照它的使用规则使用即可。

Bootstrap 3 中文网：http://www.bootcss.com/

Bootstrap 3 英文参考 https://getbootstrap.com/

Bootstrap 4 中文网：https://v4.bootcss.com/

Bootstrap 4 英文参考：https://getbootstrap.com/docs/4.0/getting-started/introduction/

Bootstrap 4.2.1 英文参考：https://getbootstrap.com/docs/4.2/getting-started/introduction/

Bootstrap 所有版本：https://getbootstrap.com/docs/versions/

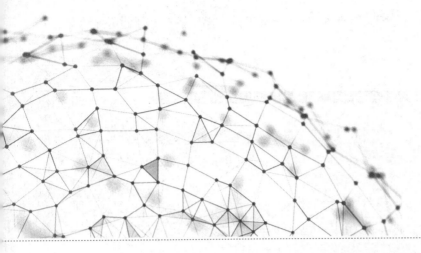

第2章

使用最新的框架Bootstrap 4

为了帮助读者快速入门，本章主要介绍如何安装和使用 Bootstrap，为后续深入学习 Bootstrap 奠定基础。

2.1
下载 Bootstrap

下载 Bootstrap 4.2.1 版本之前，先确保系统中是否准备好了一个网页编辑器，本书使用 WebStorm 软件。另外，读者应该对自己的网页水平进行初步评估，是否基本掌握 HTML 和 CSS 技术，以便在网页设计和开发中轻松学习和使用 Bootstrap。

Bootstrap 提供了几个快速上手的方式，每种方式都针对不同级别的开发者和不同的使用场景。Bootstrap 压缩包包含两个版本，一个是供学习使用的完整版，另一个是供直接引用的编译版。

1）下载源码版 Bootstrap 4.2.1

访问 GitHub，找到 Twitter 公司的 Bootstrap 项目页面（https://github.com/twbs/bootstrap/），即可下载最新版本的 Bootstrap 压缩包，如图 2-1 所示。通过这种方式下载的 Bootstrap 压缩包，名称为 bootstrap-master.zip，包含 Bootstrap 库中所有的源文件以及参考文档，它们适合读者学习和交流使用。

用户也可以通过访问 https://getbootstrap.com/docs/4.2/getting-started/download/ 页面下载源码文件，如图 2-2 所示。

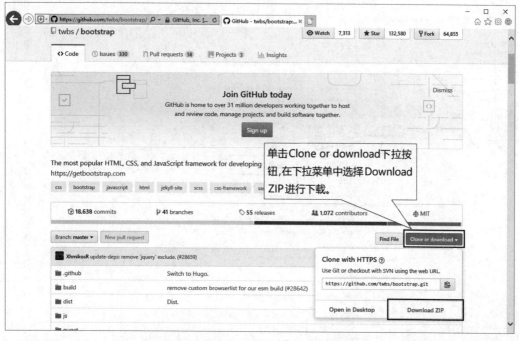

图 2-1　GitHub 上下载 Bootstrap 压缩包

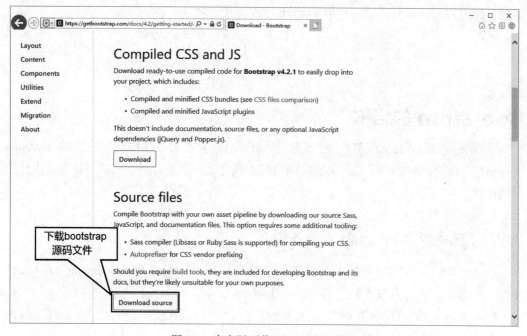

图 2-2　在官网下载 Bootstrap 源代码

2）下载编译版 Bootstrap

如果希望快速地使用 Bootstrap，可以直接下载经过编译、压缩后的发布版，访问
https://getbootstrap.com/docs/4.2/getting-started/download/ 页面，单击 Download 按钮进行
下载，下载文件名称为 bootstrap-4.2.1-dist.zip，如图 2-3 所示。

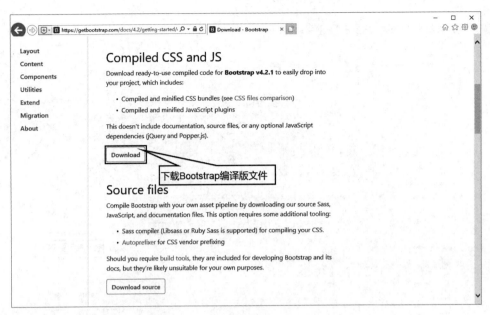

图 2-3 在官网下载编译版的 Bootstrap

编译版的 Bootstrap 文件仅包括 CSS 文件和 JavaScript 文件，Bootstrap 4 中删除了字体图标文件。直接复制压缩包中的文件到网站目录，导入相应的 CSS 文件和 JavaScript 文件，即可在网站和网页中应用 Bootstrap 的内容。

2.2
Bootstrap 的结构

下载 Bootstrap 4.2.1 压缩包，在本地进行解压，就可以看到压缩包中包含的 Bootstrap 文件结构，Bootstrap 提供了编译和压缩两个版本的文件，下面针对不同的下载方式进行简单的说明。

2.2.1 源码版 Bootstrap 文件结构

在 2.1 节中，如果按照第一种方法下载源码版 Bootstrap，解压 bootstrap-master.zip 文件，就可以看到其中包含的所有文件，如图 2-4 所示。

Bootstrap 4.2.1 源代码包中包含了预编译的 CSS 和 JavaScript 资源，以及源 Sass、JavaScript、例子和文档，核心结构如图 2-5 所示，说明如下。

（1）dist 文件夹：包含了编译版 Bootstrap 4.2.1 包中的所有文件。

（2）docs 文件夹：是开发者文件夹。

（3）examples 文件夹：是 Bootstrap 例子文件夹。

图 2-4　源码文件结构　　　图 2-5　核心结构

（4）scss 文件夹：CSS 源码文件夹。

（5）js 文件夹：JavaScript 源码文件夹。

其他文件则是对整个 BootStrap 4.2.1 开发、编译提供支持的文件以及授权信息、支持文档。

2.2.2　编译版 Bootstrap 文件结构

在 2.1 节中，如果按照第二种方法下载编译版 Bootstrap，解压 bootstrap.zip 文件可以看到该压缩包中包含的所有文件，如图 2-6 所示。Bootstrap 提供了两种形式的压缩包，在下载的压缩包内可以看到一些目录和文件，这些文件按照类别放在不同的目录内，并提供了压缩和未压缩两种版本。

其中 bootstrap.* 是预编译的文件，bootstrap.min.* 是编译且压缩后的文件，用户可以根据需要选择引用。bootstrap.*.map 格式的文件，是 Source map 文件，需要在特定的浏览器开发者工具下才可使用。

图 2-6　编译版 Bootstrap 文件结构

注意

　　所有的 JavaScript 插件都依赖 jQuery 库。因此 jQuery 必须在 bootstrap.*.js 之前引入，在 package.json 文件中可查看 Bootstrap 4.2.1 支持的 jQuery 版本，详见 bootstrap-master.zip 源码版压缩包。

2.3
安装 Bootstrap

Bootstrap 4.2.1 压缩包下载到本地之后，就可以安装使用了，本节介绍两种方法安装 Bootstrap 框架。

2.3.1 本地安装

移动设备优先，Bootstrap 4 不同于历史版本，它首先为移动设备优化代码，然后用 CSS 媒体查询来扩展组件。为了确保所有设备的渲染和触摸效果，必须在网页的 <head> 区添加响应式的视图标签，代码如下：

```
<meta name="viewport" content="width=device-width, initial-scale=1, shrink-to-fit=no">
```

接下来安装 Bootstrap，需要以下两步。

第 1 步：安装 Bootstrap 的基本样式，在 <head> 标签中，使用 <link> 标签调用 CSS 样式，这是常见的一种调用方法。另外还需要包含一个 viewportmeta 标记来进行适当的响应行为。

```
<!DOCTYPE html>
<html>
<head>
    <meta charset="UTF-8">
    <meta name="viewport" content="width=device-width, initial-scale=1, shrink-to-fit=no">
    <title>Title</title>
    <link rel="stylesheet" href="bootstrap-4.2.1-dist/css/bootstrap.css">
    <link rel="stylesheet" href="css/style.css">
</head>
<body>
</body>
</html>
```

其中 bootstrap.css 是 Bootstrap 的基本样式，style.css 是项目自定义的样式。

注意

　　　　调用必须遵从先后顺序。style.css 是项目中的自定义样式，用来覆盖 Bootstrap 中的一些默认设置，便于开发者定制本地样式，所以必须在 bootstrap.css 文件后面引用。

第 2 步：CSS 样式安装完成后，开始安装 bootstrap.js 文件。方法很简单，按照与 CSS 样式相似的引入方式，把 bootstrap.js 和 jquery.js 引入页面代码中即可。

```
<!DOCTYPE html>
<html>
```

```html
<head>
    <meta charset="UTF-8">
    <meta name="viewport" content="width=device-width, initial-scale=1, shrink-
to-fit=no">
    <title>Title</title>
    <link rel="stylesheet" href="bootstrap-4.2.1-dist/css/bootstrap.css">
    <link rel="stylesheet" href="css/style.css">
</head>
<body>
<!--页面内容-->
<script src="jquery.js"></script>
<script src="Popper.js"></script>
<script src="bootstrap-4.2.1-dist/js/bootstrap.js"></script>
</body>
</html>
```

其中 jquery.js 是 jQuery 库基础文件；Popper.js 是一些 Bootstrap 插件依赖的文件，例如，弹窗插件、工具提示插件、下拉菜单插件等；bootstrap.js 是 Bootstrap 的 jQuery 插件的源文件。JavaScript 脚本文件建议置于文档尾部，即放置在 </body> 标签的前面。

2.3.2 在线安装

Bootstrap 官网为 Bootstrap 构建了 CDN 加速服务，访问速度快、加速效果明显。读者可以在文档中直接引用，代码如下：

```html
<!--Bootstrap核心CSS文件-->
<link rel="stylesheet" href="https://stackpath.bootstrapcdn.com/
bootstrap/4.2.1/css/bootstrap.min.css">
    <script src="https://code.jquery.com/jquery-3.3.1.slim.min.js"></script>
    <script src="https://cdnjs.cloudflare.com/ajax/libs/popper.js/1.14.6/umd/popper.
min.js"></script>
    <!--Bootstrap核心JavaScript文件-->
    <script src="https://stackpath.bootstrapcdn.com/bootstrap/4.2.1/js/bootstrap.
min.js"></script>
```

也可以使用另外一些 CDN 加速服务。例如，BootCDN 为 Bootstrap 免费提供了 CDN 加速器。使用 CDN 提供的链接即可引入 Bootstrap 文件：

```html
<!--Bootstrap核心CSS文件-->
https://cdn.bootcss.com/twitter-bootstrap/4.2.1/css/bootstrap.min.css
<!--Bootstrap核心JavaScript文件-->
https://cdn.bootcss.com/twitter-bootstrap/4.2.1/js/bootstrap.min.js
```

2.4
案例实训 1——设计网页按钮

Bootstrap 安装完成后，我们结合一个示例来演示 Bootstrap 具体的使用方法。下面来设计一个按钮，操作步骤如下。

第 1 步：启动 WebStorm 开发工具，新建 HTML 5 文档，命名为 index.html。设置网页标题为"Bootstrap 模板"。

第 2 步：在 index.html 中引入 Bootstrap 相应的 CSS 和 JavaScript 文件。模板文档的详细代码如下：

```
<!DOCTYPE html>
<html>
<head>
    <meta charset="UTF-8">
    <meta name="viewport" content="width=device-width, initial-scale=1, shrink-
to-fit=no">
    <title>bootstrap模板</title>
    <link rel="stylesheet" href="bootstrap-4.2.1-dist/css/bootstrap.css">
</head>
<body>
<a href="#"></a>
<!--JavaScript脚本文件-->
<script src="jquery-3.3.1.slim.js"></script>
<script src="Popper.js"></script>
<script src="bootstrap-4.2.1-dist/js/bootstrap.js"></script>
</body>
</html>
```

第 3 步：模板设置完成后，可以开始使用 Bootstrap 开发任何网站和应用程序。使用 <a> 标签输出一句"Hello world!"，然后给它添加 Bootstrap 样式 btn，定义成按钮，然后设置其颜色为 btn-primary 类样式，外边距为 .m-5 类样式，代码如下：

```
<a href="#" class="btn btn-primary m-5">Hello world!</a>
```

最后，在 IE 浏览器中运行，效果如图 2-7 所示。

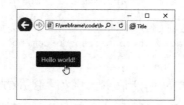

图 2-7　按钮设计效果

提示

.m-5 类样式用来设置元素外边距，具体的请参考第 5 章。

2.5
案例实训 2——设计网页轮播组件

轮播是页面中使用频率比较高的组件之一，要使用 Bootstrap 设计基本组件，需要满足两个条件。

■ 正确设计最基本的 HTML 结构。

■ 需要 Bootstrap 中的 jQuery 插件提供支持。

下面的示例演示如何设计一个简单的轮播效果，如图 2-8 所示。

图 2-8　应用轮播组件

利用前面一节介绍的方法完成页面基本结构创建，然后在页面中添加如下的轮播结构：

```
<div id="Carousel" class="carousel slide" data-ride="carousel">
    <!--标识图标-->
    <ol class="carousel-indicators">
        <li data-target="#Carousel" data-slide-to="0" class="active"></li>
        <li data-target="#Carousel" data-slide-to="1"></li>
        <li data-target="#Carousel" data-slide-to="2"></li>
    </ol>
    <!--幻灯片-->
    <div class="carousel-inner">
        <div class="carousel-item active">
            <img src="images/a.png" class="d-block w-100" alt="">
            <div class="carousel-caption">
                <h5>标题</h5>
                <p>说明</p>
            </div>
        </div>
        <div class="carousel-item">
            <img src="images/b.png" class="d-block w-100" alt="">
            <div class="carousel-caption">
                <h5>标题</h5>
                <p>说明</p>
            </div>
        </div>
        <div class="carousel-item">
            <img src="images/c.png" class="d-block w-100" alt="">
            <div class="carousel-caption">
                <h5>标题</h5>
                <p>说明</p>
            </div>
        </div>
    </div>
    <!--控制按钮-->
    <a class="carousel-control-prev" href="#Carousel" data-slide="prev">
        <span class="carousel-control-prev-icon"></span>
```

```
        </a>
        <a class="carousel-control-next" href="#Carousel" data-slide="next">
            <span class="carousel-control-next-icon"></span>
        </a>
    </div>
```

完成上面代码即可实现轮播效果，具体说明如下。

在上面的结构中，carousel 类定义轮播包含框，carousel-indicators 类定义轮播指示器包含框，carousel-inner 类定义轮播图片包含框，carousel-caption 类定义轮播图的标题和说明，carousel-control-prev 类和 carousel-control-next 类定义两个控制按钮，用来控制播放行为。

其中 data-ride="carousel" 属性用于定义轮播在页面加载时就开始动画播放，data-slide="prev" 和 data-slide="next" 属性用于激活按钮行为，active 类定义轮播的活动项，slide 类定义动画效果。

在指示器包含框中，data-target="#Carousel" 属性指定目标包含容器为 <div id="Carousel">，使用 data-slide-to="0" 定义播放顺序的下标。

在轮播图片包含框中，carousel-item 类定义轮播项包含框，carousel-caption 类定义标题和说明包含框。其中图片引用了 .d-block 和 .w-100 样式，以修正浏览器预设的图像对齐带来的影响。

控制按钮和指示图标必须具有与 .carousel 元素的 id（Carousel）匹配的数据目标属性或链接的 href 属性。

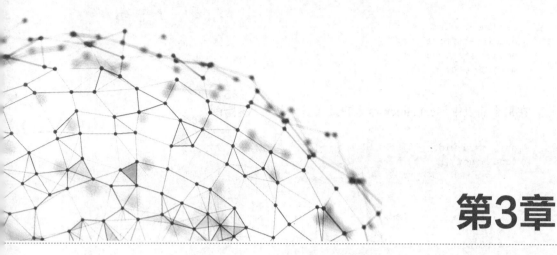

第3章

快速掌握Bootstrap 4布局

Bootstrap 中的网格系统提供了一套响应式的布局解决方案，网格系统在 Bootstrap 4 中又得到了加强，从原先的 4 个响应尺寸变成了现在的 5 个，好处是可以根据你的屏幕大小来使相应的类生效，这样能更好地去适配不同的设备。本章主要介绍布局基础、网格系统和布局工具类等知识。

3.1
布局基础

Bootstrap 4 布局基础包括布局容器、响应断点、z-index 堆叠样式属性，下面分别进行介绍。

3.1.1　布局容器

Bootstrap 中定义了两个容器类，分别为 .container 和 .container-fluid。容器是 Bootstrap 中最基本的布局元素，在使用默认网格系统时是必需的。Container 容器和 container-fluid 容器最大的不同之处在于宽度的设定。

Container 容器根据屏幕宽度的不同，会利用媒体查询设定固定的宽度，当改变浏览器的大小时，页面会呈现阶段性变化。意味着 Container 容器的最大宽度在每个断点都发生变化。

.container 类的样式代码如下：

```
.container {
  width: 100%;
```

```
  padding-right: 15px;
  padding-left: 15px;
  margin-right: auto;
  margin-left: auto;
}
```

在每个断点中，container 容器的最大宽度如下代码所示：

```
@media (min-width: 576px) {
  .container {
    max-width: 540px;
  }
}
@media (min-width: 768px) {
  .container {
    max-width: 720px;
  }
}
@media (min-width: 992px) {
  .container {
    max-width: 960px;
  }
}
@media (min-width: 1200px) {
  .container {
    max-width: 1140px;
  }
}
```

container-fluid 容器则会保持全屏大小，始终保持 100% 的宽度。container-fluid 用于一个全宽度容器，当需要一个元素横跨视口的整个宽度时，可以添加 .container-fluid 类。

.container-fluid 类的样式代码如下：

```
.container-fluid {
  width: 100%;
  padding-right: 15px;
  padding-left: 15px;
  margin-right: auto;
  margin-left: auto;
}
```

下面分别使用 .container 和 .container-fluid 类来创建容器。

```
<body>
<div class="container border text-center align-middle py-5 bg-light">container
容器</div><br/>
<div class="container-fluid border text-center align-middle py-5 bg-light">container-fluid容器</div>
</body>
```

在 IE 11 浏览器上显示效果如图 3-1 所示。

图 3-1　容器效果

注释：示例中的 border、text-center、align-middle、py-5 和 bg-light 等类，分别用来设置容器的边框、内容水平居中、垂直居中、上下内边距和背景色，这些样式类在后面的章节中将会具体介绍。

提示

虽然容器可以嵌套，但大多数布局不需要嵌套容器。

3.1.2　响应断点

Bootstrap 使用媒体查询为布局和接口创建合理的断点。这些断点主要基于最小的视口宽度，并且允许随着视口的变化而扩展元素。

Bootstrap 4 程序主要使用源 Sass 文件中的以下媒体查询范围 (或断点) 来处理布局、网格系统和组件。

```
// 超小设备 ( xs,小于576像素 )
// 没有媒体查询"xs",因为在 Bootstrap 中是默认的
// 小型设备 (sm,576像素及以上)
@media (min-width: 576像素) { ... }
// 中型设备 ( md,768像素及以上 )
@media (min-width: 768像素) { ... }

// 大型设备 ( lg,992像素及以上 )
@media (min-width: 992像素) { ... }
// 超大型设备 ( xl,1200像素及以上 )
@media (min-width: 1200像素) { ... }
```

由于在 Sass 中编写源 CSS，因此所有的媒体查询都可以通过 Sass mixins 获得：

```
// xs断点不需要媒体查询,因为它实际上是'@media (min-width: 0){…}'
@include media-breakpoint-up(sm) { ... }
@include media-breakpoint-up(md) { ... }
@include media-breakpoint-up(lg) { ... }
@include media-breakpoint-up(xl) { ... }
```

3.1.3　z-index

一些 Bootstrap 4 组件使用了 z-index 样式属性。z-index 属性设置一个定位元素沿 z

轴的位置，z 轴定义为垂直延伸到显示区的轴。如果为正数，则离用户更近，为负数则表示离用户更远。Bootstrap 4 利用该属性来安排内容，帮助控制布局。

Bootstrap 4 中定义了相应的 z-index 标度，对导航、工具提示和弹出窗口、模态框等进行分层。

```
$zindex-dropdown:          1000 !default;
$zindex-sticky:            1020 !default;
$zindex-fixed:             1030 !default;
$zindex-modal-backdrop:    1040 !default;
$zindex-modal:             1050 !default;
$zindex-popover:           1060 !default;
$zindex-tooltip:           1070 !default;
```

提示

不推荐自定义 z-index 属性值，如果改变了其中一个，可能需要改变所有的。

3.2
网格系统

Bootstrap 4 包含了一个强大的移动优先的网格系统，它是基于一个 12 列的布局，有 5 种响应尺寸（对应不同的屏幕），支持 Sass mixins 自由调用，并结合自己预定义的 CSS、JavaScript 类，用来创建各种形状和尺寸的布局。

3.2.1 网格选项

网格每一行都需要放在设置了 .container（固定宽度）或 .container-fluid（全屏宽度）类的容器中，这样才可以自动设置一些外边距与内边距。

在网格系统中，使用行来创建水平的列组，内容放置在列中，并且只有列可以是行的直接子节点。预定义的类如 .row 和 .col-sm-4 可用于快速制作网格布局，列通过填充创建列内容之间的间隙，这个间隙是通过 row 类上的负边距设置第一行和最后一列的偏移。

网格列是通过跨越指定的 12 个列来创建。例如，设置三个相等的列，需要使用三个 .col-sm-4 来设置。

Bootstrap 3 和 Bootstrap 4 最大的区别在于 Bootstrap 4 现在使用 Flexbox（弹性盒子）而不是浮动。Flexbox 的一大优势——没有指定宽度的网格列将自动设置为等宽与等高列。

虽然 Bootstrap 4 使用 em 或 rem 来定义大多数尺寸，但网格断点和容器宽度使用的是 px。这是因为视口宽度以像素为单位，并且不随字体大小而变化。

Bootstrap 4 的网格系统在各种屏幕和设备上的约定如表 3-1 所示。

表 3-1　网格系统在各种屏幕和设备上的约定

	超小屏幕设备 （<576px）	小型屏幕设备 （≥ 576px）	中型屏幕设备 （≥ 768px）	大型屏幕设备 （≥ 992px）	超大屏幕设备 （≥ 1200px）
最大 container 宽度	无（自动）	540px	720px	960px	1140px
类（class）前缀	.col–	.col–sm–	.col–md–	.col–lg–	.col–xl–
列数	12				
槽宽	30px（每列两边均有 15px）				
嵌套	允许				
列排序	允许				

3.2.2　自动布局列

利用特定于断点的列类（例如 col-sm-6 类），可以轻松地进行列大小调整，而无须使用明确样式。

1. 等宽列

下面的例子，展示了一行两列、一行三列、一行四列和一行十二列的布局，从 xs（如表 3-1 所示，实际上并不存在 xs 这个空间命名，其实是以 .col 表示）到 xl（即 .col-xl-*）所有设备上都是等宽并占满一行，只要简单的应用 .col 就可以完成。

【例 3.1】等宽列示例。

```
<body class="container">
<h3 class="mb-4">等宽列</h3>
<div class="row">
    <div class="col border py-3 bg-light">二分之一</div>
    <div class="col border py-3 bg-light">二分之一</div>
</div>
<div class="row">
    <div class="col border py-3 bg-light">三分之一</div>
    <div class="col border py-3 bg-light">三分之一</div>
    <div class="col border py-3 bg-light">三分之一</div>
</div>
<div class="row">
    <div class="col border py-3 bg-light">四分之一</div>
    <div class="col border py-3 bg-light">四分之一</div>
    <div class="col border py-3 bg-light">四分之一</div>
    <div class="col border py-3 bg-light">四分之一</div>
</div>
<div class="row">
    <div class="col border py-3 bg-light">十二分之一</div>
    <div class="col border py-3 bg-light">十二分之一</div>
    <div class="col border py-3 bg-light">十二分之一</div>
    <div class="col border py-3 bg-light">十二分之一</div>
    <div class="col border py-3 bg-light">十二分之一</div>
    <div class="col border py-3 bg-light">十二分之一</div>
    <div class="col border py-3 bg-light">十二分之一</div>
    <div class="col border py-3 bg-light">十二分之一</div>
    <div class="col border py-3 bg-light">十二分之一</div>
    <div class="col border py-3 bg-light">十二分之一</div>
    <div class="col border py-3 bg-light">十二分之一</div>
    <div class="col border py-3 bg-light">十二分之一</div>
    <div class="col border py-3 bg-light">十二分之一</div>
```

```
</div>
</body>
```

在 IE 11 浏览器中运行结果如图 3-2 所示。

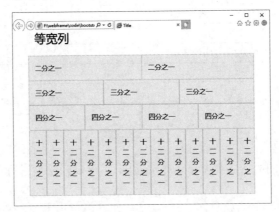

图 3-2　等宽列效果

2. 设置一个列宽

可以在一行多列的情况下，特别指定一列并进行宽度定义，同时其他列自动调整大小，可以使用预定义的网格类，从而实行网格宽或行宽的优化处理。注意在这种情况下，无论中心列的宽度如何，其他列都将调整大小。

在下面代码中，为第一行中的第 2 列设置了 col-7 类，为第 2 行的第 1 列设置 col-3 类。

【例 3.2】设置一个列宽示例。

```html
<body class="container">
<h3 class="mb-4">设置一个列宽</h3>
<div class="row">
    <div class="col border py-3 bg-light">左</div>
    <div class="col-7 border py-3 bg-light">中</div>
    <div class="col border py-3 bg-light">右</div>
</div>
<div class="row">
    <div class="col-3 border py-3 bg-light">左</div>
    <div class="col border py-3 bg-light">中</div>
    <div class="col border py-3 bg-light">右</div>
</div>
</body>
```

在 IE 11 浏览器中运行结果如图 3-3 所示。

图 3-3　设置一个列宽效果

3. 可变宽度内容

使用 col-{breakpoint}-auto 断点方法，可以实现根据其内容的自然宽度来对列进行大小调整。

【例 3.3】可变宽度内容示例。

```
<body class="container">
<h3 class="mb-4">可变宽度的内容</h3>
<div class="row justify-content-md-center">
    <div class="col col-lg-2 border py-3 bg-light">左</div>
    <div class="col-md-auto border py-3 bg-light">中（在屏幕尺寸≥768px时,可根据内
容自动调整列宽度）</div>
    <div class="col col-lg-2 border py-3 bg-light">右</div>
</div>
<div class="row">
    <div class="col border py-3 bg-light">左</div>
    <div class="col-md-auto border py-3 bg-light">中（在屏幕尺寸≥768px时,可根据内
容自动调整列宽度）</div>
    <div class="col col-lg-2 border py-3 bg-light">右</div>
</div>
</body>
```

在 IE 11 浏览器中运行，当屏幕小于 768px 时效果如图 3-4 所示。

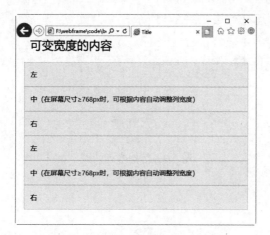

图 3-4　在屏幕小于 768px 时的效果

在屏幕大于等于 768px 且小于 992px 时显示的效果如图 3-5 所示。

图 3-5　屏幕大于等于 768px 且小于 992px 时显示的效果

在屏幕大于等于 992px 时显示的效果如图 3-6 所示。

图 3-6　屏幕大于等于 992px 时显示的效果

4. 等宽多列

创建跨多个行的等宽列，方法是插入 w-100 通用样式类，将列拆分为新行。

【例 3.4】等宽多列示例。

```
<body class="container">
<h3 class="mb-4">等宽多列</h3>
<div class="row">
    <div class="col border py-3 bg-light">四分之一</div>
    <div class="col border py-3 bg-light">四分之一</div>
    <div class="w-100"></div>
    <div class="col border py-3 bg-light">四分之一</div>
    <div class="col border py-3 bg-light">四分之一</div>
</div>
</body>
```

在 IE 11 浏览器中运行效果如图 3-7 所示。

图 3-7　等宽多列效果

3.2.3　响应类

Bootstrap 4 的网格系统包括五种宽度预定义，用于构建复杂的响应布局，可以根据需要定义在特小 .col、小 .col-sm-*、中 .col-md-*、大 .col-lg-*、特大 .col-xl-* 五种屏幕 (设备) 下的样式。

1. 覆盖所有设备

如果要一次性定义从最小设备到最大设备相同的网格系统布局表现，使用 .col 和 .col-* 类。后者是用于指定特定大小的 (例如 .col-6)，否则使用 .col 就可以了。

【例 3.5】覆盖所有设备示例。

```
<body class="container">
<h3 class="mb-4">覆盖所有设备</h3>
    <div class="row">
        <div class="col border py-3 bg-light">col</div>
        <div class="col border py-3 bg-light">col</div>
```

```
        <div class="col border py-3 bg-light">col</div>
        <div class="col border py-3 bg-light">col</div>
    </div>
    <div class="row">
        <div class="col-8 border py-3 bg-light">col-8</div>
        <div class="col-4 border py-3 bg-light">col-4</div>
    </div>
</body>
```

在 IE 11 浏览器中运行结果如图 3-8 所示。

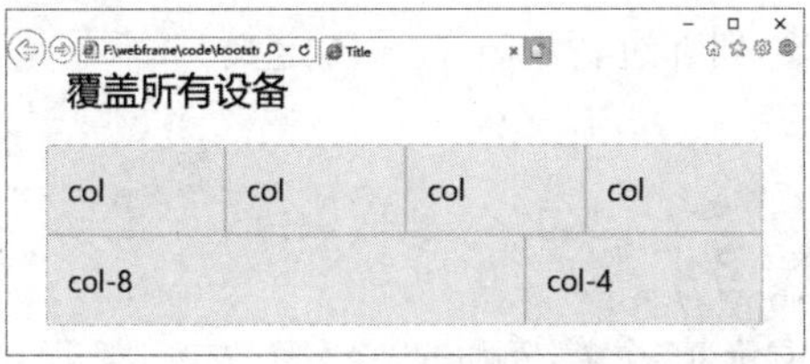

图 3-8　覆盖所有设备效果

2. 水平排列

使用单一的 .col-sm-* 类方法，可以创建一个基本的网格系统，此时如果没有指定其他媒体查询断点宽度，这个网格系统是成立的，而且会随着屏幕变窄成为超小屏幕 .col 后，自动成为每列一行、水平堆砌。改变网页屏幕宽度可以在下面的例子中看到效果。

【例 3.6】水平排列示例。

```
<body class="container">
<h3 class="mb-4">水平排列</h3>
<!--在sm（≥576px）型设备上开始水平排列-->
<div class="row">
    <div class="col-sm-8 border py-3 bg-light">col-sm-8</div>
    <div class="col-sm-4 border py-3 bg-light">col-sm-4</div>
</div>
<!--在md（≥768px）型设备上开始水平排列-->
<div class="row">
    <div class="col-md-8 border py-3 bg-light">col-md-8</div>
    <div class="col-md-4 border py-3 bg-light">col-md-4</div>
</div>
</body>
```

在 IE 11 浏览器中运行，在 sm（≥ 576px）型设备上显示效果如图 3-9 所示，在 md（≥ 768px）型设备上显示效果如图 3-10 所示。

图 3-9　在 sm（≥ 576px）型设备上显示效果

图 3-10　在 md（≥ 768px）型设备上显示效果

3. 混合搭配

可以根据需要对每一个列都进行不同的设备定义。

【例 3.7】混合搭配。

```
<body class="container">
<h3 class="mb-4">混合搭配</h3>
<!--在小于md型的设备上显示为一个全宽列和一个半宽列,在大于等于md型设备上显示为一列,分别占8
份和4份-->
<div class="row">
    <div class="col-12 col-md-8 border py-3 bg-light">.col-12 .col-md-8</div>
    <div class="col-6 col-md-4 border py-3 bg-light">.col-6 .col-md-4</div>
</div>
<!--在任何类型的设备上,列的宽度都是占50%-->
<div class="row">
    <div class="col-6 border py-3 bg-light">.col-6</div>
    <div class="col-6 border py-3 bg-light">.col-6</div>
</div>
</body>
```

在 IE 11 浏览器中运行，在小于 md 型的设备上显示为一个全宽列和一个半宽列，效果如图 3-11 所示；在大于等于 md 型设备上显示为一列，分别占 8 份和 4 份，效果如图 3-12 所示。

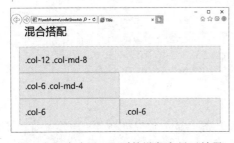

图 3-11　在小于 md 型的设备上显示效果

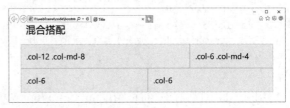

图 3-12　在大于等于 md 型的设备上显示效果

4. 删除边距

Bootstrap 默认的网格和列间有边距，一般是左右 -15px 的 margin 或 padding 处理，可以使用 .no-gutters 类来消除它，这将影响到 .row 行、列平行间隙及所有子列。

【例 3.8】删除边距示例。

```
<body class="container">
<h3 class="mb-4">删除边距</h3>
<div class="row no-gutters">
```

```
    <div class="col-12 col-sm-6 col-md-8 py-3 border bg-light">.col-12 .col-
sm-6 .col-md-8</div>
    <div class="col-6 col-md-4 py-3 border bg-light">.col-6 .col-md-4</div>
</div>
</body>
```

在 IE 11 浏览器中运行结果如图 3-13 所示。

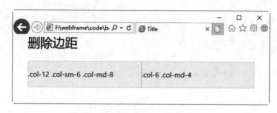

图 3-13　删除边距效果

5. 列包装

如果在一行中放置超过 12 列，则每组额外列将作为一个单元包裹到新行上。

【例 3.9】列包装示例。

```
<body class="container">
<h3 class="mb-4">列包装</h3>
<div class="row">
    <div class="col-9 py-3 border bg-light">.col-9</div>
    <div class="col-4 py-3 border bg-light">.col-4<br>因为9 + 4 = 13 >12,4列宽的
div被包装到一个新行上,作为一个连续的单元。</div>
    <div class="col-6 py-3 border bg-light">.col-6<br>后续的列沿着新行继续排列。</div>
</div>
</div>
</body>
```

在 IE 11 浏览器中运行结果如图 3-14 所示。

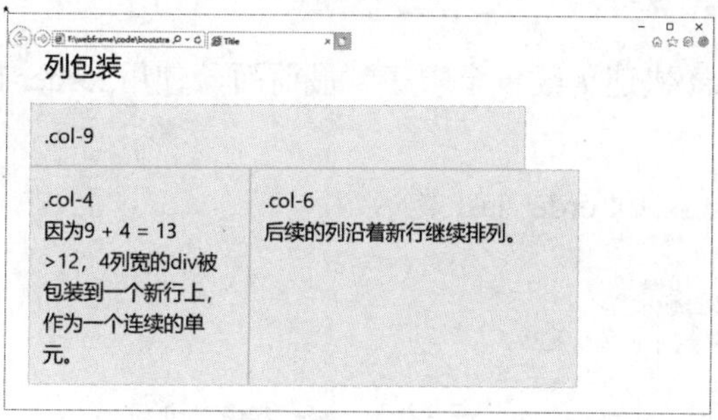

图 3-14　列包装效果

3.2.4　重排序

1. 排列顺序

使用 .order-* 类选择符，可以对空间进行可视化排序，系统提供了 .order-1 到 .order-12 等 12 个级别的顺序，在主流浏览器和设备宽度上都能生效。

提示

没有定义 .order 类的元素，将默认排在前面。

【例 3.10】排列顺序示例。

```
<body class="container">
<h3 class="mb-4">排列顺序</h3>
<div class="row">
    <div class="col order-12 py-3 border bg-light">
        order-12
    </div>
    <div class="col order-1 py-3 border bg-light">
        order-1
    </div>
    <div class="col order-6 py-3 border bg-light">
        order-6
    </div>
    <div class="col py-3 border bg-light">
        col
    </div>
</div>
</body>
```

在 IE 11 浏览器中运行结果如图 3-15 所示。

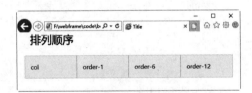

图 3-15　排列顺序效果

可以使用 .order-first 快速更改一个顺序到最前面，使用 .order-last 更改一个顺序到最后面。

【例 3.11】order-first 和 order-last 类示例。

```
<body class="container">
<h3 class="mb-4">排列顺序</h3>
<div class="row">
    <div class="col order-last py-3 border bg-light">
        order-last
    </div>
    <div class="col py-3 border bg-light">
        col
    </div>
    <div class="col order-first py-3 border bg-light">
        order-first
    </div>
</div>
</body>
```

在 IE 11 浏览器中运行结果如图 3-16 所示。

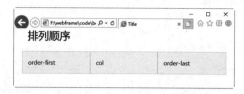

图 3-16　order-first 和 order-last 类效果

2. 列偏移

在 Bootstrap 中可以使用两种方式进行列偏移。

■　使用响应式的 .offset-* 类偏移方法。

■　使用边距通用样式处理，它内置了诸如 .ml-*、.p-*、.pt-* 等实用工具。

1）偏移类

使用 .offset-md-* 类可以使列向右偏移，通过定义 * 的数字，则可以实现列偏移，如 .offset-md-4 则是向右偏移四列。

```
.offset-{sm、md、lg、xl}-0 {margin-left: 0;}
.offset-{ sm、md、lg、xl }-1 {margin-left: 8.333333%;}
.offset-{sm、md、lg、xl}-2 {margin-left: 16.666667%;}
.offset-{sm、md、lg、xl}-3 {margin-left: 25%;}
.offset-{sm、md、lg、xl}-4 {margin-left: 33.333333%;}
.offset-{sm、md、lg、xl}-5 {margin-left: 41.666667%;}
.offset-{sm、md、lg、xl}-6 {margin-left: 50%;}
.offset-{sm、md、lg、xl}-7 {margin-left: 58.333333%;}
.offset-{sm、md、lg、xl}-8 {margin-left: 66.666667%;}
.offset-{sm、md、lg、xl}-9 {margin-left: 75%;}
.offset-{sm、md、lg、xl}-10 {margin-left: 83.333333%;}
.offset-{sm、md、lg、xl}-11 {margin-left: 91.666667%;}
```

【例 3.12】偏移类示例。

```
<body class="container">
<h3 class="mb-4">偏移类示例</h3>
<div class="row">
    <div class="col-md-6 offset-md-3 py-3 border bg-light">.col-md-6 .offset-
md-3</div>
    </div>
<div class="row">
    <div class="col-md-4 offset-md-1 py-3 border bg-light">.col-md-3 .offset-
md-3</div>
    <div class="col-md-4 offset-md-2 py-3 border bg-light">.col-md-3 .offset-
md-3</div>
    </div>
<div class="row">
    <div class="col-md-4 py-3 border bg-light">.col-md-4</div>
    <div class="col-md-4 offset-md-4 py-3 border bg-light">.col-md-4 .offset-
md-4</div>
    </div>
    </body>
```

在 IE 11 浏览器中运行结果如图 3-17 所示。

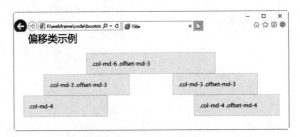

图 3-17　偏移类效果

2）使用 margin 类

在 Bootstrap 4 中，可以使用 .ml-auto 与 .mr-auto 来强制隔离两边的距离，实现水平隔离的效果。

【例 3.13】使用 margin 类示例。

```
<body class="container">
<h3 class="mb-4">使用margin类实现列偏移</h3>
<div class="row">
    <div class="col-md-4 py-3 border bg-light">.col-md-4</div>
    <div class="col-md-4 ml-auto py-3 border bg-light">.col-md-4 .ml-auto</div>
</div>
<div class="row">
    <div class="col-md-3 ml-md-auto py-3 border bg-light">.col-md-3 .ml-md-
auto</div>
    <div class="col-md-3 ml-md-auto py-3 border bg-light">.col-md-3 .ml-md-
auto</div>
</div>
<div class="row">
    <div class="col-auto mr-auto py-3 border bg-light">.col-auto .mr-auto</div>
    <div class="col-auto py-3 border bg-light">.col-auto</div>
</div>
</body>
```

在 IE 11 浏览器中运行结果如图 3-18 所示。

图 3-18　使用 margin 类效果

3.2.5　列嵌套

如果想在网格系统中将内容再次嵌套，可以通过添加一个新的 .row 元素和一系列 .col-sm-* 元素到已经存在的 .col-sm-* 元素内。被嵌套的行（row）所包含的列（column）数量推荐不要超过 12 个。

【例 3.14】列嵌套示例。

```
<body class="container">
<h3 class="mb-4">嵌套</h3>
<div class="row">
    <div class="col-12 col-lg-6">
        <!--嵌套行-->
        <div class="row border no-gutters">
            <div class="col-12 col-sm-3"><img src="images/b.jpg" alt=""></div>
            <div class="col-12 col-sm-9 pl-3">
                李白诗歌的语言,有的清新如同口语,有的豪放,不拘声律,近于散文,但都统一在"清
水出芙蓉,天然去雕饰"的自然美之中。
            </div>
        </div>
    </div>
    <div class="col-12 col-lg-6">
        <!--嵌套行-->
        <div class="row border no-gutters">
            <div class="col-12 col-sm-3"><img src="images/c.jpg" alt=""></div>
            <div class="col-12 col-sm-9 pl-3">
                在杜甫中年因其诗风沉郁顿挫,忧国忧民,杜甫的诗被称为"诗史"。他的诗词以古
体、律诗见长,风格多样,以"沉郁顿挫"四字准确概括出他自己的作品风格,而以沉郁为主。
            </div>
        </div>
    </div>
</div>
</body>
```

在 IE 11 浏览器中运行结果如图 3-19 所示。

图 3-19　列嵌套效果

3.3
布局工具类

Bootstrap 包含数十个用于显示、隐藏、对齐和间隔的实用工具,可加快移动设备与响应式界面的开发。

1. display 块属性定义

使用 Bootstrap 的实用程序来响应式地切换 display 属性的值,将其与网格系统、内容或组件混合使用,以便在特定的视图中显示或隐藏它们。

2. Flexbox 选项

Bootstrap 4 是基于 Flexbox 流式布局，大多数组件都支持 Flex 流式布局，但不是所有元素的 display 都是默认就启用 display:flex 属性的（因为那样会增加很多不必要的 DIV 层叠，并会影响到浏览器的渲染）。

如果需要将 display: flex 添加到元素中，可以使用 .d-flex 或响应式变体（例如 .d-sm-flex）。需要这个类或 display 值来允许使用额外的 Flexbox 实用程序来调整大小、对齐或间距。

3. 外边距和内边距

使用外边距和内边距实用程序来控制元素和组件的间距和大小。Bootstrap 4 包含一个用于间隔实用程序的 5 级刻度（基于 1rem 值默认 $spacer 变量），为所有视图选择值（例如，.mr-3 用于右边框：1rem）或为目标特定视图选择响应变量（例如，.mr-md-3 用于右边框：1rem，从 md 断点开始）。

4. 切换显示和隐藏

如果不使用 display 对元素进行隐藏（或无法使用时），可以使用 visibility 这个 Bootstrap 可视性工具来对网页上的元素进行隐藏，使用它后网页元素对于正常用户是不可见的，但元素的宽高占位依然有效。

3.4
案例实训 1——仿 QQ 登录界面

仿 QQ 登录界面分两部分，上半部分使用图片设计完成，下半部分使用 Bootstrap 网格系统进行布局，设计完成效果如图 3-20 所示。

图 3-20　仿 QQ 登录界面效果

下面来看一下实现的步骤。

第 1 步：设计登录界面外边框以及登录界面上半部分。在 Firefox 浏览器中效果如图 3-21 所示。

```
<div class="QQlogin">
    <aside></aside>
</div>
```

设计 CSS 样式：

```
/*登录界面外边框*/
div.QQlogin{
    margin:20px auto;                              /*定义外边距*/
    width:430px;                                   /*定义宽度*/
    height:333px;                                  /*定义高度*/
    box-shadow: 2px 2px 10px rgba(0,0,0,0.5);      /*定义阴影*/
}
/*登录表单上的图片*/
div.QQlogin aside{
    width:100%;                                    /*定义宽度*/
    height:180px;                                  /*定义高度*/
    background-image: url("img/qq.gif");           /*添加图片*/
}
```

第 2 步：设计登录界面下半部分外边框，并添加样式。它采用 Bootstrap 网格系统布局。

```
<div class="row">
    <div class="col-3"></div>
    <div class="col-6"></div>
    <div class="col-3"></div>
</div>
```

设计登录界面下半部分外边框：

```
div.down{
    position: relative;               /*定义相对定位*/
    height:153px;                     /*定义高度*/
    background-color:#EBF2F9 ;        /*定义宽度*/
    margin-right: 0;                  /*定义右外边距*/
    margin-left: 0;                   /*定义左外边距*/
}
```

第 3 步：设计左侧头像及左侧头像部分。在 Firefox 浏览器中效果如图 3-22 所示。

```
<div class="col-3 touxiang">
    <a href="#"></a>
    <dl>
    <dt><a href="#"><span class="online"></span></a></dt>
    <dd></dd>
    </dl>
    <i class="people"></i>
</div>
```

设计样式代码如下：

```
/*定义头像*/
        div.down div.touxiang{
            height:100%;                        /*定义头像高度*/
        }
        div.down div.touxiang > a{
            width:81px;                         /*定义头像宽度*/
            height:81px;                        /*定义头像高度*/
            display: inline-block;              /*定义行内块元素*/
            background: url("img/touxiang.png") no-repeat;        /*定义头像图片*/
            margin-top: 20px;                   /*定义顶部边距*/
            margin-left: 30px;                  /*定义左边边距*/
        }
        div.down div.touxiang dl{
            position: absolute;                 /*定义绝对定位*/
            left:100%;                          /*距左边100%*/
            top:53%;                            /*距离顶部53%*/
        }
        /*定义图像右下角小图标*/
        div.down div.touxiang dl span{
            display: inline-block;              /*定义行内块元素*/
            width: 14px;                        /*定义宽度14px*/
            height: 14px;                       /*定义高度*/
            background-image: url("img/ptlogin.png");    /*定义图片*/
            background-repeat: no-repeat;               /*设置图片不平铺*/
        }
        /*定义左下角切换用户*/
        div.down div.touxiang i.people{
            background: url("img/input_username.png") no-repeat;
        /*定义图片,设置图片不平铺*/
            position: absolute;                 /*设置绝对定位*/
            top:75%;                            /*设置距顶部75%*/
            left:10px;                          /*设置距左边10px*/
            width:35px;                         /*设置宽度*/
            height:35px;                        /*设置高度*/
        }
```

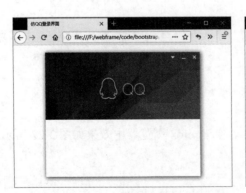

图 3-21　左侧头像效果

图 3-22　登录表单效果

第 4 步：设计登录表单。在 Firefox 浏览器中效果如图 3-23 所示。

```
<div class="col-6 login-box">
    <input type="text" placeholder="QQ号码/手机/邮箱"><span class="first"></span>
    <input type="password" placeholder="密码"><span class="second" ></span>
```

```
        <label><input type="checkbox" class="three"> 记住密码</label>
        <label class="auto-login"><input type="checkbox" class="four"> 自动登录
</label>
        <button class="btn">登    录</button>
    </div>
```

设计样式代码如下：

```
div.login-box{
        margin-top: 15px;                                    /*定义顶部外边距15px*/
        margin-left: 20px;                                   /*定义左边边距20px*/
    }
    div.login-box input{
        height:30px;                                         /*定义高度*/
        width:195px;                                         /*定义宽度*/
        border:1px solid #d1d1d1;                            /*定义边框*/
        padding-left:10px;                                   /*定义左边内边距*/
        color:#7e7e7e;                                       /*定义背景色*/
    }
    div.login-box span.first{
        display: inline-block;                               /*定义行内块级元素*/
        position: absolute;                                  /*定义绝对定位*/
        width:20px;                                          /*宽度*/
        height:20px;                                         /*定义高度*/
        background: url("img/row.png") no-repeat;            /*定义背景图片*/
        margin-left: 172px;                                  /*定义左边外边距*/
        top:8px;                                             /*距离顶部8px*/
    }
    div.login-box span.second{
        display: inline-block;                               /*定义行内块级元素*/
        position: absolute;                                  /*定义绝对定位*/
        width:20px;                                          /*定义宽度*/
        height:20px;                                         /*定义高度*/
        background: url("img/press.png") no-repeat;          /*定义背景图片*/
        margin-left: 168px;                                  /*定义左边外边距*/
        top:34px;                                            /*距离顶部34px*/
    }
    div.login-box label {
        font-size: 12px;                                     /*定义字体大小*/
        color:#656565;                                       /*定义字体颜色*/
        text-indent: 15px;                                   /*定义文本缩进*/
        margin-top: 10px;                                    /*定义顶部外边距*/
        display: inline-block;                               /*定义行内块级元素*/
    }
    div.login-box label.auto-login{
        margin-left: 48px;                                   /*定义左边边距*/
    }
    div.login-box input.three{
        width:16px;                                          /*定义宽度*/
        height:16px;                                         /*定义高度*/
        margin-top: 1px;                                     /*定义顶部外边距*/
        position: absolute;                                  /*定义绝对定位*/
        margin-left: -15px;                                  /*定义左边负外边距*/
    }
    div.login-box input.four{
        width:16px;                                          /*定义宽度*/
        height:16px;                                         /*定义高度*/
        margin-top: 1px;                                     /*定义顶部外边距*/
```

```
            position: absolute;                        /*定义绝对定位*/
            margin-left: -15px;                        /*定义左边负外边距*/
        }
        div.login-box button{
            display: block;                            /*定义块级元素*/
            width:195px;                               /*定义宽度*/
            height:30px;                               /*定义高度*/
            background-color: #16a8de;                 /*定义背景颜色*/
            color:#fff;                                /*定义字体颜色*/
            border-radius: 5px;                        /*定义圆角边框*/
            font-size: 14px;                           /*定义字体大小*/
            font-weight: 600;                          /*定义字体加粗*/
        }
```

第 5 步：设计右侧功能区。在 Firefox 浏览器中效果如图 3-24 所示。

```
<!--<div class="col-3 register">-->
    <!--<a href="#">注册账号</a>-->
    <!--<a href="#" class="find-password">找回密码</a>-->
<!--</div>-->
```

图 3-23　登录表单效果　　　　　　　　图 3-24　右侧功能区效果

设计样式代码如下：

```
div.register{
    position: absolute;                        /*定义绝对定位*/
    margin-top: 22px;                          /*定义顶部外边距*/
    margin-left: 335px;                        /*定义左边外边距*/
}
div.register a{
    color:#2685e3;                             /*定义字体颜色*/
    display: block;                            /*定义块级元素*/
    width:60px;                                /*定义宽度*/
    font-size: 13px;                           /*定义字体大小*/
    font-family: "微软雅黑";                     /*定义字体*/
}
div.register a.find-password{
    margin-top: 13px;                          /*定义顶部外边距*/
}
```

3.5
案例实训 2——开发电商网站特效

本案例使用 Bootstrap 的网格系统进行布局，其中设置了一些电商网站经常出现的动画效果。最终效果如图 3-25 所示。

图 3-25　页面效果

当鼠标指针悬浮到内容包含框（product-grid）上时，触发产品图片的过渡动画和 2D 转换、产品说明及价格包含框（product-content）和按钮包含框（social）的过渡动画，效果如图 3-26 所示。

图 3-26　触发过渡动画和 2D 转换效果

当鼠标指针悬浮到功能按钮上时，触发按钮的过渡动画，效果如图 3-27 所示。

图 3-27　触发按钮的过渡动画

下面来看一下具体的实现步骤。

第 1 步：使用 Bootstrap 设计结构，并添加响应式，在中屏设备中显示为一行 4 列，在小屏设备中显示为一行 2 列。

```
<div class="row">
    <div class="col-md-3 col-sm-6"></div>
    <div class="col-md-3 col-sm-6"></div>
    <div class="col-md-3 col-sm-6"></div>
    <div class="col-md-3 col-sm-6"></div>
</div>
```

第 2 步：设计内容。内容部分包括产品图片、产品说明及价格、3 个功能按钮。下面是其中一列的代码，其他三列类似，不同的是产品图片、产品说明及价格。

```
<div class="product-grid">
    <!--产品图片-->
    <div class="product-image">
        <a href="#">
            <img class="pic-1" src="images/img-1.jpg">
        </a>
    </div>
    <!--产品说明及价格-->
    <div class="product-content">
        <h3 class="title"><a href="#">男士衬衫</a></h3>
        <div class="price">￥29.00
            <span>$14.00</span>
        </div>
    </div>
    <!--功能按钮-->
    <ul class="social">
        <li><a href=""><i class="fa fa-search"></i></a></li>
        <li><a href=""><i class="fa fa-shopping-bag"></i></a></li>
        <li><a href=""><i class="fa fa-shopping-cart"></i></a></li>
    </ul>
    ...
</div>
```

第 3 步：设计样式。样式主要使用 CSS 3 的动画来设计，为产品图片添加过渡动画（transition）以及 2D 转换（transform）；为产品说明及价格包含框（product-content）、按钮包含框（social）和按钮添加过渡动画。具体样式代码如下：

```
.product-grid{
        text-align: center;              /*定义水平居中*/
        overflow: hidden;                /*超出隐藏*/
        position: relative;              /*定位*/
        transition: all 0.5s ease 0s;    /*定义过渡动画*/
    }
    .product-grid .product-image{
        overflow: hidden;                /*超出隐藏*/
    }
    .product-grid .product-image img{
        width: 100%;                     /*定义宽度*/
        height: auto;                    /*高度自动*/
        transition: all 0.5s ease 0s;    /*定义过渡动画*/
```

```
    }
    .product-grid:hover .product-image img{
        transform: scale(1.5);                  /*定义2D转换,放大1.5倍*/
    }
    .product-grid .product-content{
        padding: 12px 12px 15px 12px;           /*定义内边距*/
        transition: all 0.5s ease 0s;           /*定义过渡动画*/
    }
    .product-grid:hover .product-content{
        opacity: 0;                             /*定义透明度*/
    }
    .product-grid .title{
        font-size: 20px;                        /*定义字体大小*/
        font-weight: 600;                       /*定义字体加粗*/
        margin: 0 0 10px;                       /*定义外边距*/
    }
    .product-grid .title a{
        color: #000;                            /*定义字体颜色*/
    }
    .product-grid .title a:hover{
        color: #2e86de;                         /*定义字体颜色*/
    }
    .product-grid .price {
        font-size: 18px;                        /*定义字体大小*/
        font-weight: 600;                       /*定义字体加粗*/
        color:#2e86de;                          /*定义字体颜色*/
    }
    .product-grid .price span {
        color: #999;                            /*定义字体颜色*/
        font-size: 15px;                        /*定义字体大小*/
        font-weight: 400;                       /*定义字体粗细*/
        text-decoration: line-through;          /*定义穿过文本下的一条线*/
        margin-left: 7px;                       /*定义左边外边距*/
        display: inline-block;                  /*定义行内块级元素*/
    }
    .product-grid .social{
        background-color: #fff;                 /*定义背景颜色*/
        width: 100%;                            /*定义宽度*/
        padding: 0;                             /*定义内边距*/
        margin: 0;                              /*定义外边距*/
        list-style: none;                       /*去掉项目符号*/
        opacity: 0;                             /*定义透明度*/
        position: absolute;                     /*绝对定位*/
        bottom: -50%;                           /*距离底边的距离*/
        transition: all 0.5s ease 0s;           /*定义过渡动画*/
    }
    .product-grid:hover .social{
        opacity: 1;                             /*定义透明度*/
        bottom: 20px;                           /*定义距离底边的距离*/
    }
    .product-grid .social li{
        display: inline-block;                  /*定义行内块级元素*/
    }
    .product-grid .social li a{
        color: #909090;                         /*定义字体颜色*/
        font-size: 16px;                        /*定义字体大小*/
        line-height: 45px;                      /*定义行高*/
        text-align: center;                     /*定义水平居中*/
        height: 45px;                           /*定义高度*/
```

```
        width: 45px;                              /*定义宽度*/
        margin: 0 7px;                            /*定义外边距*/
        border: 1px solid #909090;                /*定义边框*/
        border-radius: 50px;                      /*定义圆角*/
        display: block;                           /*定义块级元素*/
        position: relative;                       /*相对定位*/
        transition: all 0.3s ease-in-out;         /*定义过渡动画*/
    }
    .product-grid .social li a:hover {
        color: #fff;                              /*定义字体颜色*/
        background-color: #2e86de;                /*定义背景颜色*/
    }
```

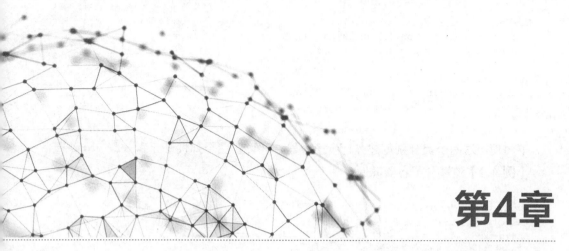

第4章

Bootstrap 4的新布局——弹性盒子

Flex 弹性布局是 Bootstrap 4 响应灵活的实用程序，可以快速管理网格的列、导航、组件等的布局、对齐和大小。通过进一步地定义 CSS，还可以实现更复杂的展示样式。

Bootstrap 3 与 Bootstrap 4 最大的区别就是 Bootstrap 4 使用弹性盒子来布局，而不是使用浮动来布局。弹性盒子是 CSS 3 的一种新的布局模式，更适合响应式的设计。

注意，IE 9 及其以下版本不支持弹性盒子，如果需要兼容 IE 8-9，请使用 Bootstrap 3。

4.1
定义弹性盒子

Flex 是 Flexible Box 的缩写，意为"弹性布局"，用来为盒状模型提供最大的灵活性。任何一个容器都可以指定为 Flex 布局。

采用 Flex 布局的元素，被称为 Flex 容器，简称"容器"。其所有子元素自动成为容器成员，称为 Flex 项目（Flex item），简称"项目"。

应用 display 工具创建一个 Flex box 容器，并将直接子元素转换为 Flex 项。Flex 容器和项目可以通过附加的 Flex 属性进行进一步修改。

在 Bootstrap 4 中有两个类来创建弹性盒子，分别为 .d-flex 和 .d-inline-flex。.d-flex 类设置对象为弹性伸缩盒子；.d-inline-flex 类设置对象为内联块级弹性伸缩盒子。

Bootstrap 中定义的 .d-flex 和 .d-inline-flex 样式类：

```
.d-flex {
  display: -ms-flexbox !important;
  display: flex !important;
}
.d-inline-flex {
  display: -ms-inline-flexbox !important;
  display: inline-flex !important;
}
```

下面使用这两个类分别创建弹性盒子容器，并设置三个弹性子元素。

【例 4.1】弹性盒子容器案例。

```
<body class="container">
<h3 class="mb-4">定义弹性盒子</h3>
<h4>d-flex</h4>
<!--使用d-flex类创建弹性盒子-->
<div class="d-flex p-3 bg-warning text-white">
    <div class="p-2 bg-primary">d-flex item 1</div>
    <div class="p-2 bg-success">d-flex item 2</div>
    <div class="p-2 bg-danger">d-flex item 3</div>
</div><br/>
<h4>d-inline-flex</h4>
<!--使用d-inline-flex类创建弹性盒子-->
<div class="d-inline-flex p-3 bg-warning text-white">
    <div class="p-2 bg-primary">d-inline-flex item 1</div>
    <div class="p-2 bg-success">d-inline-flex item 2</div>
    <div class="p-2 bg-danger">d-inline-flex item 3</div>
</div>
</body>
```

在 IE 11 浏览器中运行结果如图 4-1 所示。

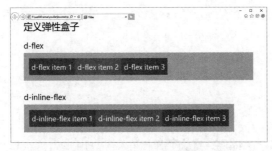

图 4-1　弹性盒子容器效果

提示

对于 .d-flex 和 .d-inline-flex 也存在响应变化，可根据不同的断点来设置。

```
.d-{sm|md|lg|xl}-flex
.d-{sm|md|lg|xl}-inline-flex
```

4.2
排列方向

弹性盒子中子项目的排列方式包括水平排列和垂直排列，Bootstrap 4 中定义了相应的类来进行设置。

4.2.1 水平方向排列

对于水平方向的排列，使用 .flex-row 设置子项目从左到右进行排列，是默认值；使用 .flex-row-reverse 设置子项目从右侧开始排列。

【例 4.2】水平方向排列案例。

```
<body class="container">
<h3 class="mb-4">水平方向</h3>
<h4>flex-row（从左侧开始）</h4>
<div class="d-flex flex-row p-3 bg-warning text-white">
    <div class="p-2 bg-primary">d-flex item 1</div>
    <div class="p-2 bg-success">d-flex item 2</div>
    <div class="p-2 bg-danger">d-flex item 3</div>
</div><br/>
<h4>flex-row-reverse（从右侧开始）</h4>
<div class="d-flex flex-row-reverse bg-warning p-3 text-white">
    <div class="p-2 bg-primary">d-flex item 1</div>
    <div class="p-2 bg-success">d-flex item 2</div>
    <div class="p-2 bg-danger">d-flex item 3</div>
</div>
</body>
```

在 IE 11 浏览器中运行结果如图 4-2 所示。

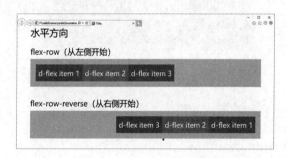

图 4-2　水平方向排列效果

水平方向布局还可以添加响应式的设置，响应式类如下：

```
.flex-{sm|md|lg|xl}-row
.flex-{sm|md|lg|xl}-row-reverse
```

4.2.2 垂直方向排列

使用 .flex-column 设置垂直方向布局，使用 .flex-column-reverse 实现垂直方向的反转布局（从底向上铺开）。

【例 4.3】垂直方向排列案例。

```
<body class="container">
<h3 class="mb-4">垂直方向</h3>
<h4>flex-column（从上往下）</h4>
<div class="d-flex flex-column p-3 bg-warning text-white">
    <div class="p-2 bg-primary">Flex item 1</div>
    <div class="p-2 bg-success">Flex item 2</div>
    <div class="p-2 bg-danger">Flex item 3</div>
</div><br/>
<h4>flex-column-reverse（从下往上）</h4>
<div class="d-flex flex-column-reverse bg-warning p-3 text-white">
    <div class="p-2 bg-primary">Flex item 1</div>
    <div class="p-2 bg-success">Flex item 2</div>
    <div class="p-2 bg-danger">Flex item 3</div>
</div>
</body>
```

在 IE 11 浏览器中运行结果如图 4-3 所示。

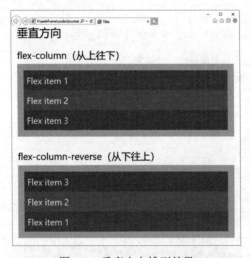

图 4-3　垂直方向排列效果

垂直方向布局也可以加响应式的设置，响应式类如下：

```
.flex-{sm|md|lg|xl}-column
.flex-{sm|md|lg|xl}-column-reverse
```

4.3
内容排列

使用 Flexbox 弹性布局容器上的 justify-content-* 通用样式可以改变 Flex 项目在主轴上的对齐（以 x 轴开始，如果是 flex-direction: column，则以 y 轴开始），可选方向值包括 start（浏览器默认值）、end、center、between 和 around，说明如下。

- justify-content-start：项目位于容器的开头。

- justify-content-center：项目位于容器的中心。

- justify-content-end：项目位于容器的结尾。

- justify-content-between：项目位于各行之间留有空白的容器内。

- justify-content-around：项目位于各行之前、之间、之后都留有空白的容器内。

【例 4.4】内容排列案例。

```
<body class="container">
<h3 class="mb-4">内容排列</h3>
<!--justify-content-start-->
<div class="d-flex justify-content-start mb-3 bg-warning text-white">
    <div class="p-2 bg-primary">Flex项目1</div>
    <div class="p-2 bg-success">Flex项目2</div>
    <div class="p-2 bg-danger">Flex项目3</div>
</div>
<!--justify-content-center-->
<div class="d-flex justify-content-center mb-3 bg-warning text-white">
    <div class="p-2 bg-primary">Flex项目1</div>
    <div class="p-2 bg-success">Flex项目2</div>
    <div class="p-2 bg-danger">Flex项目3</div>
</div>
<!--justify-content-end-->
<div class="d-flex justify-content-end mb-3 bg-warning text-white">
    <div class="p-2 bg-primary">Flex项目1</div>
    <div class="p-2 bg-success">Flex项目2</div>
    <div class="p-2 bg-danger">Flex项目3</div>
</div>
<!--justify-content-between-->
<div class="d-flex justify-content-between mb-3 bg-warning text-white">
    <div class="p-2 bg-primary">Flex项目1</div>
    <div class="p-2 bg-success">Flex项目2</div>
    <div class="p-2 bg-danger">Flex项目3</div>
</div>
<!--justify-content-around-->
<div class="d-flex justify-content-around bg-warning text-white">
    <div class="p-2 bg-primary">Flex项目1</div>
    <div class="p-2 bg-success">Flex项目2</div>
    <div class="p-2 bg-danger">Flex项目3</div>
</div>
</body>
```

在 IE 11 浏览器中运行结果如图 4-4 所示。

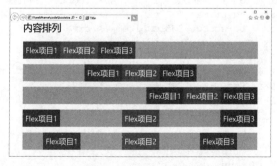

图 4-4　内容排列效果

内容排列布局也可以加响应式的设置，响应式类如下：

```
.justify-content-{sm|md|lg|xl}-start
.justify-content-{sm|md|lg|xl}-center
.justify-content-{sm|md|lg|xl}-end
.justify-content-{sm|md|lg|xl}-between
.justify-content-{sm|md|lg|xl}-around
```

4.4
项目对齐

使用 align-items-* 通用样式可以在 Flexbox 容器上实现 Flex 项目的对齐（以 y 轴开始，如果选择 flex-direction: column，则从 x 轴开始），可选值有： start、end、center、baseline 和 stretch （浏览器默认值）。

【例 4.5】项目对齐案例。

```
<style>
    .box{
        width: 100%;        /*设置宽度*/
        height: 50px;       /*设置高度*/
    }
</style>
<body class="container">
<h3 class="mb-4">项目对齐</h3>
<div class="d-flex align-items-start bg-warning text-white mb-3 box">
    <div class="px-2 bg-primary">Flex item 1</div>
    <div class="px-2 bg-success">Flex item 2</div>
    <div class="px-2 bg-danger">Flex item 3</div>
</div>
<div class="d-flex align-items-end bg-warning text-white mb-3 box">
    <div class="px-2 bg-primary">Flex item 1</div>
    <div class="px-2 bg-success">Flex item 2</div>
    <div class="px-2 bg-danger">Flex item 3</div>
</div>
<div class="d-flex align-items-center bg-warning text-white mb-3 box">
    <div class="px-2 bg-primary">Flex item 1</div>
    <div class="px-2 bg-success">Flex item 2</div>
    <div class="px-2 bg-danger">Flex item 3</div>
</div>
<div class="d-flex align-items-baseline bg-warning text-white mb-3 box">
    <div class="px-2 bg-primary">Flex item 1</div>
    <div class="px-2 bg-success">Flex item 2</div>
    <div class="px-2 bg-danger">Flex item 3</div>
</div>
<div class="d-flex align-items-stretch bg-warning text-white mb-3 box">
    <div class="px-2 bg-primary">Flex item 1</div>
    <div class="px-2 bg-success">Flex item 2</div>
    <div class="px-2 bg-danger">Flex item 3</div>
</div>
</body>
```

在 IE 11 浏览器中运行结果如图 4-5 所示。

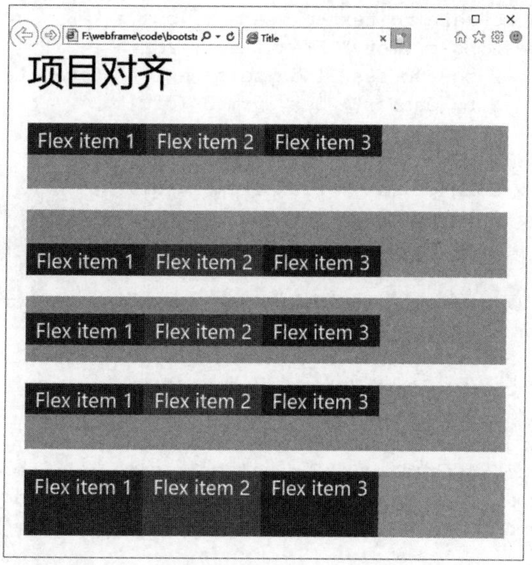

图 4-5　项目对齐效果

项目对齐布局也可以添加响应式的设置，响应式类如下：

```
.align-items-{sm|md|lg|xl}-start
.align-items-{sm|md|lg|xl}-end
.align-items-{sm|md|lg|xl}-center
.align-items-{sm|md|lg|xl}-baseline
.align-items-{sm|md|lg|xl}-stretch
```

4.5
自动对齐

使用 align-self-* 通用样式，可以使 Flexbox 上的项目单独改变在横轴上的对齐方式（y 轴开始，如果是 flex-direction: column，则为 x 轴开始），其拥有与 align-items 相同的可选子项：start、end、center、baseline 和 stretch（浏览器默认值）。

【例 4.6】自动对齐案例。

```
<style>
    .box{
        width: 100%;        /*设置宽度*/
        height: 50px;       /*设置高度*/
    }
</style>
<body class="container">
<h3 class="mb-4">指定项目对齐</h3>
<div class="d-flex bg-warning text-white mb-3 box">
    <div class="px-2 bg-primary">Flex item 1</div>
    <div class="px-2 bg-success align-self-start">Flex item 2</div>
    <div class="px-2 bg-danger">Flex item 3</div>
</div>
```

```
<div class="d-flex bg-warning text-white mb-3 box">
    <div class="px-2 bg-primary">Flex item 1</div>
    <div class="px-2 bg-success align-self-center">Flex item 2</div>
    <div class="px-2 bg-danger">Flex item 3</div>
</div>
<div class="d-flex bg-warning text-white mb-3 box">
    <div class="px-2 bg-primary">Flex item 1</div>
    <div class="px-2 bg-success align-self-end">Flex item 2</div>
    <div class="px-2 bg-danger">Flex item 3</div>
</div>
<div class="d-flex bg-warning text-white mb-3 box">
    <div class="px-2 bg-primary">Flex item 1</div>
    <div class="px-2 bg-success align-self-baseline">Flex item 2</div>
    <div class="px-2 bg-danger">Flex item 3</div>
</div>
<div class="d-flex bg-warning text-white mb-3 box">
    <div class="px-2 bg-primary">Flex item 1</div>
    <div class="px-2 bg-success align-self-stretch">Flex item 2</div>
    <div class="px-2 bg-danger">Flex item 3</div>
</div>
</body>
```

在 IE 11 浏览器中运行结果如图 4-6 所示。

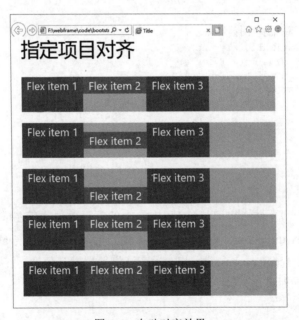

图 4-6　自动对齐效果

自动对齐布局也可以添加响应式的设置，响应式类如下：

```
.align-self-{sm|md|lg|xl}-start
.align-self-{sm|md|lg|xl}-end
.align-self-{sm|md|lg|xl}-center
.align-self-{sm|md|lg|xl}-baseline
.align-self-{sm|md|lg|xl}-stretch
```

4.6
自动相等

在一系列子元素上使用 .flex-fill 类，来强制它们平分剩下的空间。

【例 4.7】自动相等案例。

```
<body class="container">
<h3 class="mb-4">平均分配剩下的空间</h3>
<div class="d-flex bg-warning text-white">
    <div class="flex-fill p-2 bg-primary ">Flex item1（包含大量内容）</div>
    <div class="flex-fill p-2 bg-success">Flex item 2</div>
    <div class="flex-fill p-2 bg-danger">Flex item 3</div>
</div>
</body>
```

在 IE 11 浏览器中运行结果如图 4-7 所示。

图 4-7　自动相等效果

自动相等也可以添加响应式的设置，响应式类如下：

```
.flex-{sm|md|lg|xl}-fill
```

4.7
等宽变换

使用 .flex-grow-* 切换弹性项目的增长以填充可用空间。在下面的案例中，使用 .flex-grow-1 元素可以使用的所有可用空间，同时允许剩余的两个 Flex 项目具有必要的空间。

【例 4.8】等宽变换案例。

```
<body class="container">
<h5>增长</h5>
<div class="d-flex bg-warning text-white mb-4">
    <div class="p-2 flex-grow-1 bg-primary">Flex item1</div>
    <div class="p-2 bg-success">Flex item 2</div>
    <div class="p-2 bg-danger">Flex item 3</div>
</div>
<h5>收缩</h5>
<div class="d-flex bg-warning text-white">
    <div class="p-2 w-100 bg-primary">Flex item1</div>
    <div class="p-2 bg-success">Flex item2</div>
    <div class="p-2 w-100 bg-danger">Flex item3</div>
```

```
</div>
</body>
```

在 IE 11 浏览器中运行结果如图 4-8 所示。

图 4-8　等宽变换效果

等宽变换布局也可以添加响应式的设置，响应式类如下：

```
.flex-{sm|md|lg|xl}-grow-0
.flex-{sm|md|lg|xl}-grow-1
.flex-{sm|md|lg|xl}-shrink-0
.flex-{sm|md|lg|xl}-shrink-1
```

4.8
自动浮动

将 Flex 对齐与 Auto margin 混在一起的时候，Flexbox 也能正常运行。

4.8.1　水平方向浮动

以下是通过 Auto margin 来控制 Flex 项目的三种案例，分别是预设（无 margin）、向右推两个项目（.mr-auto）、向左推两个项目（.ml-auto）。

【例 4.9】水平方向案例。

```
<body class="container">
<h3 class="mb-4">水平方向</h3>
<div class="d-flex bg-warning text-white mb-3">
    <div class="p-2 bg-primary">Flex item</div>
    <div class="p-2 bg-success">Flex item</div>
    <div class="p-2 bg-danger">Flex item</div>
</div>
<div class="d-flex bg-warning text-white mb-3">
    <div class="mr-auto p-2 bg-primary">Flex item</div>
    <div class="p-2 bg-success">Flex item</div>
    <div class="p-2 bg-danger">Flex item</div>
</div>
<div class="d-flex bg-warning text-white mb-3">
    <div class="p-2 bg-primary">Flex item</div>
    <div class="p-2 bg-success">Flex item</div>
    <div class="ml-auto p-2 bg-danger">Flex item</div>
</div>
</body>
```

在 IE 11 浏览器中运行结果如图 4-9 所示。

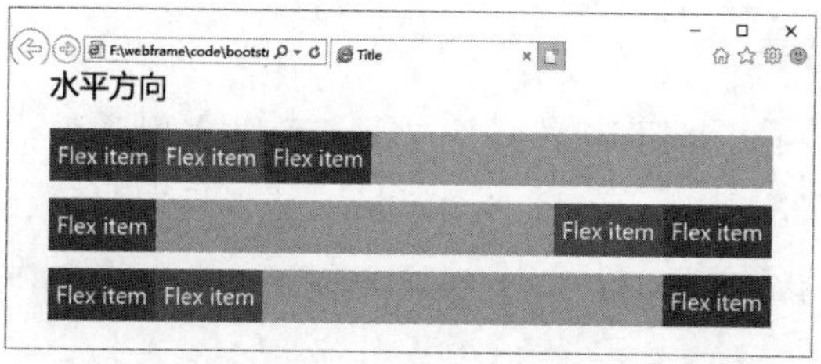

图 4-9　水平方向效果

4.8.2　垂直方向浮动

结合 align-items、flex-direction: column、margin-top: auto 或 margin-bottom: auto，可以垂直移动一个 Flex 子容器到顶部或底部。

【例 4.10】垂直方向浮动。

```
<body class="container">
<h3 class="mb-4">垂直方向</h3>
<div class="d-flex align-items-start flex-column bg-warning text-white mb-4"
style="height: 200px;">
    <div class="mb-auto p-2 bg-primary">Flex item</div>
    <div class="p-2 bg-success">Flex item</div>
    <div class="p-2 bg-danger">Flex item</div>
</div>
<div class="d-flex align-items-end flex-column bg-warning text-white"
style="height: 200px;">
    <div class="p-2 bg-primary">Flex item</div>
    <div class="p-2 bg-success">Flex item</div>
    <div class="mt-auto p-2 bg-danger">Flex item</div>
</div>
</body>
```

在 IE 11 浏览器中运行结果如图 4-10 所示。

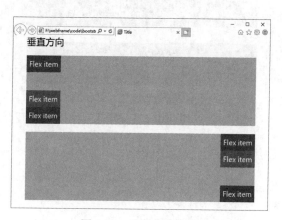

图 4-10　垂直方向效果

4.9
弹性布局——包裹

改变 Flex 项目在 Flex 容器中的包裹方式（可以实现弹性布局），其中包括无包裹 .flex-nowrap（浏览器默认）、包裹 .flex-wrap，或者反向包裹 .flex-wrap-reverse。

【例 4.11】包装案例。

```
<body class="container">
<h3 class="mb-4">包装</h3>
<div class="d-flex bg-warning text-white mb-4 flex-wrap flex-wrap-reverse" >
    <div class="p-2 bg-primary">Flex项目1</div>
    <div class="p-2 bg-success">Flex项目2</div>
    <div class="p-2 bg-danger">Flex项目3</div>
    <div class="p-2 bg-primary">Flex项目4</div>
    <div class="p-2 bg-success">Flex项目5</div>
    <div class="p-2 bg-danger">Flex项目6</div>
</div>
<div class="d-flex bg-warning text-white mb-4">
    <div class="p-2 bg-primary">Flex项目1</div>
    <div class="p-2 bg-success">Flex项目2</div>
    <div class="p-2 bg-danger">Flex项目3</div>
    <div class="p-2 bg-primary">Flex项目4</div>
    <div class="p-2 bg-success">Flex项目5</div>
    <div class="p-2 bg-danger">Flex项目6</div>
</div>
</body>
```

在 IE 11 浏览器中运行结果如图 4-11 所示。

图 4-11　包装效果

包装布局也可以添加响应式的设置，响应式类如下：

```
.flex-{sm|md|lg|xl}-nowrap
.flex-{sm|md|lg|xl}-wrap
.flex-{sm|md|lg|xl}-wrap-reverse
```

4.10
排列顺序

使用一些 order 实用程序可以实现弹性项目的可视化排序。Bootstrap 仅提供将一个项目排在第一或最后以及重置 DOM 顺序的功能，由于 order 只能使用整数值（例如：5），因此对于任何额外值都需要自定义 CSS 样式。

【例 4.12】排列顺序案例。

```
<body class="container">
<h3 class="mb-4">排列顺序</h3>
<div class="d-flex bg-warning text-white">
    <div class="order-3 p-2 bg-primary">Flex项目1</div>
    <div class="order-2 p-2 bg-success">Flex项目2</div>
    <div class="order-1 p-2 bg-danger">Flex项目3</div>
</div>
</body>
```

在 IE 11 浏览器中运行结果如图 4-12 所示。

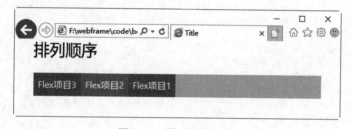

图 4-12　排列顺序效果

排列顺序也可以添加响应式的设置，响应式类如下：

```
.order-{sm|md|lg|xl}-0          .order-{sm|md|lg|xl}-7
.order-{sm|md|lg|xl}-1          .order-{sm|md|lg|xl}-8
.order-{sm|md|lg|xl}-2          .order-{sm|md|lg|xl}-9
.order-{sm|md|lg|xl}-3          .order-{sm|md|lg|xl}-10
.order-{sm|md|lg|xl}-4          .order-{sm|md|lg|xl}-11
.order-{sm|md|lg|xl}-5          .order-{sm|md|lg|xl}-12
.order-{sm|md|lg|xl}-6
```

4.11
对齐内容

使用 Flexbox 容器上的 align-content 通用样式定义，可以将 Flex 项对齐到横轴上。可选方向有 start（浏览器默认值）、end、center、between、around 和 stretch。

【例 4.13】对齐内容案例。

```
<body class="container">
<h5>align-content-start</h5>
<div class="d-flex align-content-start bg-warning text-white flex-wrap mb-4"
style="height: 150px;">
    <div class="p-2 bg-primary">Flex项目1</div>
    <div class="p-2 bg-success">Flex项目2</div>
    <div class="p-2 bg-danger">Flex项目3</div>
    <div class="p-2 bg-primary">Flex项目4</div>
    <div class="p-2 bg-success">Flex项目5</div>
    <div class="p-2 bg-danger">Flex项目6</div>
    <div class="p-2 bg-primary">Flex项目7</div>
    <div class="p-2 bg-success">Flex项目8</div>
    <div class="p-2 bg-danger">Flex项目9</div>
    <div class="p-2 bg-primary">Flex项目10</div>
    <div class="p-2 bg-success">Flex项目11</div>
    <div class="p-2 bg-danger">Flex项目12</div>
</div>
<h5>align-content-center</h5>
<div class="d-flex align-content-center bg-warning text-white flex-wrap mb-4"
style="height: 150px;">
    <div class="p-2 bg-primary">Flex项目1</div>
    <div class="p-2 bg-success">Flex项目2</div>
    <div class="p-2 bg-danger">Flex项目3</div>
    <div class="p-2 bg-primary">Flex项目4</div>
    <div class="p-2 bg-success">Flex项目5</div>
    <div class="p-2 bg-danger">Flex项目6</div>
    <div class="p-2 bg-primary">Flex项目7</div>
    <div class="p-2 bg-success">Flex项目8</div>
    <div class="p-2 bg-danger">Flex项目9</div>
    <div class="p-2 bg-primary">Flex项目10</div>
    <div class="p-2 bg-success">Flex项目11</div>
    <div class="p-2 bg-danger">Flex项目12</div>
</div>
<h5>align-content-end</h5>
<div class="d-flex align-content-end bg-warning text-white flex-wrap"
style="height: 150px;">
    <div class="p-2 bg-primary">Flex项目1</div>
    <div class="p-2 bg-success">Flex项目2</div>
    <div class="p-2 bg-danger">Flex项目3</div>
    <div class="p-2 bg-primary">Flex项目4</div>
    <div class="p-2 bg-success">Flex项目5</div>
    <div class="p-2 bg-danger">Flex项目6</div>
    <div class="p-2 bg-primary">Flex项目7</div>
    <div class="p-2 bg-success">Flex项目8</div>
    <div class="p-2 bg-danger">Flex项目9</div>
    <div class="p-2 bg-primary">Flex项目10</div>
    <div class="p-2 bg-success">Flex项目11</div>
    <div class="p-2 bg-danger">Flex项目12</div>
</div>
</body>
```

在 IE 11 浏览器中运行结果如图 4-13 所示。

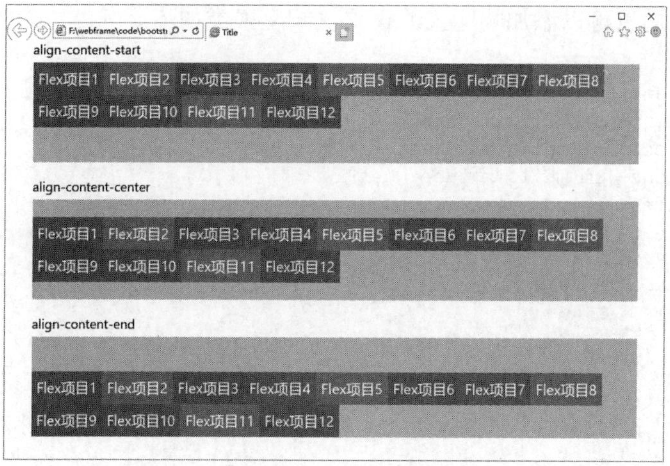

图 4-13　对齐内容效果

align-content-between 效果如图 4-14 所示。

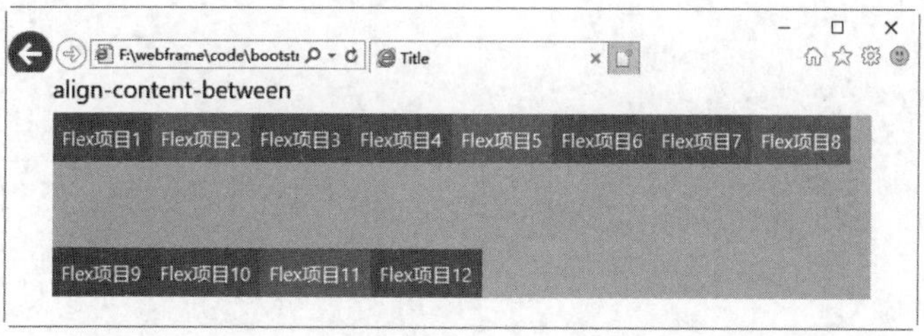

图 4-14　align-content-between 效果

align-content-around 效果如图 4-15 所示。

图 4-15　align-content-around 效果

align-content-stretch 效果如图 4-16 所示。

图 4-16　align-content-stretch 效果

对齐内容布局也可以添加响应式的设置，响应式类如下：

```
.align-content-{sm|md|lg|xl}-start
.align-content-{sm|md|lg|xl}-end
.align-content-{sm|md|lg|xl}-center
.align-content-{sm|md|lg|xl}-between
.align-content-{sm|md|lg|xl}-around
.align-content-{sm|md|lg|xl}-stretch
```

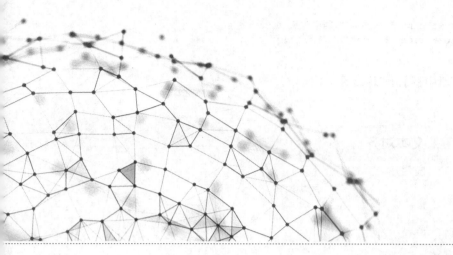

第5章

核心工具库——CSS通用样式类

Bootstrap 4核心是一个CSS工具库，它定义了大量的通用样式类，包括边距、边框、颜色、对齐方式、阴影、浮动，显示与隐藏等，很容易上手，无须用户再编写大量CSS样式，可以使用这些通用样式快速的开发。

5.1
文本处理

Bootstrap定义了一些关于文本的样式类，来控制文本的对齐、换行、转换和权重等样式。

5.1.1 文本对齐

在Bootstrap中定义了以下4个类，来设置文本的水平对齐方式。

- .text-left：设置左对齐。
- .text-center：设置居中对齐。
- .text-right：设置右对齐。
- .text-justify：设置两端对齐。

在下面的示例中，定义3个div，为每个div分别设置text-left、text-center和text-right类，实现不同的对齐方式。其中border类用来设置div的边框。

【例5.1】文本对齐示例。

```
<body class="container">
<h3 class="mb-3">文本对齐</h3>
<div class="text-left border">左对齐</div>
```

```
<div class="text-center border">居中对齐</div>
<div class="text-right border">右对齐</div>
</body>
```

在 IE 11 浏览器中运行结果如图 5-1 所示。

图 5-1　文本对齐效果

可以结合网格系统的响应断点来定义响应的对齐方式。说明如下。

- .text-(sm|md|lg|xl)-left：在 sm|md|lg|xl 型设备上左对齐。
- .text-(sm|md|lg|xl)-center：在 sm|md|lg|xl 型设备上居中对齐。
- .text-(sm|md|lg|xl)-right：在 sm|md|lg|xl 型设备上右对齐。

在下面的示例中，定义 1 个 div，并添加 text-sm-center 类，该类表示在 sm（576px ≤ sm<768px）型宽度的设备上显示为水平居中；添加的 text-md-right 类，表示在 md（68px ≤ md<992px）型宽度的设备上显示为右对齐。

【例 5.2】响应式对齐示例。

```
<body class="container">
<h3 class="mb-3">响应式对齐</h3>
<div class="text-sm-center text-md-right border">文本内容</div>
</body>
```

在 IE 11 浏览器中运行时，在 sm 型设备上显示效果如图 5-2 所示。

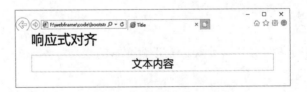

图 5-2　sm 型设备上显示效果

在 md 型设备上显示效果如图 5-3 所示。

图 5-3　md 型设备上显示效果

5.1.2 文本换行

如果元素中的文本超出了元素本身的宽度，默认情况下会自行换行。在 Bootstrap 4 中可以使用 .text-nowrap 类来阻止文本换行。

在下面的示例中定义了两个宽度为 15rem 的 div，第一个没有添加 text-nowrap 类来阻止文本换行，第二个添加了 text-nowrap 类来阻止文本换行。

【例 5.3】文本换行示例。

```
<body class="container">
<h3 class="mb-4">文本换行效果</h3>
<div class="border border-primary mb-5" style="width: 15rem;">
    独出前门望野田,月明荞麦花如雪。——白居易《村夜》
</div>
<h4>阻止文本换行:</h4>
<div class="text-nowrap border border-primary" style="width: 15rem;">
    独出前门望野田,月明荞麦花如雪。——白居易《村夜》
</div>
</body>
```

在 IE 11 浏览器中运行结果如图 5-4 所示。

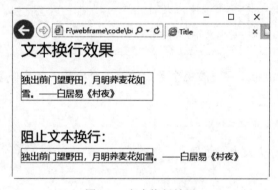

图 5-4　文本换行效果

在 Bootstrap 中，对于较长的文本内容，如果超出了元素盒子的宽度，可以添加 .text-truncate 类，以省略号的形式表示超出的文本内容。

> **注意**
>
> 添加 .text-truncate 类的元素，只有包含 display: inline-block 或 display: block 样式，才能实现效果。

在示例中，给定 div 的宽度，然后添加 .text-truncate 类。当文本内容溢出时，将以省略号显示。

【例 5.4】省略溢出文本示例。

```
<body class="container">
<h3 class="mb-4">.text-truncate类的效果</h3>
<div class="border border-primary mb-5 text-truncate" style="width: 15rem;">
```

```
    独出前门望野田,月明荞麦花如雪。——白居易《村夜》
</div>
</body>
```

在 IE 11 浏览器中运行结果如图 5-5 所示。

图 5-5　省略溢出文本效果

5.1.3　文本转换

在含有字母的文本中,可以使用 Bootstrap 中定义的三个类来转换字母大小写。说明如下。

- .text-lowercase:将字母转换为小写。
- .text-uppercase:将字母转换为大写。
- .text-capitalize:将每个单词的第一个字母转换为大写。

注意

.text-capitalize 只更改每个单词的第一个字母,不影响其他字母。

【例 5.5】字母转换大小写示例。

```
<body class="container">
<h3 class="mb-4">字母转换大小写</h3>
<p class="text-uppercase">转换成大写:hello world!</p>
<p class="text-lowercase">转换成小写:HELLO WORLD!</p>
<p class="text-capitalize">转换为每个单词的首字母大写:hello world!</p>
</body>
```

在 IE 11 浏览器中运行结果如图 5-6 所示。

图 5-6　字母转换大小写效果

5.1.4　粗细和斜体

Bootstrap 4 中还定义了关于文本字体的样式类，可以快速改变文本字体的粗、细和倾斜样式。具体的样式代码如下：

```
.font-weight-light {font-weight: 300 !important;}
.font-weight-lighter {font-weight: lighter !important;}
.font-weight-normal {font-weight: 400 !important;}
.font-weight-bold {font-weight: 700 !important;}
.font-weight-bolder {font-weight: bolder !important;}
.font-italic {font-style: italic !important;}
```

说明如下。

- .font-weight-light：设置较细的字体（相对于父元素）。
- .font-weight-lighter：设置细的字体。
- .font-weight-normal：设置正常粗细的字体。
- .font-weight-bold：设置粗的字体。
- .font-weight-bolder：设置较粗的字体（相对于父元素）。
- .font-italic：设置斜体字。

【例 5.6】粗、细和斜体示例。

```
<body class="container">
<h3 class="mb-4">字体的粗细和斜体效果</h3>
<p class="font-weight-light">独出前门望野田,月明荞麦花如雪。——白居易《村夜》（font-
weight-light）</p>
    <p class="font-weight-lighter">独出前门望野田,月明荞麦花如雪。——白居易《村夜》
（font-weight-lighter）</p>
    <p class="font-weight-normal">独出前门望野田,月明荞麦花如雪。——白居易《村夜》（font-
weight-normal）</p>
    <p class="font-weight-bold">独出前门望野田,月明荞麦花如雪。——白居易《村夜》（font-
weight-bold）</p>
    <p class="font-weight-bolder">独出前门望野田,月明荞麦花如雪。——白居易《村夜》（font-
weight-bolder）</p>
    <p class="font-italic">独出前门望野田,月明荞麦花如雪。——白居易《村夜》（font-
italic）</p>
    </body>
```

在 IE 11 浏览器中运行结果如图 5-7 所示。

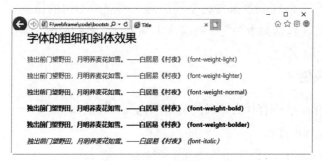

图 5-7　粗、细和斜体效果

5.1.5 其他一些文本类

以下三个样式类，在使用 Bootstrap 4 进行开发时可能会用到，说明如下。

- .text-reset：颜色复位。重新设置文本或链接的颜色，继承来自父元素的颜色。
- .text-monospace：字体类。字体包括 SFMono-Regular，Menlo，Monaco，Consolas，"Liberation Mono"，"Courier New"，monospace。
- .text-decoration-none：删除修饰线。

【例 5.7】其他样式类示例。

```
<body class="container">
<h3 class="mb-4">复位颜色、添加字体类和删除修饰</h3>
<div class="text-muted">
    <p><a href="#" class="text-reset">独出前门望野田,月明荞麦花如雪。——白居易《村
夜》</a></p>
    <p class="text-monospace">独出前门望野田,月明荞麦花如雪。——白居易《村夜》</p>
    <p><a href="#" class="text-decoration-none">独出前门望野田,月明荞麦花如雪。——
白居易《村夜》</a></p>
</div>
</body>
```

在 IE 11 浏览器中运行结果如图 5-8 所示。

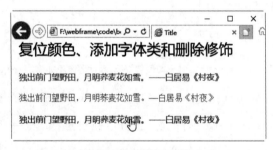

图 5-8　其他样式类效果

5.2
颜色

在网页开发中，通过颜色来传达不同的意义和表达不同的模块。在 Bootstrap 中有一系列的颜色样式，包括文本颜色、链接文本颜色、背景颜色等与状态相关的样式。

5.2.1 文本颜色

Bootstrap 提供了一些有代表意义的文本颜色类，说明如下。

- .text-primary：蓝色。
- .text-secondary：灰色。
- .text-success：浅绿色。

- .text-danger：浅红色。
- .text-warning：浅黄色。
- .text-info：浅蓝色。
- .text-light：浅灰色（白色背景上看不清楚）。
- .text-dark：深灰色。
- .text-muted：灰色。
- .text-white：白色（白色背景上看不清楚）。

在下面示例中，设置 .text-light 类和 .text-white 类，同时还需要添加相应的背景色，否则是看不见的。这里添加了 .bg-dark 类，背景显示为深灰色。

【例 5.8】文本颜色类示例。

```
<body class="container">
<h3 class="mb-4">文本颜色</h3>
<p class="text-primary">.text-primary——蓝色</p>
<p class="text-secondary">.text-secondary——灰色</p>
<p class="text-success">.text-success——浅绿色</p>
<p class="text-danger">.text-danger——浅红色</p>
<p class="text-warning">.text-warning——浅黄色</p>
<p class="text-info">.text-info——浅蓝色</p>
<p class="text-light bg-dark">.text-light——浅灰色（白色背景上看不清楚）</p>
<p class="text-dark">.text-dark——深灰色</p>
<p class="text-muted">.text-muted——灰色</p>
<p class="text-white bg-dark">.text-white——白色（白色背景上看不清楚）</p>
</body>
```

在 IE 11 浏览器中运行结果如图 5-9 所示。

图 5-9　文本颜色类效果

Bootstrap 4 中还有两个特别的颜色类 text-black-50 和 text-white-50，CSS 样式代码如下：

```
.text-black-50 {
  color: rgba(0, 0, 0, 0.5) !important;
}
.text-white-50 {
```

```
        color: rgba(255, 255, 255, 0.5) !important;
}
```

这两个类分别设置文本为黑色和白色,并设置透明度为 0.5。

5.2.2 链接文本颜色

对于前面介绍的文本颜色类,在链接上也能正常使用。再配合 Bootstrap 提供的悬浮和焦点样式(悬浮时颜色变暗),使链接文本更适合网页整体的颜色搭配。

注意

和设置文本颜色一样,不建议使用 .text-white 和 .text-light 这两个类,因为不显示样式,需要相应的背景色来辅助。

【例 5.9】链接文本颜色示例。

```
<body class="container">
<h3 class="mb-4">链接的文本颜色</h3>
<p><a href="#" class="text-primary text-white">.text-primary——蓝色链接</a></p>
<p><a href="#" class="text-secondary">.text-secondary——灰色链接</a></p>
<p><a href="#" class="text-success">.text-success——浅绿色链接</a></p>
<p><a href="#" class="text-danger">.text-danger——浅红色链接</a></p>
<p><a href="#" class="text-warning">.text-warning——浅黄色链接</a></p>
<p><a href="#" class="text-info">.text-info——浅蓝色链接</a></p>
<p><a href="#" class="text-light bg-dark">.text-light——浅灰色链接(添加了深灰色背
景)</a></p>
<p><a href="#" class="text-dark">.text-dark——深灰色链接</a></p>
<p><a  href="#" class="text-muted">.text-muted——灰色链接</a></p>
<p><a  href="#"  class="text-white bg-dark">.text-white——白色链接(添加了深灰色背
景)</a></p>
</body>
```

在 IE 11 浏览器中运行结果如图 5-10 所示。

图 5-10 链接文本颜色效果

5.2.3　背景颜色

Bootstrap 提供的背景颜色类有 .bg-primary、.bg-success、.bg-info、.bg-warning、.bg-danger、.bg-secondary、.bg-dark 和 .bg-light。背景颜色与文本类颜色一样，只是这里设置的是背景颜色。

【例 5.10】背景颜色示例。

```
<body class="container">
<h3 class="mb-4">背景颜色</h3>
<p class="bg-primary text-white">.bg-primary——蓝色背景</p>
<p class="bg-secondary text-white">.bg-secondary——灰色背景</p>
<p class="bg-success text-white">.bg-success——浅绿色背景</p>
<p class="bg-danger text-white">.bg-danger——浅红色背景</p>
<p class="bg-warning text-white">.bg-warning——浅黄色背景</p>
<p class="bg-info text-white">.bg-info——浅蓝色背景</p>
<p class="bg-light">.bg-light——浅灰色背景</p>
<p class="bg-dark text-white">.bg-dark——深灰色背景</p>
<p class="bg-white">.bg-white——白色背景</p>
</body>
```

在 IE 11 浏览器中运行结果如图 5-11 所示。

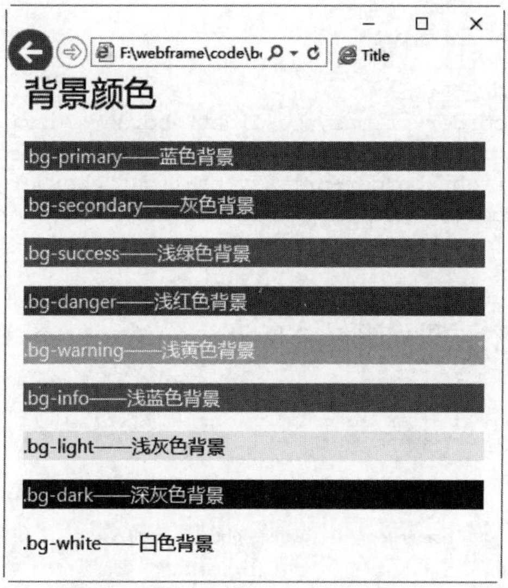

图 5-11　背景颜色效果

5.3
边框

使用 Bootstrap 提供的边框样式类，可以快速地添加和删除元素的边框，也可以指定地添加或删除元素某一边的边框。

5.3.1 添加边框

通过给元素添加 .border 类来添加边框。如果想指定添加某一边，可以从以下 4 个类中选择添加。

- .border-top：添加元素上边框。
- .border-right：添加元素右边框。
- .border-bottom：添加元素下边框。
- .border-left：添加元素左边框。

在下面的示例中，定义 5 个 div，第一个 div 添加 .border 设置 4 个边的边框，另外 4 个 div 各设置一边的边框。

【例 5.11】添加边框示例。

```
<style>
    div{
        width: 100px;
        height: 100px;
        float: left;
        margin-left: 30px;
    }
</style>
<body class="container">
<h3 class="mb-4">添加边框</h3>
<div class="border border-primary bg-light">border</div>
<div class="border-top border-primary bg-light">border-top</div>
<div class="border-right border-primary bg-light">border-right</div>
<div class="border-bottom border-primary bg-light">border-bottom</div>
<div class="border-left border-primary bg-light">border-left</div>
</body>
```

在 IE 11 浏览器中运行结果如图 5-12 所示。

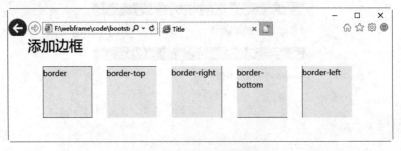

图 5-12　添加边框效果

在元素有边框的情况下，若需要删除边框或删除某一边的边框，只需要在边框样式类后面添加 -0，就可以删除对应的边框。例如 .border-0 类表示删除元素四边的边框。

【例 5.12】删除边框示例。

```
<style>
        div{
            width: 100px;
            height: 100px;
            float: left;
            margin-left: 30px;
        }
    </style>
<body class="container">
<h3 class="mb-4">去掉指定边框</h3>
<div class="border border-0 border-primary bg-light">border-0</div>
<div class="border border-top-0 border-primary bg-light">border-top-0</div>
<div class="border border-right-0 border-primary bg-light">border-right-0</div>
<div class="border border-bottom-0 border-primary bg-light">border-bottom-0</div>
<div class="border border-left-0 border-primary bg-light">border-left-0</div>
</body>
```

在 IE 11 浏览器中运行结果如图 5-13 所示。

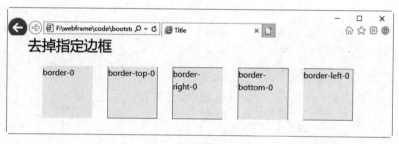

图 5-13　删除边框效果

5.3.2　边框颜色

边框的颜色类是 .border 加上主题颜色组成，包括 .border-primary、.border-secondary、.border-success、.border-danger、.border-warning、.border-info、.border-light、.border-dark 和 .border-white。

【例 5.13】边框颜色示例。

```
<style>
        div{
            width: 100px;
            height: 100px;
            float: left;
            margin: 15px;
        }
    </style>
<body class="container">
<h3 class="mb-4">边框颜色</h3>
<div class="border border-primary">border-primary</div>
<div class="border border-secondary">border-secondary</div>
<div class="border border-success">border-success</div>
<div class="border border-danger">border-danger</div>
<div class="border border-warning">border-warning</div>
```

```
<div class="border border-info">border-info</div>
<div class="border border-light">border-light</div>
<div class="border border-dark">border-dark</div>
<div class="border border-white">border-white</div>
</body>
```

在 IE 11 浏览器中运行结果如图 5-14 所示。

图 5-14　边框颜色效果

5.3.3　圆角边框

在 Bootstrap 中给元素添加 .rounded 类来实现圆角边框效果，也可以指定某一边的圆角边框。圆角边框样式代码如下：

```
.rounded {
  border-radius: 0.25rem !important;
}
.rounded-top {
  border-top-left-radius: 0.25rem !important;
  border-top-right-radius: 0.25rem !important;
}
.rounded-right {
  border-top-right-radius: 0.25rem !important;
  border-bottom-right-radius: 0.25rem !important;
}
.rounded-bottom {
  border-bottom-right-radius: 0.25rem !important;
  border-bottom-left-radius: 0.25rem !important;
}
.rounded-left {
  border-top-left-radius: 0.25rem !important;
  border-bottom-left-radius: 0.25rem !important;
}
.rounded-circle {
  border-radius: 50% !important;
}
```

```
.rounded-pill {
  border-radius: 50rem !important;
}
```

说明如下。

■ .rounded-top：设置元素左上和右上的圆角边框。

■ .rounded-bottom：设置元素左下和右下的圆角边框。

■ .rounded-left：设置元素左上和左下的圆角边框。

■ .rounded-right：设置元素右上和右下的圆角边框。

【例 5.14】圆角边框示例。

```
<style>
        div{
            width: 100px;
            height: 100px;
            float: left;
            margin: 15px;
            padding-top: 20px;
        }
    </style>
<body class="container">
<h3 class="mb-4">圆角边框</h3>
<div class="border border-primary rounded">rounded</div>
<div class="border border-primary rounded-0">rounded-0</div>
<div class="border border-primary rounded-top">rounded-top</div>
<div class="border border-primary rounded-right">rounded-right</div>
<div class="border border-primary rounded-bottom">rounded-bottom</div>
<div class="border border-primary rounded-left">rounded-left</div>
<div class="border border-primary rounded-circle">rounded-circle</div>
<div class="border border-primary rounded-pill">rounded-pill</div>
</body>
```

在 IE 11 浏览器中运行结果如图 5-15 所示。

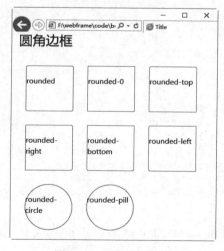

图 5-15　圆角边框效果

5.4
宽度和高度

在 Bootstrap 4 中，宽度和高度的设置分两种情况，一种是相对于父元素宽度和高度来设置，以百分比来表示；另一种是相对于视口的宽度和高度来设置，单位为 vw（视口宽度）和 vh（视口高度）。在 Bootstrap 4 中，宽度用 w 表示，高度用 h 来表示。

5.4.1　相对于父元素

相对于父元素的宽度和高度样式类是由 _variables.scss 文件中 $sizes 变量来控制的，默认值包括 25%、50%、75%、100% 和 auto。用户可以调整这些值，定制不同的规格。

具体的样式代码如下：

```
.w-25 {width: 25% !important;}
.w-50 {width: 50% !important;}
.w-75 {width: 75% !important;}
.w-100 {width: 100% !important;}
.w-auto {width: auto !important;}
.h-25 {height: 25% !important;}
.h-50 {height: 50% !important;}
.h-75 {height: 75% !important;}
.h-100 {height: 100% !important;}
.h-auto {height: auto !important;}
```

提示

.w-auto 为宽度自适应类，.h-auto 为高度自适应类。

【例 5.15】相对于父元素。

```
<body class="container">
<h3 class="mb-2">宽度</h3>
<div class="bg-secondary text-white mb-4">
    <div class="w-25 p-3 bg-success">w-25</div>
    <div class="w-50 p-3 bg-success">w-50</div>
    <div class="w-75 p-3 bg-success">w-75</div>
    <div class="w-100 p-3 bg-success">w-100</div>
    <div class="w-auto p-3 bg-success border-top">w-auto</div>
</div>
<h3 class="mb-2">高度</h3>
<div class="bg-secondary text-white" style="height: 100px;">
        <div class="h-25 d-inline-block bg-success text-center" style="width:
120px;">h-25</div>
        <div class="h-50 d-inline-block bg-success text-center" style="width:
120px;">h-50</div>
```

```
        <div class="h-75 d-inline-block bg-success text-center" style="width:
120px;">h-75</div>
        <div class="h-100 d-inline-block bg-success text-center" style="width:
120px;">h-100</div>
        <div class="h-auto d-inline-block bg-success text-center" style="width:
120px;">h-auto</div>
    </div>
</body>
```

在 IE 11 浏览器中运行结果如图 5-16 所示。

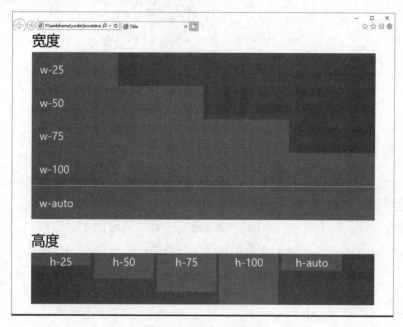

图 5-16　相对于父元素

除了上面这些类以外，还可以使用以下两个类：

```
.mw-100 {max-width: 100% !important;}
.mh-100 {max-height: 100% !important;}
```

其中 .mw-100 类设置最大宽度，.mh-100 类设置最大高度。这两个类多用来设置图片。例如，在一个元素盒子的尺寸是固定的，而要包含的图片的尺寸不确定的情况下，便可以设置 .mw-100 和 .mh-100 类，使图片不会因为尺寸过大而撑破元素盒子，影响页面布局。

【例 5.16】最大宽度和高度示例。

```
<body class="container">
<h3 class="mb-4">最大宽度和最大高度</h3>
<div style="width: 400px;height: 300px;" class="border border-primary">
    <img src="images/dog.jpg" alt="" class="mw-100 mh-100">
</div>
</body>
```

在 IE 11 浏览器中运行结果如图 5-17 所示。

图 5-17　最大宽度和高度效果

5.4.2　相对于视口

　　vw 和 vh 是 CSS 3 中的概念，是相对于视口（viewport）宽度和高度的单位。不论怎么调整视口的大小，视口的宽度都等于 100vw，高度都等于 100vh。也就是把视口平均分成 100 份，1vw 等于视口宽度的 1%，1vh 等于视口高度的 1%。

　　在 Bootstrap 4 中定义了以下 4 个相对于视口的类：

```
.min-vw-100 {min-width: 100vw !important;}
.min-vh-100 {min-height: 100vh !important;}
.vw-100 {width: 100vw !important;}
.vh-100 {height: 100vh !important;}
```

　　说明如下。

- .min-vw-100：最小宽度等于视口的宽度。
- .min-vh-100：最小高度等于视口的高度。
- .vw-100：宽度等于视口的宽度。
- .vh-100：高度等于视口的高度。

　　使用 .min-vw-100 类的元素，当元素的宽度大于视口的宽度时，按照该元素本身宽度来显示，出现水平滚动条；当宽度小于视口的宽度时，元素自动调整，元素的宽度等于视口的宽度。

　　使用 .min-vh-100 类的元素，当元素的高度大于视口的高度时，按照该元素本身高度来显示，出现竖向滚动条；当高度小于视口的高度时，元素自动调整，元素的高度等于视口的高度。

　　使用 .vw-100 类的元素，元素的宽度等于视口的宽度；使用 .vh-100 类的元素，元素的高度等于视口的高度。

　　下面通过一个示例来比较 .min-vw-100 类和 .vw-100 类的作用效果。在示例中，定义了两个 <h2> 标签，都设置 1200px 宽，分别添加 .min-vw-100 类和 .vw-100 类。

【例 5.17】相对于视口示例。

```
<body class="text-white">
<h3 class="text-right text-dark mb-4">.min-vw-100类和.vw-100类的对比效果</h3>
<h2 style="width: 1200px;" class="min-vw-100 bg-primary text-center">.min-
vw-100</h2>
<h2 style="width: 1200px;" class="vw-100 bg-success text-center">vw-100</h2>
</body>
```

在 IE 11 浏览器中运行结果如图 5-18 所示。

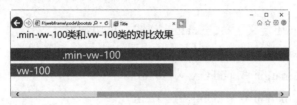

图 5-18　相对于视口效果

从上面的示例结果可以发现，设置了 vw-100 类的盒子宽度始终等于视口的宽度，会随着视口宽度的改变而改变；设置 .min-vw-100 类的盒子宽度大于视口宽度时，盒子宽度是固定的，不会随着视口的改变而改变，当盒子宽度小于视口宽度，宽度会自动调整到视口的宽度。

5.5
边距

Bootstrap 4 定义了许多关于边距的类，使用这些类可以快速处理网页的外观，使页面的布局更加协调，还可以根据需要添加响应式的操作。

5.5.1　边距的定义

在 CSS 中，通过 margin（外边距）和 padding（内边距）来设置元素的边距。在 Bootstrap 4 中，用 m 来表示 margin，用 p 来表示 padding。

关于设置哪一边的边距也做了定义，说明如下。

■ t：用于设置 margin-top 或 padding-top。

■ b：用于设置 margin-bottom 或 padding-bottom。

■ l：用于设置 margin-left 或 padding-left。

■ r：用于设置 margin-right 或 padding-right。

■ x：用于设置左右两边的类 *-left 和 *-right（ * 代表 margin 或 padding）。

■ y：用于设置左右两边的类 *-top 和 *-bottom（ * 代表 margin 或 padding）。

在 Bootstrap 4 中，margin 和 padding 定义了 6 个值，说明如下。

- *-0：设置 margin 或 padding 为 0。
- *-1：设置 margin 或 padding 为 0.25rem。
- *-2：设置 margin 或 padding 为 0.5rem。
- *-3：设置 margin 或 padding 为 1rem。
- *-4：设置 margin 或 padding 为 1.5rem。
- *-5：设置 margin 或 padding 为 3rem。

此外，Bootstrap 还包括一个 .mx-auto 类，多用于固定宽度的块级元素的水平居中。

另外，Bootstrap 还定义了负的 margin 样式，说明如下。

- m-n1：设置 margin 为 -0.25rem。
- m-n2：设置 margin 或 padding 为 -0.5rem。
- m-n3：设置 margin 或 padding 为 -1rem。
- m-n4：设置 margin 或 padding 为 -1.5rem。
- m-n5：设置 margin 或 padding 为 -3rem。

在下面的示例中，为 div 元素设置不同的边距类。

【例 5.18】设置边距示例。

```
<style>
    div{width: 200px;height: 50px;}
</style>
<body class="container">
    <!--mx-auto设置<h3>水平居中,mb-4设置<h3>底外边距为1.5rem-->
      <h3 class="mb-4 mx-auto border border-primary" style="width:150px">mx-
auto</h3>
    <!--ml-4设置左外边距为1.5rem-->
    <div class="ml-4 border border-primary">ml-4</div>
    <div class="border border-primary">正常的盒子</div>
    <!--ml-n4设置左外边距为-1.5rem-->
    <div class="ml-n4 border border-primary">ml-n4</div>
</body>
```

在 IE 11 浏览器中运行结果如图 5-19 所示。

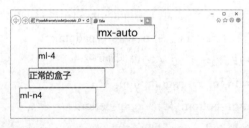

图 5-19　设置边距效果

5.5.2　响应式边距

可以结合网格断点来设置响应式的边距，在不同的断点范围显示不同的边距值。格式如下所示：

```
{m|p}{t|b|l|r|x|y}-{sm|md|lg|xl}-{0|1|2|3|4|5}
```

在下面的示例中，设置 div 的边距样式为 mx-auto 和 mr-sm-2，mx-auto 设置水平居中，mr-sm-2 设置右侧 margin-right 为 0.5rem。

【例 5.19】响应式文本对齐示例。

```
<body class="container">
  <h3 class="mb-4">响应式的边距</h3>
    <div class="mx-auto mr-sm-2 border border-primary" style="width:150px">mx-auto mr-sm-2</div>
</body>
```

在 IE 11 浏览器中运行，在 xs 型设备上设置为 mx-auto，效果如图 5-20 所示，在 sm 型设备上设置 mr-sm-2，效果如图 5-21 所示。

图 5-20　mx-auto 类效果

图 5-21　mr-sm-2 类效果

5.6
浮动

使用 Bootstrap 中提供的 float 浮动通用样式，除了可以快速地实现浮动，还可在任何网格断点上切换浮动。

5.6.1　实现浮动

在 Bootstrap 4 中，可以使用以下两个类来实现左浮动和右浮动。

■ .float-left：元素向左浮动。

■ .float-right：元素向右浮动。

设置浮动后，为了不影响网页的整体布局，需要清除浮动。Bootstrap 4 中使用 .clearfix 类来清除浮动，只需把 .clearfix 添加到父元素中即可。

【例 5.20】浮动示例。

```
<body class="container">
  <h3 class="mb-4">浮动效果</h3>
```

```
      <div class="clearfix text-white border border-primary p-3">
          <div class="float-left bg-primary">左浮动</div>
          <div class="float-right bg-primary">右浮动</div>
      </div>
</body>
```

在 IE 11 浏览器中运行结果如图 5-22 所示。

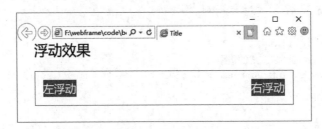

图 5-22　浮动效果

5.6.2　响应式浮动

可以在网格不相同的视口断点上来设置元素不同的浮动。例如，在小型设备（sm）上设置右浮动，可添加 .float-sm-right 类来实现；在中型设备（md）上设置左浮动，可添加 .float-md-left 类来实现。

.float-sm-right 和 .float-md-left 称为响应式的浮动类。Bootstrap 4 支持的响应式的浮动类说明如下。

- .float-sm-left：在小型设备上（sm）向左浮动。
- .float-sm-right：在小型设备上（sm）向右浮动。
- .float-md-left：在中型设备上（md）向左浮动。
- .float-md-right：在中型设备上（md）向右浮动。
- .float-lg-left：在大型设备上（lg）向左浮动。
- .float-lg-right：在大型设备上（lg）向右浮动。
- .float-xl-left：在超大型设备上（xl）向左浮动。
- .float-xl-right：在超大型设备上（xl）向右浮动。

在下面的示例中，使用响应式的浮动类实现了一个简单布局。box2 和 box3 只有在中型设备及更大的设备中才会浮动。

【例 5.21】响应式浮动示例。

```
<body class="container">
<h2 class="mb-4">响应式的浮动</h2>
<div class="clearfix text-white">
    <div class="bg-success w-50">box1</div>
    <div class="float-md-left bg-danger w-50">box2</div>
    <div class="float-md-right bg-primary w-50">box3</div>
</div>
</body>
```

在 IE 11 浏览器中运行，在中屏以下设备上显示效果如图 5-23 所示，在中屏及以上设备显示效果如图 5-24 所示。

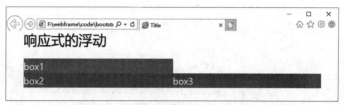

图 5-23 在中屏以下设备上显示效果　　　图 5-24　　在中屏及以上设备上显示效果

5.7
display 属性类

通过使用的 display 属性类，可以快速、有效地切换组件的显示和隐藏状态。

5.7.1　实现 display 属性

在 CSS 中，隐藏和显示通常使用 display 属性来实现，在 Bootstrap 4 中也是通过它来实现的，只是在 Bootstrap 4 中用 d 来表示，表达方式如下：

```
.d-{sm、md、lg或xl}-{value}
```

value 的取值说明如下。

- none：隐藏元素。
- inline：显示为内联元素，元素前后没有换行符。
- inline-block：行内块元素。
- block：显示为块级元素，此元素前后带有换行符。
- table：元素会作为块级表格来显示，表格前后带有换行符。
- table-cell：元素会作为一个表格单元格显示（类似 <td> 和 <th>）。
- table-row：此元素会作为一个表格行显示（类似 <tr>）。
- flex：将元素作为弹性伸缩盒显示。
- inline-flex：将元素作为内联块级弹性伸缩盒显示。

在下面示例中，使用 display 属性设置 div 为行内元素，设置 span 为块级元素。

【例 5.22】display 属性示例。

```
<body class="container">
<h2>内联元素和块级元素的转换</h2>
<p>div显示为内联元素（一行排列）</p>
<div class="d-inline bg-primary text-white">div——d-inline</div>
<div class="d-inline m-5 bg-danger text-white">div——d-inline</div>
```

```
<p>span显示为块级元素（独占一行）</p>
<span class="d-block bg-success text-white">span——d-block</span>
<span class="d-block bg-dark text-white">span——d-block</span>
</body>
```

在 IE 11 浏览器中运行结果如图 5-25 所示。

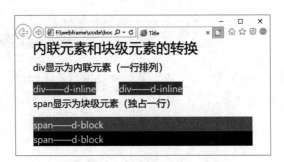

图 5-25　display 属性作用效果

5.7.2　响应式的隐藏或显示元素

可以按不同的设备来响应式地显示和隐藏元素。为同一个网站创建不同的版本，应针对每个屏幕大小来隐藏和显示元素。

若要隐藏元素，只需使用 .d-none 类或 .d-{sm、md、lg 或 xl}-none 响应屏幕变化的类。若要在给定的屏幕大小间隔上显示元素，可以组合 .d-*-none 类和 .d-*-* 类，例如 .d-none .d-md-block .d-xl-none 类，将隐藏除中型和大型设备以外的所有屏幕大小的元素。在实际开发中，可以根据需要自由组合显示和隐藏的类，经常使用的组合类如表 5-1 所示。

表 5-1

组合类	说　明
.d-none	在所有的设备上都隐藏
.d-none .d-sm-block	仅在超小型设备（xs）上隐藏
.d-sm-none .d-md-block	仅在小型设备（sm）上隐藏
.d-md-none .d-lg-block	仅在中型设备（md）上隐藏
.d-lg-none .d-xl-block	仅在大型设备（lg）上隐藏
.d-xl-none	仅在超大型屏幕（xl）上隐藏
.d-block	在所有的设备上都显示
.d-block .d-sm-none	仅在超小型设备（xs）上显示
.d-none .d-sm-block .d-md-none	仅在超小型设备（sm）上显示
.d-none .d-md-block .d-lg-none	仅在超小型设备（md）上显示
.d-none .d-lg-block .d-xl-none	仅在超小型设备（lg）上显示
.d-none .d-xl-block	仅在超小型设备（xl）上显示

在下面的示例中定义了两个 div，蓝色背景色的 div 在小屏设备上显示，在中屏及以

上设备上隐藏；红色背景色的 div 恰好与之相反。

【例 5.23】响应式的隐藏或显示示例。

```
<body class="container">
<h2>响应式的显示和隐藏</h2>
<div class="d-md-none bg-primary text-white">在xs、sm设备上显示（蓝色背景）</div>
<div class="d-none d-md-block bg-danger text-white">在md、lg、xl设备上显示（浅红色
背景）</div>
</body>
```

在 IE 11 浏览器中运行，在小屏设备上显示效果如图 5-26 所示，在中屏及以上设备上显示效果如图 5-27 所示。

图 5-26　小屏设备上显示效果　　　　图 5-27　中屏及以上设备上显示效果

5.8
嵌入

在页面中通常使用 \<iframe\>、\<embed\>、\<video\>、\<object\> 标签来嵌入视频、图像、幻灯片等。在 Bootstrap 4 中不仅可以使用这些标签，还添加了一些相关的样式类，以便在任意设备上能友好地扩展显示这些内容。

下面通过一个嵌入图片的示例来说明。

首先使用一个div包裹插入标签\<iframe\>，在div中添加.embed-responsive类和.embed-responsive-16by9类。然后直接使用\<iframe\>标签的src属性引用本地的一张图片即可。

- .embed-responsive：实现同比例的收缩。

- .embed-responsive-16by9：定义 16∶9 的长宽比例。还有 .embed-responsive-21by9、
  .embed-responsive-3by4、.embed-responsive-1by1 可以选择。

【例 5.24】嵌入示例。

```
<body class="container">
<h3 class="mb-4">嵌入图像</h3>
<div class="embed-responsive embed-responsive-16by9">
    <iframe src="images/dog.jpg"></iframe>
</div>
</body>
```

在 IE 11 浏览器中运行结果如图 5-28 所示。

图 5-28　嵌入效果

5.9
内容溢出

在 Bootstrap 4 中定义了以下两个类来处理内容溢出的情况。

- .overflow-auto：在固定宽度和高度的元素上，如果内容溢出了元素，将生成一个垂直滚动条，通过滚动滚动条可以查看溢出的内容。

- .overflow-hidden：在固定宽度和高度的元素上，如果内容溢出了元素，溢出的部分将被隐藏。

【例 5.25】内容溢出示例。

```
<body class="container p-3">
<h4>内容溢出:overflow-auto和overflow-hidden的效果</h4>
<div class="overflow-auto border float-left" style="width: 200px;height: 100px;">
        转朱阁,低绮户,照无眠。不应有恨,何事长向别时圆?人有悲欢离合,月有阴晴圆缺,此事古难全。但
愿人长久,千里共婵娟。——苏轼《水调歌头》
    </div>
<div class="overflow-hidden border float-right" style="width: 200px;height:
100px;">
        转朱阁,低绮户,照无眠。不应有恨,何事长向别时圆?人有悲欢离合,月有阴晴圆缺,此事古难全。但
愿人长久,千里共婵娟。——苏轼《水调歌头》
    </div>
</body>
```

在 IE 11 浏览器中运行结果如图 5-29 所示。

图 5-29　内容溢出效果

5.10
定位

在 Bootstrap 4 中，定位元素可以使用以下类来实现。

- .position-static：无定位。
- .position-relative：相对定位。
- .position-absolute：绝对定位。
- .position-fixed：固定定位。
- .position-sticky：黏性定位。

无定位、相对定位、绝对定位和固定定位很好理解，只要在需要定位的元素中添加这些类，就可以实现定位。相比较而言，.position-sticky 类很少使用，主要原因是 .position-sticky 类对浏览器的兼容性很差，只有部分浏览器支持（例如谷歌和火狐浏览器）。

.position-sticky 是结合 .position-relative 和 .position-fixed 两种定位功能于一体的特殊定位，元素定位表现为在跨越特定阈值前为相对定位，之后为固定定位。特定阈值指的是 top，right，bottom 或 left 中的一个。也就是说，必须指定 top，right，bottom 或 left 四个阈值之一，才可使黏性定位生效，否则其行为与相对定位相同。

在 Bootstrap 4 中的 @supports 规则下定义了关于黏性定位的 top 阈值类 .sticky-top，CSS 样式代码如下：

```
@supports ((position: -webkit-sticky) or (position: sticky)) {
  .sticky-top {
    position: -webkit-sticky;
    position: sticky;
    top: 0;
    z-index: 1020;
  }
}
```

当元素的 top 值为 0 时，表现为固定定位。当元素的 top 值大于 0 时，表现为相对定位。

> **注意**
>
> 　　如果设置 .sticky-top 类的元素，它的任意父节点定位是相对定位、绝对定位或固定定位时，该元素相对父元素进行定位，而不会相对 viewprot 定位。如果元素的父元素设置了 overflow:hidden 样式，元素将不能滚动，无法达到阈值，.sticky-top 类将不生效。

.sticky-top 类适用于一些特殊场景，例如头部导航栏固定。下面就来实现一下"头部导航栏固定"的示例。

【例 5.26】定位示例。

```
<body>
<div class="container text-white">
    <nav class="sticky-top bg-primary p-5 mb-5">头部导航栏固定</nav>
```

```
        <div class=" bg-secondary p-3">
            <p>内容栏1</p>
            <p>内容栏2</p>
            <p>内容栏3</p>
            <p>内容栏4</p>
            <p>内容栏5</p>
            <p>内容栏6</p>
            <p>内容栏7</p>
            <p>内容栏8</p>
            <p>内容栏9</p>
        </div>
    </div>
</body>
```

在火狐浏览器中运行效果如图 5-30 所示，向下滚动滚动条，页面效果如图 5-31 所示。

图 5-30　初始化效果　　　　图 5-31　滚动滚动条后效果

注意

内容栏的内容需要超出可视范围，当滚动滚动条时才能看出效果。

5.11
阴影

在Bootstrap 4定义了4个关于阴影的类，可以用来添加阴影或去除阴影。包括.shadow-none和三个默认大小的类，CSS样式代码如下所示：

```
.shadow-none {box-shadow: none !important;}
.shadow-sm {box-shadow: 0 0.125rem 0.25rem rgba(0, 0, 0, 0.075) !important;}
.shadow {box-shadow: 0 0.5rem 1rem rgba(0, 0, 0, 0.15) !important;}
.shadow-lg {box-shadow: 0 1rem 3rem rgba(0, 0, 0, 0.175) !important;}
```

说明如下。

■ .shadow-none：去除阴影。

■ .shadow-sm：设置很小的阴影。

- .shadow：设置正常的阴影。
- .shadow-lg：设置更大的阴影。

【例 5.27】设置阴影示例。

```
<body class="container">
  <h3 class="mb-4">阴影效果</h3>
  <div class="shadow-sm p-3 mb-5">小的阴影</div>
  <div class="shadow p-3 mb-5">正常的阴影</div>
  <div class="shadow-lg p-3 mb-5">大的阴影</div>
</body>
```

在 IE 11 浏览器中运行结果如图 5-32 所示。

图 5-32　设置阴影效果

5.12
关闭图标

在 Bootstrap 4 中使用通用的 .close 类定义关闭图标。可以使用关闭图表来关闭模态框提示和 alert 提示组件的内容。

【例 5.28】关闭图标示例。

```
<body class="container">
<h3 class="mb-4">关闭图标</h3>
<button type="button" class="close" aria-label="Close">
    <span aria-hidden="true">&times;</span>
</button>
</body>
```

在 IE 11 浏览器中运行结果如图 5-33 所示。

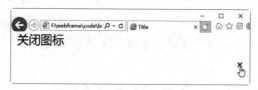

图 5-33　关闭图标效果

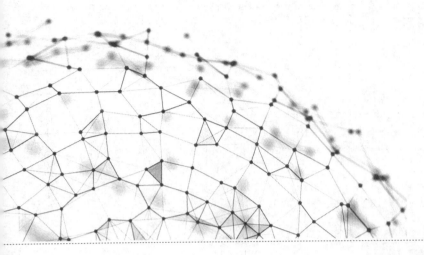

第6章

Bootstrap 4的新版式

页面编排的好坏直接影响网站风格，也即影响页面的美观度。在 Bootstrap 中，页面的编排都是从全局的概念上出发，定制了主体文本、段落文本、强调文本、标题、Code 风格、表格等格式。

6.1
初始化与 CSS 重置

Bootstrap 致力于提供一个简洁、优雅的基础，以此作为立足点，下面是一些初始化与 CSS 重置的内容。

1. 路线方针

系统重置建立新的规范化，只允许元素选择器向 HTML 元素提供自有的风格，额外的样式只通过明确的 .class 类来规范。例如，重置了一系列 <table> 样式，然后提供了 .table、.table-bordered 等样式类。

以下是 Bootstrap 的指导方针和选择在重新启动时覆盖什么内容的理由。

- 重置浏览器默认值，使用 rem 作为尺寸规格单位，代替 em，用于指定可缩放的组件的间隔与缝隙。
- 尽量避免使用 margin-top，防止使用它造成的垂直排版的混乱，造成意想不到的结果。更重要的是，一个单一方向的 margin 是一个简单的构思模型。
- 为了易于跨设备缩放，block 块元素必须使用 rem 作为 margin 的单位。
- 保持 font 相关属性最小的声明，尽可能地使用 inherit 属性，不影响容器溢出。

2. 页面默认值

为提供更好的页面展示效果，Bootstrap 4 更新了 <html> 和 <body> 元素的一些属性：

- box-sizing 是对每个元素全局设置的，这可以确保元素声明的宽度不会因为填充或边框而超过。在 <html> 上没有声明基本的字体大小，使用浏览器默认值 16px。然后在此基础上采用 font-size:1rem 的比例应用于 <body> 上，使媒体查询能够轻松地实现缩放，最大限度保障用户偏好和易于访问的特性。
- <body> 元素被赋予一个全局性的 font-family 和 line-height 类，其下面的诸多表单元素也继承此属性，以防止字体大小错位冲突。
- 为了安全起见，<body> 的 background-color 的默认值设为 #fff。

3. 本地字体属性

Bootstrap 4 删除了默认的 Web 字体（Helvetica Neue，Helvetica 和 Arial），并替换为"本地 OS 字体引用机制"，以便在每个设备和操作系统上实现最佳文本呈现。

```
$font-family-sans-serif:
  // Safari for OS X and iOS (San Francisco)
  -apple-system,
  // Chrome < 56 for OS X (San Francisco)
  BlinkMacSystemFont,
  // Windows
  "Segoe UI",
  // Android
  "Roboto",
  // Basic web fallback
  "Helvetica Neue", Arial, sans-serif,
  // Emoji fonts
  "Apple Color Emoji", "Segoe UI Emoji", "Segoe UI Symbol" !default;
```

这样，font-family 适用于 <body>，并被全局自动继承。切换全局 font-family，只要更新 $font-family-base 即可。

4. 标题和段落

标题和段落元素（<h1> 和 <p>）都被重置，系统移除它们的上外边距 margin-top，标题添加外边距为 margin-bottom: .5rem，段落元素 <p> 添加了外边距 margin-bottom:1rem，以形成简洁行距。

5. 列表

移除所有的列表元素（<ul>、<ol> 和 <dl>）的外边距 margin-top，并设置为 margin-bottom: 1rem，被嵌套的子列表没有 margin-bottom 值。

6. pre 预先格式化文本

pre 标签可定义预格式化的文本。被包围在 <pre> 标签元素中的文本通常会保留空格和换行符。而文本也会呈现为等宽字体。

Bootstrap 重置了 pre 元素，移除它的 margin-top 属性，并用 rem 作为 margin-bottom 的单位。

```
.example-element {
  margin-bottom: 1rem;
}
```

7. 表格

微调了表格的 <caption>，并确保始终保持一致的文本对齐。.table 类还对边框、填充等进行了额外的更改。

8. Forms 表单

Bootstrap 重置了多种表单元素，得到简化的基本样式，使之简洁易用，显著变化表现如下。

- <fieldset> 去除了边框、内填充、外边距属性，所以它们可以轻松地用作单一的输入框或输入框组，放入容器中使用。
- <legend> 和 fieldset 字段集一样，也已被重新设计过，显示为不同种类的标题。
- <label> 加上了 display:nline-block 属性，从而可以被用户赋予 margin 属性进行布局调用。
- <input>、<select>、<textarea>、<button> 被规范化处理了，同时重置移除了它们的 margin，并且设置了 inline-height:inherit 属性。
- <textarea> 被修改为只能竖直方向上调整大小，因为水平方向上调整大小经常会"破坏"页面布局。

9. Address 地址控件

Bootstrap 更新了 <address> 元素初始属性，重置了浏览器默认的 font-style，由 italic 改为 normal，line-height 同样是继承来的，并添加了 margin-bottom: 1rem。

10. Blockquote 引用块效果

Blockquote 引用块默认的 margin 是 1em 40px，而 Bootstrap 把它重置为 001rem，使其与其他元素更一致。

11. abbr 内联元素

<abbr> 内联元素接受基本的样式，使其在段落文本中突出。

6.2
排版

Bootstrap 重写 HTML 默认样式，实现对页面版式的优化，以适应当前网页内容呈现的趋势。

6.2.1 标题

所有标题和段落元素 (如说 <h1> 以及 <p> 都被重置，系统移除它们的上外边距 margin-top 定义，标题添加外边距为 margin-bottom: .5rem，段落元素 <p> 添加了外边距 margin-bottom:1rem 以形成简洁行距。

HTML 中的标题标签 <h1> 到 <h6>，在 Bootstrap 中均可以使用。在 Bootstrap 4 中，标题元素都被设置为以下样式：

```
h1, h2, h3, h4, h5, h6,
.h1, .h2, .h3, .h4, .h5, .h6 {
  margin-bottom: 0.5rem;
  font-family: inherit;
  font-weight: 500;
  line-height: 1.2;
  color: inherit;
}
```

提示

　　相比较于 Bootstrap 3，删除了上外边距的设置，只设置了下外边距 margin-bottom；font-family（字体）和 color（字体颜色）都继承父元素；font-weight（字体加粗）都设置为 500；line-height（标题行高）固定为 1.2，避免行高因标题字体大小而变化，同时也避免不同级别的标题行高不一致，影响版式风格统一。

每级标题的字体大小设置如下：

```
h1, .h1{font-size: 2.5rem;}
h2, .h2{font-size: 2rem;}
h3, .h3{font-size: 1.75rem;}
h4, .h4 {font-size: 1.5rem;}
h5, .h5 {font-size: 1.25rem;}
h6, .h6 {font-size: 1rem;}
```

例如下面代码：

```
<body class="container">
    <h1>一级标题——h1.heading</h1>
    <h2>二级标题——h2.heading</h2>
    <h3>三级标题——h3.heading</h3>
    <h4>四级标题——h4.heading</h4>
    <h5>五级标题——h5.heading</h5>
    <h6>六级标题——h6.heading</h6>
</body>
```

在 IE 11 浏览器中运行，默认样式效果如图 6-1 所示，使用 Bootstrap 效果如图 6-2 所示。

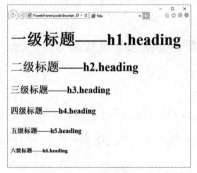

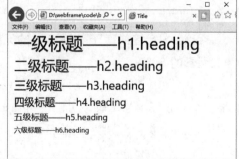

图 6-1　默认样式效果　　　　　　　图 6-2　Bootstrap 样式效果

　　另外，还可以在 HTML 标签元素上使用标题类（.h1 到 .h6），得到的字体样式和相应的标题字体样式完全相同，例如下面示例。

【例 6.1】.h1 到 .h6 标签类示例。

```
<body class="container">
    <p class="h1">一级标题样式</p>
    <p class="h2">二级标题样式</p>
    <p class="h3">三级标题样式</p>
    <p class="h4">四级标题样式</p>
    <p class="h5">五级标题样式</p>
    <p class="h6">六级标题样式</p>
</body>
```

在 IE 11 浏览器中运行结果如图 6-3 所示。

在标题内可以包含 <small> 标签或赋予 .small 类的元素，用来设置小型辅助的标题文本。

【例 6.2】small 类示例。

```
<body class="container">
    <h1>一级标题样式 <small>副标题</small></h1>
    <h2>二级标题样式 <small>副标题</small></h2>
    <h3>三级标题样式 <small>副标题</small></h3>
    <h4>四级标题样式 <small>副标题</small></h4>
    <h5>五级标题样式 <small>副标题</small></h5>
    <h6>六级标题样式 <small>副标题</small></h6>
</body>
```

在 IE 11 浏览器中运行结果如图 6-4 所示。

图 6-3　.h1 到 .h6 标签类效果　　　　图 6-4　small 类效果

提示

<small> 标签或赋予 .small 类的元素 font-weight 设置为 400，font-size 变为父元素的 80%。

当需要一个标题突出显示时，可以使用 display 类，使文字显示得更大。Bootstrap 4 中提供了四个 display 类，分别为：.display-1，.display-2，.display-3，.display-4，CSS 样式代码如下：

```
.display-1 {font-size: 6rem;font-weight: 300;line-height: 1.2;}
.display-2 {font-size: 5.5rem;font-weight: 300;line-height: 1.2;}
.display-3 {font-size: 4.5rem;font-weight: 300;line-height: 1.2;}
.display-4 {font-size: 3.5rem;font-weight: 300;line-height: 1.2;}
```

【例6.3】 标题突出显示示例。

```
<body>
    <h1 class="display-1">一级标题样式（display-1）</h1>
    <h2 class="display-2">二级标题样式（display-2）</h2>
    <h3 class="display-3">三级标题样式（display-3）</h3>
    <h4 class="display-3">四级标题样式（display-3）</h4>
    <h5 class="display-4">五级标题样式（display-4）</h5>
    <h6 class="display-4">六级标题样式（display-4）</h6>
</body>
```

在 IE 11 浏览器中运行结果如图 6-5 所示。

图 6-5　标题突出显示效果

提示

　　使用了 display 类以后，原有标题的 font-size、font-weight 样式会发生改变。

6.2.2　段落

Bootstrap 4 定义页面主体的默认样式如下：

```
body {
  margin: 0;
    font-family: -apple-system, BlinkMacSystemFont, "Segoe UI", Roboto,
"Helvetica Neue", Arial, "Noto Sans", sans-serif, "Apple Color Emoji", "Segoe UI
Emoji", "Segoe UI Symbol", "Noto Color Emoji";
    font-size: 1rem;
    font-weight: 400;
    line-height: 1.5;
    color: #212529;
    text-align: left;
    background-color: #fff;
}
```

在 Bootstrap 4 中，段落标签 <p> 被设置上外边距为 0，下外边距为 1rem，CSS 样式
代码如下：

```
p {margin-top: 0;margin-bottom: 1rem;}
```

【例 6.4】段落示例。

```
<body class="container">
    <h1>《晚晴》</h1>
    <h3><small>李商隐</small></h3>
    <p>深居俯夹城,春去夏犹清。</p>
    <p>天意怜幽草,人间重晚晴。</p>
    <p>并添高阁迥,微注小窗明。</p>
    <p>越鸟巢干后,归飞体更轻。</p>
</body>
```

在 IE 11 浏览器中运行结果如图 6-6 所示。

添加 lead 类样式可以定义段落的突出显示,被突出的段落文本 font-size 变为 1.25rem,font-weight 变为 300,CSS 样式代码如下:

```
.lead {font-size: 1.25rem;font-weight: 300;}
```

【例 6.5】lead 类样式示例。

```
<body class="container">
    <h1>《晚晴》</h1>
    <h3><small>李商隐</small></h3>
    <p>深居俯夹城,春去夏犹清。</p>
    <p>天意怜幽草,人间重晚晴。</p>
    <p class="lead">并添高阁迥,微注小窗明。</p>
    <p>越鸟巢干后,归飞体更轻。</p>
</body>
```

相关的代码示例请参考 Chap6.5.html 文件,在 IE 11 浏览器中运行结果如图 6-7 所示。

图 6-6　段落效果　　　　　　　　图 6-7　lead 类样式效果

6.2.3　强调

HTML 5 文本元素的常用内联表现方法也适用于 Bootstrap 4,可以使用 \<mark\>、\<del\>、\<s\>、\<ins\>、\<u\>、\<strong\>、\<em\> 等标签为常见的内联 HTML 5 元素添加强调样式。

【例 6.6】强调示例。

```
<body class="container">
    <h2>强调文本</h2>
```

```
    <p>< mark >标签:<mark>标记的重点内容</mark></p>
    <p>< del >标签:<del>删除的文本</del></p>
    <p>< s >标签:<s>不再准确的文本</s></p>
    <p>< ins >标签:<ins>对文档的补充文本</ins></p>
    <p>< u >标签:<u>添加下划线的文本</u></p>
    <p>< strong >标签:<strong>粗体文本</strong></p>
    <p>< em >标签:<em>斜体文本</em></p>
</body>
```

在 IE 11 浏览器中运行结果如图 6-8 所示。

图 6-8　强调文本效果

.mark 类也可以实现 <mark> 的效果，但避免了标签带来的任何不必要的语义影响。

提示

　　HTML 5 支持使用 <b> 和 <i> 标签定义强调文本。<b> 标签会加粗文本，<i> 标签使文本显示斜体。<b> 标签用于突出强调单词或短语，而不赋予额外的重要含义，<i> 标签主要用于语音、术语等。

6.2.4　缩略语

缩略语是指当鼠标指针悬停在缩写语上时会显示缩写的内容。HTML 5 中通过使用 <abbr> 标签来实现缩略语，在 Bootstrap 中只是对 <abbr> 进行了加强。加强后缩略语具有默认下划线，鼠标指针悬停时显示帮助光标。CSS 样式代码如下：

```
abbr[title],
abbr[data-original-title] {
  text-decoration: underline;
  -webkit-text-decoration: underline dotted;
  text-decoration: underline dotted;
  cursor: help;
  border-bottom: 0;
  text-decoration-skip-ink: none;
}
```

【例 6.7】缩略语示例。

```
<body class="container">
<h2 class="mb-5">缩略语</h2><br/>
<p>谁伴明窗独坐,我共影儿俩个。——<abbr title="李清照（1084年3月13日—约1155年）,号易安
居士,汉族,齐州济南（今山东省济南市章丘区）人。宋代女词人,婉约词派代表,有"千古第一才女"之称。">
李清照</abbr>《如梦令》</p>
</body>
```

在 IE 11 浏览器中运行结果如图 6-9 所示。

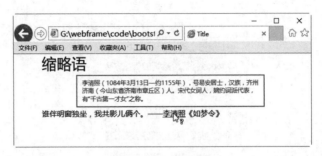

图 6-9　缩略语效果

为了突出显示缩略语,可以为 <abbr> 标签添加 .initialism 类,.initialism 类使字体大小缩小 10%,并设置字母全部大写。.initialism 类的 CSS 样式代码如下:

```
.initialism {
  font-size: 90%;
  text-transform: uppercase;
}
```

在 IE 11 浏览器中运行效果如图 6-10 所示。

图 6-10　initialism 类效果

6.2.5　引用

如果要添加引用文本,可以在正文中插入引用的块,引用的块使用带 .blockquote 类的 <blockquote> 标签。在引用块中,有 3 个标签可以使用。

■ <blockquote>:引用块。

■ <cite>:引用块内容的来源。

■ <footer>：包含引用来源和作者的元素。

Bootstrap 4 为 <blockquote> 标签定义了 .blockquote 类，设置 <blockquote> 标签的底外边距为 1rem，字体大小为 1.25rem；为 <footer> 标签定义了 .blockquote-footer 类，设置元素为块级元素，字体缩小 20%，字体颜色为 #6c757d。CSS 样式代码如下：

```
.blockquote {
margin-bottom: 1rem;
font-size: 1.25rem;
}
.blockquote-footer {
display: block;
font-size: 80%;
color: #6c757d;
}
```

提示

可以使用 text-right 类使引用右对齐。

【例 6.8】引用示例。

```
<body class="container">
<blockquote>
        <p>成功的花,人们只惊羡她现时的明艳!然而当初她的芽儿,浸透了奋斗的泪泉,洒遍了牺牲的血
雨。</p>
        <footer class="blockquote-footer text-right">—选自冰心的<cite>《繁星·春水》
</cite></footer>
    </blockquote>
</body>
```

在 IE 11 浏览器中运行结果如图 6-11 所示。

图 6-11　引用效果

6.3
代码

Bootstrap 显示行内嵌入的内联代码和多行代码段。

1. 行内代码

<code> 标签用于表示计算机源代码或者其他机器可以阅读的文本内容。

Bootstrap 4 优化了 <code> 标签默认样式效果，样式代码如下：

```
code {
  font-size: 87.5%;
  color: #e83e8c;
  word-break: break-word;
}
```

【例 6.9】行内代码示例。

```
<body class="container">
<h4>行内代码</h4>
<code>&lt;!DOCTYPE html&gt;</code>HTML 5文档声明。<br/>
<code>&lt;html&gt;&lt;/html&gt;</code>说明这个是一个网页,告诉浏览器这个网页的开始和结
束。<br/>
<code>&lt;head&lt;&lt;/head&gt;</code>包含元信息和标题。<br/>
<code>&lt;body&gt;&lt;/body&gt;</code>网页的主体内容。
</body>
```

在 IE 11 浏览器中运行结果如图 6-12 所示。

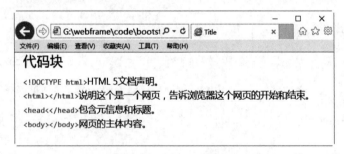

图 6-12　行内代码效果

2. 代码块

使用 <pre> 标签可以包裹代码块，可以对 HTML 的尖括号进行转义；还可以使用 .pre-scrollable 类样式，实现垂直滚动的效果，它默认提供 350px 的高度。

【例 6.10】代码块示例。

```
<body class="container">
<h4>代码块</h4>
<pre class="pre-scrollable">
&lt;!DOCTYPE html&gt;
&lt;html&gt;
&lt;head&gt;
&lt;meta charset="UTF-8"&gt;
&lt;meta name="viewport" content="width=device-width,initial-scale=1,shrink-to-
fit=no"&gt;
&lt;title&gt;Title&lt;/title&gt;
&lt;link rel="stylesheet" href="twitter-bootstrap/4.2.1/css/bootstrap.css"&gt;
&lt;script src="jquery/3.2.1/jquery.min.js"&gt;&lt;/script&gt;
```

```
&lt;script src="twitter-bootstrap/4.2.1/js/bootstrap.js"&gt;&lt;/script&gt;
&lt;/head&gt;
&lt;body&gt;
&lt;p&gt;代码块&lt;/p&gt;
&lt;/body&gt;
&lt;/html&gt;
</pre>
</body>
```

在 IE 11 浏览器中运行结果如图 6-13 所示。

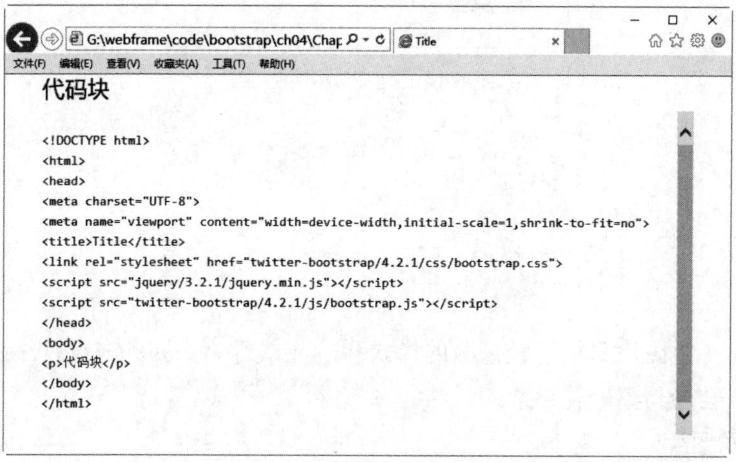

图 6-13　代码块效果

3. Var 变量

如果要指示变量，使用 <var> 标签，例如下面代码：

```
<var>y</var> = <var>a</var><var>x</var> + <var>b</var>
```

<var> 标签标记的文本通常显示为斜体。<var> 标签经常与 <code> 和 <pre> 标签一起使用，用来显示计算机编程代码范例及此类特定元素。

4. 用户输入（键盘动作提示）

使用 <kbd> 标签，标明这是一个键盘输入操作。

【例 6.11】<kbd> 标签示例。

```
<body class="container">
<h4>键盘文本效果</h4>
<p>常用的一些键盘快捷键:</p>
<kbd>Ctrl+a </kbd>:全选<br/>
<kbd>Ctrl+c </kbd>:复制<br/>
<kbd>Ctrl+x </kbd>:剪切<br/>
<kbd>Ctrl+v </kbd>:粘贴<br/>
<kbd>Ctrl+f </kbd>:查询<br/>
</body>
```

在 IE 11 浏览器中运行结果如图 6-14 所示。

图 6-14 <kbd> 标签效果

6.4
图片

Bootstrap 4 为图片添加了轻量级的样式和响应式行为，因此在设计中引用图片可以更加方便且不会轻易撑破其元素。

1. 响应式图片

在 Bootstrap 4 中，给图片添加 .img-fluid 样式或定义 max-width: 100%、height:auto 样式，即设置响应式特性，图片大小会随着父元素大小同步缩放。

【例 6.12】响应式图片示例。

```
<body class="container">
<h2>响应式图片</h2>
<img src="01.jpg" class="img-fluid" alt="响应式图片">
</body>
```

在 IE 11 浏览器中运行结果如图 6-15 所示。

图 6-15 响应式图片效果

2. 图像缩略图

可以使用 .img-thumbnail 类为图片加上一个带圆角且 1px 边界的外框样式（也可以使用 Bootstrap 4 提供的边距样式，例如 .p-1，再加上边框颜色即可完成同样效果）。

【**例** 6.13】图像缩略图示例。

```
<body class="container">
<h2>图像缩略图</h2>
<img src="01.jpg" alt="..." class="img-thumbnail">
</body>
```

在 IE 11 浏览器中运行结果如图 6-16 所示。

图 6-16　图像缩略图效果

3. 图片对齐方式

图片对齐有三种方式，第一种，使用浮动类来实现左浮动或右浮动；第二种使用文本类 text-left、text-center 和 text-right，来实现水平居左、居中和居右对齐；第三种，使用外边距类 mx-auto 来实现水平居中。注意要把 <img> 标签转换为块级元素，添加 d-block 类。

【**例** 6.14】图片对齐示例。

```
<body class="container ">
<h2>图片对齐</h2>
<div class="clearfix">
    <img src="01.jpg" alt="" class="float-left" width="200">
    <img src="01.jpg" alt="" class="float-right" width="200">
</div>
<p class="text-center">浮动类实现左右对齐</p>
<div  class="text-center">
    <img src="01.jpg" alt="" width="200">
    <p class="text-center">文本类实现水平居中</p>
</div>
```

```
<div>
    <img src="01.jpg" alt="" class="mx-auto d-block" width="200">
    <p class="text-center">外边距类实现水平居中</p>
</div>
</body>
```

在 IE 11 浏览器中运行结果如图 6-17 所示。

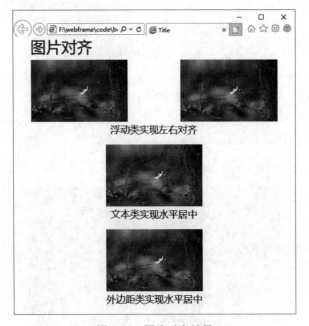

图 6-17　图片对齐效果

6.5
表格

Bootstrap 优化了表格的结构标签，并定义了很多表格的专用样式类。结构标签如下。

- <table>：表格容器。
- <thead>：表格表头容器。
- <tbody>：表格主体容器。
- <tr>：表格行结构。
- <td>：表格单元格（在 <tbody> 内使用）。
- <th>：表格表头容器中的单元格（在 <thead> 内使用）。
- <caption>：表格标题容器。

还有其他的一些表格标签，在 Bootstrap 中也可以使用，但是 Bootstrap 4 不再提供样式优化，例如 <colgroup>、<tfoot> 和 <col> 标签。

提示

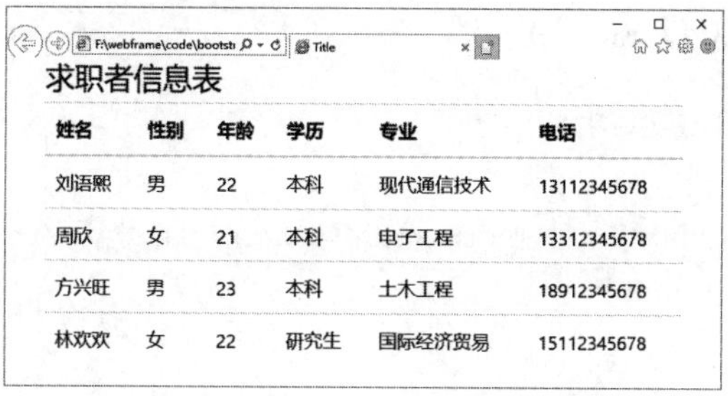

只有为 <table> 标签添加 .table 类样式，才可为其赋予 Bootstrap 表格优化效果。

6.5.1 表格默认风格

Bootstrap 4 通过 .table 来设置基础表格的样式。

在下面的示例中，为 <table> 标签添加 .table，显示优化后的表格。

【例 6.15】表格默认风格示例。

```
<body class="container">
<h2>求职者信息表</h2>
<table class="table">
    <thead>
        <tr>
            <th>姓名</th><th>性别</th><th>年龄</th><th>学历</th><th>专业</th><th>
电话</th>
        </tr>
    </thead>
    <tbody>
        <tr>
            <td>刘语熙</td><td>男</td><td>22</td><td>本科</td><td>现代通信技术
</td><td>13112345678</td>
        </tr>
        <tr>
            <td>周欣</td><td>女</td><td>21</td><td>本科</td><td>电子工程
</td><td>13312345678</td>
        </tr>
        <tr>
            <td>方兴旺</td><td>男</td><td>23</td><td>本科</td><td>土木工程
</td><td>18912345678</td>
        </tr>
        <tr>
            <td>林欢欢</td><td>女</td><td>22</td><td>研究生</td><td>国际经济贸易
</td><td>15112345678</td>
        </tr>
    </tbody>
</table>
</body>
```

在 IE 11 浏览器中运行结果如图 6-18 所示。

图 6-18 表格默认风格效果

6.5.2 设计个性化风格

1. 无边界表格

为 <table> 标签添加 .table-borderless 设计没有边框的表格。

【例 6.16】无边界表格示例。

```
<body class="container">
<h2>求职者信息表</h2>
<table class="table table-borderless">
    <thead>
    <tr>
        <th>姓名</th><th>性别</th><th>年龄</th><th>学历</th><th>专业</th><th>电话
</th>
    </tr>
    </thead>
    <tbody>
    <tr>
        <td>刘语熙</td><td>男</td><td>22</td><td>本科</td><td>现代通信技术
</td><td>13112345678</td>
    </tr>
    <tr>
        <td>周欣</td><td>女</td><td>21</td><td>本科</td><td>电子工程
</td><td>13312345678</td>
    </tr>
</table>
</body>
```

在 IE 11 浏览器中运行结果如图 6-19 所示。

图 6-19　无边界表格效果

2. 条纹状表格

为 <table> 标签添加 .table-striped 设计条纹状的表格。

【例 6.17】条纹状表格示例。

```
<body class="container">
<h2>求职者信息表</h2>
<table class="table table-striped">
    <thead>
    <tr>
        <th>姓名</th><th>性别</th><th>年龄</th><th>学历</th><th>专业</th><th>电话
</th>
    </tr>
    </thead>
    <tbody>
    <tr>
```

```
        <td>刘语熙</td><td>男</td><td>22</td><td>本科</td><td>现代通信技术
</td><td>13112345678</td>
    </tr>
    <tr>
        <td>周欣</td><td>女</td><td>21</td><td>本科</td><td>电子工程
</td><td>13312345678</td>
    </tr>
    <tr>
        <td>方兴旺</td><td>男</td><td>23</td><td>本科</td><td>土木工程
</td><td>18912345678</td>
    </tr>
    <tr>
        <td>林欢欢</td><td>女</td><td>22</td><td>研究生</td><td>国际经济贸易
</td><td>15112345678</td>
    </tr>
    </tbody>
</table>
</body>
```

在 IE 11 浏览器中运行结果如图 6-20 所示。

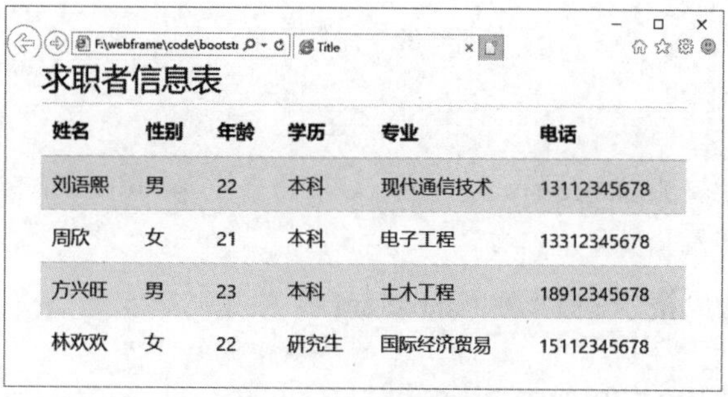

姓名	性别	年龄	学历	专业	电话
刘语熙	男	22	本科	现代通信技术	13112345678
周欣	女	21	本科	电子工程	13312345678
方兴旺	男	23	本科	土木工程	18912345678
林欢欢	女	22	研究生	国际经济贸易	15112345678

图 6-20　条纹状表格效果

3. 表格边框风格

为 <table> 标签添加 .table-bordered 可以生成表格边框风格。

下面在表格默认风格示例上添加 table-bordered 类。

```
<table class="table table-bordered">
```

在 IE 11 浏览器中显示效果如图 6-21 所示。

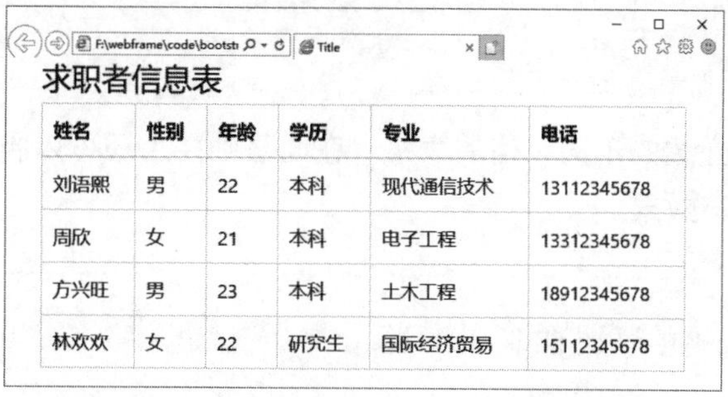

姓名	性别	年龄	学历	专业	电话
刘语熙	男	22	本科	现代通信技术	13112345678
周欣	女	21	本科	电子工程	13312345678
方兴旺	男	23	本科	土木工程	18912345678
林欢欢	女	22	研究生	国际经济贸易	15112345678

图 6-21　表格边框风格效果

4. 鼠标指针悬停风格

为 <table> 标签添加 .table-hover 类，可以产生行悬停效果（鼠标移到行上会出现状态提示）。

下面在表格默认风格示例上添加 .table-hover 类。

```
<table class="table table-hover">
```

在 IE 11 浏览器中显示效果如图 6-22 所示。 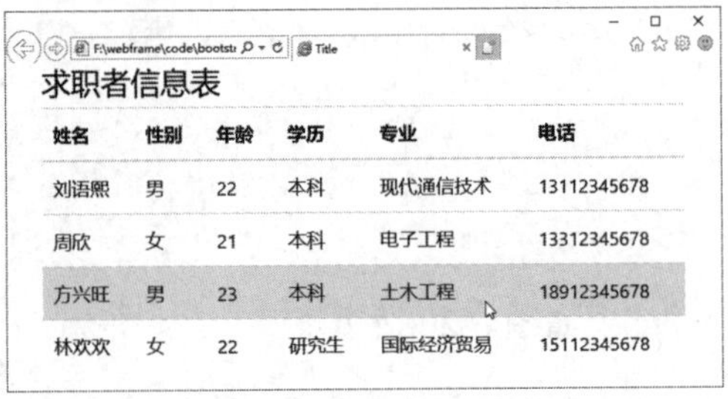

图 6-22　悬停效果

5. 紧凑风格

为 <table> 标签添加 .table-sm 类，可以将表格的 padding 值缩减一半，使表格更加紧凑。

下面在表格默认风格示例上添加 .table-sm 类。

```
<table class="table table-sm">
```

在 IE 11 浏览器中显示效果如图 6-23 所示。 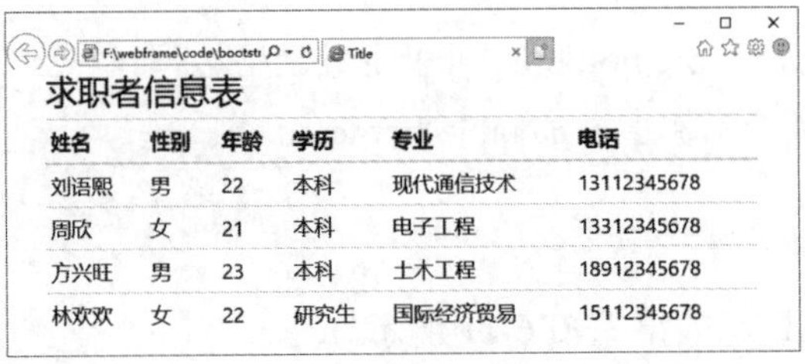

图 6-23　紧凑效果

提示　　以上所介绍的不同风格的表格，在此基础之上还可以添加一个 table-dark，实现强制翻转效果。

例如在条纹状表格中添加 table-dark 类：

```
<table class="table table-striped table-dark">
```

在 IE 11 浏览器中显示效果如图 6-24 所示。

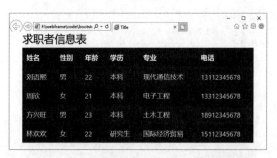

图 6-24　条纹状表格中添加 table-dark 类效果

6. 颜色风格

- .table-primary：蓝色，重要的操作。
- .table-success：绿色，允许执行的操作。
- .table-danger：红色，危险的操作。
- .table-info：浅蓝色，表示内容已变更。
- .table-warning：橘色，表示需要注意的操作。
- .table-active：灰色，用于鼠标悬停效果。
- .table-secondary：灰色，表示内容不怎么重要。
- .table-light：浅灰色。
- .table-dark：深灰色。

上述的这些颜色类可用于表格的背景颜色，也可以是表格行和单元格的背景颜色，也可以是表头容器 \<thead\> 和表格主体容器 \<tbody\> 的背景颜色。

【例 6.18】表格背景颜色示例。

```
<body class="container">
<h2>求职者信息表</h2>
<table class="table">
    <thead class="table-primary">
    <tr>
        <th>姓名</th><th>性别</th><th>年龄</th><th>学历</th><th>专业</th><th>电话
</th>
    </tr>
    </thead>
    <tbody>
    <tr class="table-warning">
        <td>刘语熙</td><td>男</td><td>22</td><td>本科</td><td>现代通信技术
</td><td>13112345678</td>
    </tr>
    <tr class="table-danger">
        <td>周欣</td><td>女</td><td>21</td><td>本科</td><td>电子工程
</td><td>13312345678</td>
    </tr>
    <tr class="table-light">
        <td>方兴旺</td><td>男</td><td>23</td><td>本科</td><td>土木工程
</td><td>18912345678</td>
    </tr>
    <tr class="table-info">
        <td>林欢欢</td><td>女</td><td>22</td><td>研究生</td><td>国际经济贸易
```

```
</td><td>15112345678</td>
    </tr>
    </tbody>
</table>
</body>
```

在 IE 11 浏览器中运行结果如图 6-25 所示。

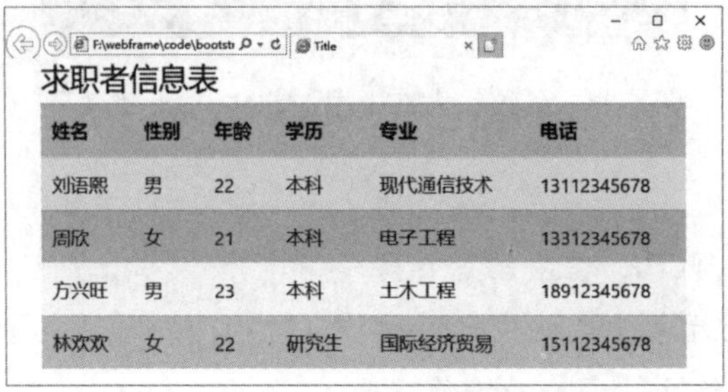

图 6-25　表格背景颜色效果

6.6
案例实训—— 设计后台人员管理页面

本案例是一个后台管理人员信息的页面，主要使用 Bootstrap 表格来罗列内容，页面最终效果如图 6-26 所示。

图 6-26　最终效果

下面来看一下具体的实现步骤。

第 1 步：设计顶部的功能区域。功能区域包括选择查询条件、查询功能和右侧的增删改查以及角色授权。查询条件使用 Bootstrap 的按钮式下拉菜单设计完成，查询功能使用 Bootstrap 的表单组件进行设计，右侧的增删改查以及角色授权使用 Bootstrap 的按钮组组件进行设计。其中选择查询条件和查询功能使用 Flex（弹性盒）进行布局，与右侧的增删改查以及角色授权再使用浮动进行布局，并添加响应式的浮动类（.float-md-*），如图 6-27 所示。具体的代码如下：

```
<div class="clearfix my-4" >
    <div class="d-flex float-left float-md-left">
        <div class="dropdown btn-group">
            <button class="btn btn-outline-success" type="button">选择条件
</button>
                <button class="btn btn-success dropdown-toggle dropdown-toggle-
split" data-toggle="dropdown" data-offset="-90,0"type="button">
                </button>
                <div class="dropdown-menu">
                    <a class="dropdown-item" href="#">角色名称</a>
                    <a class="dropdown-item" href="#">角色描述</a>
                </div>
        </div>
        <div class="ml-3">
            <form class="form-inline">
                <div class="form-group">
                    <input type="search" class="form-control">
                </div>
                <button type="submit" class="btn btn-success">查询</button>
            </form>
        </div>
    </div>
    <div class="ml-auto btn-group float-md-right">
        <button type="button" class="btn btn-primary"><i class="fa fa-plus mr-
1"></i>新增</button>
        <button type="button" class="btn btn-warning"><i class="fa fa-times mr-
1"></i>删除</button>
        <button type="button" class="btn btn-info"><i class="fa fa-pencil mr-
1"></i>编辑</button>
        <button type="button" class="btn btn-success"><i class="fa fa-star mr-
1"></i>角色授权</button>
    </div>
</div>
```

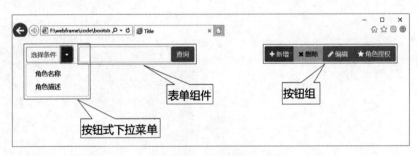

图 6-27　页面布局

第 2 步：设 计 表 格。为 <table> 标签添加 .table-bordered 设计表格边框风格，为
<thead> 添加 table-success 类来设计背景色。代码如下：

```
<table class="table table-bordered">
    <thead class="table-success">
    <tr>
        <th><input type="checkbox"></th><th>角色编号</th><th>角色名称</th><th>创
建时间</th><th>角色描述</th>
    </tr>
    </thead>
```

```
    <tbody>
    <tr>
            <td><input type="checkbox"></td><td>10001</td><td>系统管理员
</td><td>2020-10-20</td><td>周欣</td>
    </tr>
    <tr>
            <td><input type="checkbox"></td><td>10002</td><td>超级会员
</td><td>2020-10-20</td><td>刘语熙</td>
    </tr>
    <tr>
            <td><input type="checkbox"></td><td>10003</td><td>超级会员
</td><td>2020-10-20</td><td>方兴旺</td>
    </tr>
    <tr>
            <td><input type="checkbox"></td><td>10004</td><td>普通会员
</td><td>2020-10-20</td><td>林欢欢</td>
    </tr>
    </tbody>
</table>
```

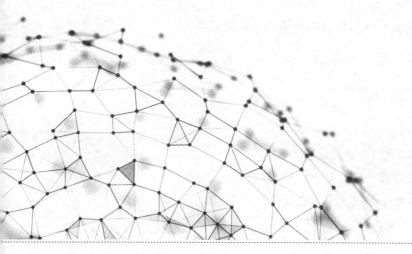

第7章

认识CSS组件

Bootstrap 4 内建了大量优雅的、可重用的组件，包括按钮、按钮组、下拉菜单、导航、超大屏幕、徽章、警告框、媒体对象、进度条、导航栏、表单、列表组、面包屑、分页等，Bootstrap 4 中还新增加卡片组合旋转器组件。本章重点介绍按钮、按钮组、下拉菜单、导航、超大屏幕等组件的结构和使用。

7.1
正确使用 CSS 组件

在介绍 Bootstrap 组件之前，本节先通过一个下拉菜单的示例，介绍如何快速掌握 Bootstrap 组件的正确使用方法。

操作步骤如下。

第 1 步：新建 HTML 5 文档。HTML 5 标准的 doctype 头部定义是首要的，否则会导致样式失真。

```
<!doctype html>
<html>
...
</html>
```

第 2 步：响应式 meta 标签。Bootstrap 4 不同于历史版本，它首先为移动设备优化代码，然后用 CSS 媒体查询来扩展组件。为了确保所有的设备的渲染和触摸效果，必须在网页的 <head> 区添加响应式的视图标签。

```
<meta name="viewport" content="width=device-width, initial-scale=1, shrink-to-fit=no">
```

第 3 步：在页面头部区域 <head> 标签内引入下面框架文件：

```
<link rel="stylesheet" href="bootstrap-4.2.1-dist/css/bootstrap.css">
<script src="jquery.js"></script>
<script src="Popper.js"></script>
<script src="bootstrap-4.2.1-dist/js/bootstrap.js"></script>
```

- bootstrap.css：Bootstrap 样式文件。
- jquery.js：jQuery 库文件，Bootstrap 需要依赖它。
- Popper.js：一些插件需要它的支持，例如下拉菜单、弹窗、工具提示等。
- bootstrap.js：Bootstrap 插件文件，包括下拉菜单。

第 4 步：在 <body> 标签内设计下拉菜单 HTML 结构。

```
<div class="dropdown">
    <button class="btn btn-secondary dropdown-toggle" type="button">
        激活按钮
    </button>
    <div class="dropdown-menu">
        <button class="dropdown-item" type="button">菜单项1</button>
        <button class="dropdown-item" type="button">菜单项2</button>
        <button class="dropdown-item" type="button">菜单项3</button>
    </div>
</div>
```

上面代码创建了一个下拉菜单，其中包括激活按钮 <button> 标签，以及 3 个下拉菜单列表项。在下拉包含框中，引入 dropdown 类，定义下拉菜单框。然后在下拉列表框中引入 dropdown-menu 类，定义下拉菜单面板。

第 5 步：上面代码只是定义了下拉菜单的样式，并不能真正实现下拉菜单效果，还需要激活下拉菜单。激活方式有两种，一种是使用 data 属性，另一种是使用 JavaScript 脚本直接调用。

第 6 步：使用 data 属性激活下拉菜单。只需要在激活元素上设置 data-toggle="dropdown" 即可，代码如下：

```
<div class="dropdown">
    <button class="btn btn-secondary dropdown-toggle" data-toggle="dropdown"
type="button">
        激活按钮
    </button>
    <div class="dropdown-menu">
        <button class="dropdown-item" type="button">菜单项1</button>
        <button class="dropdown-item" type="button">菜单项2</button>
        <button class="dropdown-item" type="button">菜单项3</button>
    </div>
</div>
```

第 7 步：在浏览器中运行，单击激活按钮即可显示下拉菜单，效果如图 7-1 所示。

第 8 步：使用 JavaScript 脚本直接调用。为激活按钮定义一个 ID 值，以便 JavaScript 获取激活元素，然后为该元素绑定 dropdown() 构造函数。代码如下：

图 7-1　下拉菜单效果（1）

```
<!DOCTYPE html>
<html>
<head>
    <meta charset="UTF-8">
    <meta name="viewport" content="width=device-width, initial-scale=1, shrink-
to-fit=no">
    <title></title>
    <link rel="stylesheet" href="bootstrap-4.2.1-dist/css/bootstrap.css">
    <script src="jquery-3.3.1.slim.js"></script>
    <script src="popper.min.js"></script>
    <script src="bootstrap-4.2.1-dist/js/bootstrap.js"></script>
</head>
<body class="container">
<div class="dropdown">
    <button class="btn btn-secondary dropdown-toggle" type="button"
id="dropdown">
        激活按钮
    </button>
    <div class="dropdown-menu">
        <button class="dropdown-item" type="button">菜单项1</button>
        <button class="dropdown-item" type="button">菜单项2</button>
        <button class="dropdown-item" type="button">菜单项3</button>
    </div>
</div>
<script>
    $(function () {
        $("#dropdown").dropdown();
    })
</script>
</body>
</html>
```

第 9 步：通过 JavaScript 脚本激活的下拉菜单，不能在显示和隐藏之间进行切换。
效果如图 7-2 所示。

图 7-2　下拉菜单效果（2）

7.2
按钮

按钮是网页中不可缺少的一种组件，例如页面中登录和注册按钮。Bootstrap 专门定制了按钮样式类，并支持自定义样式。按钮还广泛应用于表单、下拉菜单、模态框等场景中。

7.2.1 定义按钮

Bootstrap 4 中使用 btn 类来定义按钮。btn 类不仅可以在 <button> 元素上使用，也可以在 <a>、<input> 元素上使用，都能带来按钮效果（在少数浏览器下会有不同的渲染差异）。

【例 7.1】按钮示例。

```
<!--使用<button>元素定义按钮-->
<button class="btn">Button</button>
<!--使用<a>元素定义按钮-->
<a class="btn" href="#">Link</a>
<!--使用<input>元素定义按钮-->
<input class="btn" type="button" value="Input">
```

在 IE 11 浏览器中运行结果如图 7-3 所示。

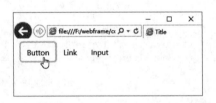

图 7-3　按钮默认效果

在 Bootstrap 4 中，仅仅添加 btn 类，按钮不会显示任何效果，只在单击时才会显示淡蓝色的边框。上面展示了 Bootstrap 4 中按钮组件的默认效果，在下一节中将介绍 Bootstrap 4 对按钮定制的其他样式。

7.2.2 设计按钮风格

Bootstrap 4 中，对按钮定义了多种样式，例如背景颜色、边框颜色、大小和状态。下面分别进行介绍。

1. 设计背景颜色

Bootstrap 4 为按钮定制了多种背景颜色类，包括 .btn-primary、.btn-secondary、.btn-success、.btn-danger、.btn-warning、.btn-info、.btn-light 和 .btn-dark。

每种颜色都有自己的语义目的，说明如下。

■ .btn-primary：亮蓝色，主要的。

- .btn-secondary：灰色，次要的。
- .btn-success：亮绿色，表示成功或积极的动作。
- .btn-danger：红色，提醒存在危险。
- .btn-warning：黄色，表示警告，提醒应该谨慎。
- .btn-info：浅蓝色，表示信息。
- .btn-light：高亮。
- .btn-dark：黑色。

【例 7.2】按钮背景颜色示例。

```
<body class="container">
  <h3 class="mb-4">按钮背景颜色</h3>
  <button type="button" class="btn btn-primary">主要</button>
  <button type="button" class="btn btn-secondary">次要</button>
  <button type="button" class="btn btn-success">成功</button>
  <button type="button" class="btn btn-danger">危险</button>
  <button type="button" class="btn btn-warning">警告</button>
  <button type="button" class="btn btn-info">信息</button>
  <button type="button" class="btn btn-light">明亮</button>
  <button type="button" class="btn btn-dark">黑暗</button>
</body>
```

在 IE 11 浏览器中运行结果如图 7-4 所示。

图 7-4　按钮背景颜色效果

2. 设计边框颜色

在 btn 类的引用中，如果不希望按钮带有沉重的背景颜色，可以使用 .btn-outline-*
来设置按钮的边框。* 可以从 primary、secondary、success、danger、warning、info、
light 和 dark 中进行选择。

注意

添加 .btn-outline-* 的按钮，其文本颜色和边框颜色是相同的。

【例 7.3】边框颜色示例。

```
<body class="container">
  <h3 class="mb-4">按钮边框颜色</h3>
  <button type="button" class="btn btn-outline-primary">主要</button>
  <button type="button" class="btn btn-outline-secondary">次要</button>
  <button type="button" class="btn btn-outline-success">成功</button>
  <button type="button" class="btn btn-outline-danger">危险</button>
```

```
    <button type="button" class="btn btn-outline-warning">警告</button>
    <button type="button" class="btn btn-outline-info">信息</button>
    <button type="button" class="btn btn-outline-light">明亮</button>
    <button type="button" class="btn btn-outline-dark">黑暗</button>
</body>
```

在 IE 11 浏览器中运行结果如图 7-5 所示。

图 7-5　边框颜色效果

3. 设计大小

Bootstrap 4 中定义了两个设置按钮大小的类，可以根据网页布局选择合适大小的按钮。

■ .btn-lg：大号按钮。

■ .btn-sm：小号按钮。

【例 7.4】按钮大小示例。

```
<body class="container">
  <h3 class="mb-4">按钮的大小</h3>
  <button type="button" class="btn btn-primary btn-lg">大号按钮</button>
  <button type="button" class="btn btn-primary">默认大小</button>
  <button type="button" class="btn btn-primary btn-sm">小号按钮</button>
</body>
```

在 IE 11 浏览器中运行结果如图 7-6 所示。

另外，Bootstrap 4 还定义了一个 .btn-block 类，使用它可以创建块级按钮，此时按钮跨越父级的整个宽度，效果如图 7-7 所示。

```
<button type="button" class="btn btn-primary btn-block">登录</button>
<button type="button" class="btn btn-secondary btn-block">注册</button>
```

图 7-6　按钮不同大小效果

图 7-7　块级按钮效果

4. 激活和禁用状态

在按钮上添加 active 类可实现激活状态。激活状态下，按钮背景颜色更深、边框变暗、带内阴影。

将 disabled 属性添加到 <button> 元素中可实现禁用状态。禁用状态下，按钮颜色变暗，且不具有交互性，点击后不会有任何响应。

> **提示**
>
> 使用 <a> 元素设置的按钮，禁用状态有些不同。<a> 不支持 disabled 属性，因此必须添加 .disabled 类，以使其在视觉上显示为禁用。

【例 7.5】激活和禁用按钮示例。

```
<body class="container">
<button href="#" class="btn btn-primary active">激活状态</button>
<button type="button" class="btn btn-primary" disabled>禁用状态</button>
<button href="#" class="btn btn-primary">默认状态</button>
</body>
```

在 IE 11 浏览器中运行结果如图 7-8 所示。

图 7-8　激活和禁用效果

7.3
按钮组

如果想要把一系列按钮结合在一起，可以使用按钮组来实现。按钮组与下拉菜单组件结合使用，可以设计出按钮组工具栏，类似于按钮式导航样式。

7.3.1　定义按钮组

使用含有 btn-group 类的容器包含一系列的 <a> 或 <button> 标签，可以生成一个按钮组。

【例 7.6】按钮组示例。

```
<body class="container">
<h3 class="mb-4">按钮组</h3>
<div class="btn-group">
    <button type="button" class="btn btn-primary">主页</button>
    <button type="button" class="btn btn-warning">列表页</button>
    <button type="button" class="btn btn-info">详情页</button>
    <button type="button" class="btn btn-secondary">评论页</button>
</div>
</body>
```

在 IE 11 浏览器中运行结果如图 7-9 所示。

图 7-9　按钮组效果

7.3.2　定义按钮组工具栏

将多个按钮组（btn-group）包含在一个含有 btn-toolbar 类的容器中，可以将按钮组组合成更复杂的按钮工具栏。

【例 7.7】按钮工具栏示例。

```
<body class="container">
<h3 class="mb-4">按钮组工具栏</h3>
<div class="btn-toolbar">
    <div class="btn-group mr-2">
        <button type="button" class="btn btn-primary">上一页</button>
    </div>
    <div class="btn-group mr-2">
        <button type="button" class="btn btn-warning">1</button>
        <button type="button" class="btn btn-warning">2</button>
        <button type="button" class="btn btn-warning">3</button>
        <button type="button" class="btn btn-warning">4</button>
        <button type="button" class="btn btn-warning">5</button>
    </div>
    <div class="btn-group">
        <button type="button" class="btn btn-info">下一页</button>
    </div>
</div>
</body>
```

在 IE 11 浏览器中运行结果如图 7-10 所示。

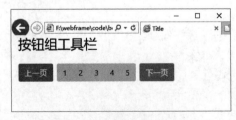

图 7-10　按钮工具栏效果

还可以将输入框与工具栏中的按钮组混合使用，添加合适的通用样式类来设置间隔空间。

【例 7.8】结合输入框示例。

```
<body class="container">
<h3 class="mb-4">按钮组工具栏结合输入框</h3>
<div class="btn-toolbar mb-3" role="toolbar" aria-label="Toolbar with button
groups">
    <div class="btn-group mr-2" role="group" aria-label="First group">
        <button type="button" class="btn btn-secondary">1</button>
        <button type="button" class="btn btn-secondary">2</button>
        <button type="button" class="btn btn-secondary">3</button>
        <button type="button" class="btn btn-secondary">4</button>
    </div>
    <div class="input-group">
        <div class="input-group-prepend">
            <div class="input-group-text" id="btnGroupAddon">@</div>
        </div>
        <input type="text" class="form-control" placeholder="邮箱">
    </div>
</div>
</body>
```

在 IE 11 浏览器中运行结果如图 7-11 所示。

图 7-11　结合输入框效果

7.3.3　设计按钮组布局和样式

Bootstrap 中定义了一些样式类，可以根据不同的场景进行选择使用。

1. 嵌套按钮组

将一个按钮组放在另一个按钮组中，可以将按钮组与下拉菜单组合。

【例 7.9】嵌套按钮组示例。

```
<body class="container">
<h3 class="mb-4">嵌套按钮组</h3>
<div class="btn-group">
    <button type="button" class="btn btn-secondary">首页</button>
    <button type="button" class="btn btn-secondary">中文手册</button>
    <div class="btn-group">
        <button type="button" class="btn btn-secondary dropdown-toggle" data-
toggle="dropdown">
            主题模板
        </button>
        <div class="dropdown-menu">
            <a class="dropdown-item" href="#">主题门户</a>
            <a class="dropdown-item" href="#">精选模板</a>
        </div>
    </div>
</div>
</body>
```

在 IE 11 浏览器中运行结果如图 7-12 所示。

图 7-12 嵌套按钮组效果

2. 垂直布局

把一系列按钮包含在含有 btn-group-vertical 类的容器中，可以设计出垂直分布的按钮组。

【例 7.10】按钮组垂直布局示例。

```
<body class="container">
<h3 class="mb-4">垂直布局</h3>
<div class="btn-group-vertical">
    <button type="button" class="btn btn-primary">服装</button>
    <button type="button" class="btn btn-primary">美妆</button>
    <button type="button" class="btn btn-warning">数码</button>
    <button type="button" class="btn btn-warning">箱包</button>
    <!--添加下拉菜单-->
    <div class="dropright">
            <button type="button" class="btn btn-info dropdown-toggle" data-
toggle="dropdown">
            美食
        </button>
        <div class="dropdown-menu">
            <a class="dropdown-item" href="#">牛奶</a>
            <a class="dropdown-item" href="#">蛋糕</a>
        </div>
    </div>
</div>
</body>
```

在 IE 11 浏览器中运行结果如图 7-13 所示。

图 7-13 按钮组垂直布局效果

3. 控制按钮组大小

给含有 btn-group 类的容器中添加 btn-group-lg 或 btn-group-sm 类，可以控制按钮组的大小。

【例 7.11】控制按钮组大小示例。

```
<body class="container">
<h3 class="mb-4">按钮组大小</h3>
<div class="btn-group btn-group-lg mr-2">
    <button type="button" class="btn btn-primary">大号按钮组</button>
    <button type="button" class="btn btn-primary">大号按钮组</button>
</div><hr/>
<div class="btn-group mr-2">
    <button type="button" class="btn btn-warning">默认大小</button>
    <button type="button" class="btn btn-warning">默认大小</button>
</div><hr/>
<div class="btn-group btn-group-sm">
    <button type="button" class="btn btn-info">小号按钮组</button>
    <button type="button" class="btn btn-info">小号按钮组</button>
</div>
</body>
```

在 IE 11 浏览器中运行结果如图 7-14 所示。

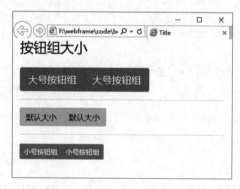

图 7-14　按钮组不同大小效果

7.4
下拉菜单

下拉菜单是网页中常见的组件形式之一，可以说每个网页中都有它的影子。一个设计新颖、美观的下拉菜单，会使网页增色不少。

7.4.1　定义下拉菜单

下拉菜单组件依赖于第三方 Popper.js 插件实现，Popper.js 插件提供了动态定位和浏览器窗口大小监测功能，所以在使用下拉菜单时应确保引入了 popper.min.js 文件，并将其放在 Bootstrap.js 文件之前。

Bootstrap 中的下拉菜单组件有固定的基本结构，下拉菜单必须包含在 dropdown 类容器中，该容器包含下拉菜单的触发器和下拉菜单，下拉菜单中功能选项必须包含在 dropdown-menu 类容器中。

基本结构如下：

```
<div class="dropdown">
    <button>触发按钮</button>
    <div class="dropdown-menu">下拉菜单内容</div>
</div>
```

如果下拉菜单组件不包含在 dropdown 类容器中，可以使用声明为 position: relative; 的元素。

```
<div style="position:relative;">
    <button>触发按钮</button>
    <div class="dropdown-menu">下拉菜单内容</div>
</div>
```

一般情况下使用从 <a> 或 <button> 触发下拉菜单，以适应使用的需求。

在下拉菜单基本结构中，通过为激活按钮添加 data-toggle="dropdown" 属性，可激活下拉菜单的交互行为；添加 .dropdown-toggle 类，可设置一个指示小三角。

```
<button type="button" class="btn btn-primary dropdown-toggle" data-toggle="dropdown">激活按钮</button>
```

在 Bootstrap 3 中，必须使用 <a> 来定义下拉菜单的菜单项，但在 Bootstrap 4 中，不仅仅可以使用 <a>，也可以使用 <button>。在 Bootstrap 4 中，不管是使用 <a> 或 <button>，每个菜单项上都需要添加 dropdown-item 类。

下拉菜单的标准结构如下：

```
<div class="dropdown">
    <button class="btn btn-secondary dropdown-toggle" data-toggle="dropdown" type="button">
        激活按钮
    </button>
    <div class="dropdown-menu">
        <a class="dropdown-item" href="#">菜单项1</a>
        <button class="dropdown-item" type="button">菜单项2</button>
    </div>
</div>
```

在 IE 11 浏览器中运行结果如图 7-15 所示。

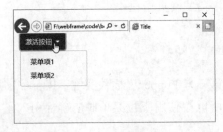

图 7-15　下拉菜单效果

7.4.2 设计下拉按钮的样式

1. 分裂式按钮下拉菜单

首先在 <div class="dropdown"> 容器中添加按钮组 btn-group 类，然后设置两个近似的按钮来创建分列式按钮。在激活按钮中添加 .dropdown-toggle-split 类，减少水平方向的 padding 值，以使主按钮旁边拥有合适的空间。

【例 7.12】分裂式按钮下拉菜单示例。

```
<h3 class="mb-4">分裂式按钮下拉菜单</h3>
<div class="dropdown btn-group">
    <button class="btn btn-secondary"  type="button">激活按钮</button>
     <button class="btn btn-secondary dropdown-toggle dropdown-toggle-split"
data-toggle="dropdown" type="button">
    </button>
    <div class="dropdown-menu">
       <a class="dropdown-item" href="#">菜单项1</a>
       <button class="dropdown-item" type="button">菜单项2</button>
    </div>
</div>
```

在 IE 11 浏览器中运行，单击指示小三角显示下拉菜单，效果如图 7-16 所示。

图 7-16　分裂式按钮下拉菜单效果

2. 设置下拉按钮的大小

可以使用按钮组件的样式（.btn-lg 或 .btn-sm）来设置下拉菜单按钮的大小。

【例 7.13】下拉菜单按钮的大小示例。

```
<button class="btn btn-secondary dropdown-toggle btn-lg" data-toggle="dropdown"
type="button">
     激活按钮（btn-lg）
</button>
<button class="btn btn-secondary dropdown-toggle btn-sm" data-toggle="dropdown"
type="button">
     激活按钮（btn-sm）
</button>
```

在 IE 11 浏览器中运行结果如图 7-17 所示。

图 7-17　下拉菜单按钮的不同大小效果

3. 设置菜单展开方向

默认情况下，菜单激活后是向下方展开，还可以设置向左、向右和向上展开，只需要把 <div class="dropdown"> 容器中 dropdown 类换成 dropleft（向左）、dropright（向右）或 dropup（向上）便可以实现不同的展开方向。

下面就以向右展开为例，来看一下效果。

【例 7.14】菜单展开方向示例。

```
<body class="container">
<h3 class="mb-4">向右展开菜单</h3>
<div class="dropright">
    <button class="btn btn-secondary dropdown-toggle" data-toggle="dropdown"
type="button">
        激活按钮
    </button>
    <div class="dropdown-menu">
        <a class="dropdown-item" href="#">菜单项1</a>
        <button class="dropdown-item" type="button">菜单项2</button>
    </div>
</div>
</body>
```

在 IE 11 浏览器中运行，激活下拉菜单效果如图 7-18 所示。

图 7-18　下拉菜单向右展开效果

7.4.3　设计下拉菜单的样式

1. 设计菜单分割线

使用添加 dropdown-divider 类的容器（div），添加到需要的位置，便可实现分割线效果。

【例 7.15】菜单分割线示例。

```
<body class="container">
<h3 class="mb-4">菜单项添加分割线</h3>
<div class="dropdown">
    <button class="btn btn-secondary dropdown-toggle" data-toggle="dropdown"
type="button">
        激活按钮
    </button>
    <div class="dropdown-menu">
        <button class="dropdown-item" type="button">菜单项1</button>
        <button class="dropdown-item" type="button">菜单项2</button>
        <button class="dropdown-item" type="button">菜单项3</button>
        <div class="dropdown-divider"></div>
        <button class="dropdown-item" type="button">菜单项4</button>
    </div>
</div>
</body>
```

在 IE 11 浏览器中运行，激活下拉菜单效果如图 7-19 所示。

图 7-19　菜单分割线效果

2. 激活和禁用菜单项

添加 .active 设置激活状态，添加 .disabled 设置禁用状态。

【例 7.16】激活和禁用菜单项示例。

```
<body class="container">
<h3 class="mb-4">菜单项激活和禁用状态</h3>
<div class="dropdown">
    <button class="btn btn-secondary dropdown-toggle" data-toggle="dropdown"
type="button">
        激活按钮
    </button>
    <div class="dropdown-menu">
        <button class="dropdown-item active" type="button">菜单项1</button>
        <button class="dropdown-item" type="button">菜单项2</button>
        <button class="dropdown-item" type="button">菜单项3</button>
        <button class="dropdown-item disabled " type="button">菜单项4</button>
    </div>
</div>
</body>
```

在 IE 11 浏览器中运行，激活下拉菜单效果如图 7-20 所示。

图 7-20　激活和禁用菜单项效果

3. 菜单项对齐

默认情况下，下拉菜单自动从顶部和左侧进行定位，可以为 <div class="dropdown-menu"> 容器添加 dropdown-menu-right 类设置右侧对齐。

注意

菜单项对齐需要依赖 Popper.js 文件，需要 <head> 中引入该文件。

【例 7.17】菜单项对齐示例。

```
<body class="container text-center">
<h3 class="mb-4">菜单项对齐</h3>
<div class="dropdown">
    <button class="btn btn-secondary dropdown-toggle" data-toggle="dropdown"
type="button">
        激活按钮
    </button>
    <div class="dropdown-menu dropdown-menu-right">
        <button class="dropdown-item" type="button">菜单项1</button>
        <button class="dropdown-item" type="button">菜单项2</button>
        <button class="dropdown-item" type="button">菜单项3</button>
        <button class="dropdown-item " type="button">菜单项4</button>
    </div>
</div>
</body>
```

在 IE 11 浏览器中运行，激活下拉菜单效果如图 7-21 所示。

图 7-21　菜单项对齐效果

4. 菜单的偏移

在下拉菜单中，还可以设置菜单的偏移量，通过为激活按钮添加 data-offset 属性来实现。在下面的示例中，设置 data-offset="200,30"。

【例 7.18】菜单的偏移示例。

```
<body class="container">
<h3 class="mb-4">菜单的偏移量</h3>
<div class="dropdown mr-1">
      <button type="button" class="btn btn-secondary dropdown-toggle" data-
toggle="dropdown" data-offset="200,30">
          激活按钮
    </button>
    <div class="dropdown-menu dropdown-menu-right">
        <button class="dropdown-item" type="button">菜单项1</button>
        <button class="dropdown-item" type="button">菜单项2</button>
        <button class="dropdown-item" type="button">菜单项3</button>
    </div>
</div>
</body>
```

在 IE 11 浏览器中运行，激活下拉菜单效果如图 7-22 所示。

图 7-22　菜单的偏移效果

5. 菜单内容

在下拉菜单中不仅仅可以添加菜单项，可以添加任何你想添加的内容，如菜单项标题、文本、表单等。

【例 7.19】菜单内容示例。

```
<body class="container">
<h3 class="mb-4">菜单内容</h3>
<div class="dropdown">
      <button type="button" class="btn btn-primary dropdown-toggle position-
relative" data-toggle="dropdown">
          激活按钮
    </button>
    <div class="dropdown-menu" style="max-width: 300px;">
        <h6 class="dropdown-header" type="button">菜单标题</h6>
        <button class="dropdown-item" type="button">菜单项1</button>
        <button class="dropdown-item" type="button">菜单项2</button>
        <hr>
        <p class="mx-3">下拉菜单中的文本内容,下拉菜单中的文本内容</p>
```

```
        <hr>
        <form action="" class="mx-3">
            <input type="text" placeholder="姓名"><br/>
            <input type="password" placeholder="密码">
        </form>
    </div>
</div>
</body>
```

在 IE 11 浏览器中运行，激活下拉菜单效果如图 7-23 所示。

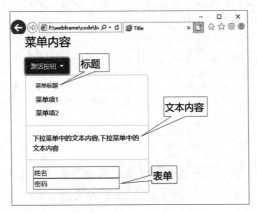

图 7-23　菜单内容效果

7.5
导航

导航组件包括标签页导航和胶囊导航，并提供了它们的激活样式，在导航中还可以添加下拉菜单。不仅如此，Bootstrap 还提供了不同的样式类，来设计导航的风格和布局。

7.5.1　定义导航

Bootstrap 中提供的导航可共享通用标记和样式，例如基础的 nav 样式类和活动与禁用状态类。基础的 nav 组件采用 Flexbox 弹性布局构建，并为构建所有类型的导航组件提供了坚实的基础，包括一些样式覆盖。

Bootstrap 导航组件一般以列表结构为基础进行设计，在 <ul> 上添加 nav 类，在每个 <li> 选项上添加 nav-item 类，在每个链接上添加 nav-link 类。

```
<ul class="nav">
    <li class="nav-item">
        <a class="nav-link" href="#">首页</a>
    </li>
    <li class="nav-item">
```

```
        <a class="nav-link" href="#">列表页</a>
    </li>
    <li class="nav-item">
        <a class="nav-link" href="#">详情页</a>
    </li>
    <li class="nav-item">
        <a class="nav-link " href="#">登录页</a>
    </li>
</ul>
```

Bootstrap 4 中，Nav 类可以使用在其他元素上，非常灵活，不仅仅可以在 <ul> 列表中，也可以自定义一个 <nav> 元素。因为 nav 类基于 Flexbox 弹性盒子定义，导航链接的行为与导航项目相同，不需要额外的标记。

```
<nav class="nav">
    <a class="nav-link active" href="#">首页</a>
    <a class="nav-link" href="#">列表页</a>
    <a class="nav-link" href="#">详情页</a>
    <a class="nav-link disabled" href="#">登录页</a>
</nav>
```

上面代码在 IE 11 浏览器中运行结果如图 7-24 所示。

图 7-24　导航效果

7.5.2　设计导航的布局

1. 水平对齐

默认情况下，导航是左对齐，使用 Flexbox 布局属性可轻松地更改导航的水平对齐方式。

- .justify-content-center：设置导航水平居中。
- .justify-content-end：设置导航右对齐。

【例 7.20】导航水平对齐示例。

```
<body class="container border">
<h3 class="mb-3">居中对齐</h3>
<ul class="nav justify-content-center">
    <li class="nav-item">
        <a class="nav-link active" href="#">网站首页</a>
    </li>
    <li class="nav-item">
        <a class="nav-link" href="#">新闻中心</a>
    </li>
    <li class="nav-item">
        <a class="nav-link" href="#">模板展示</a>
    </li>
```

```
        <li class="nav-item">
            <a class="nav-link disabled" href="#">关于我们</a>
        </li>
</ul>
<h3 class="my-5 mb-3">右对齐</h3>
<ul class="nav justify-content-end">
        <li class="nav-item">
            <a class="nav-link active" href="#">网站首页</a>
        </li>
        <li class="nav-item">
            <a class="nav-link" href="#">新闻中心</a>
        </li>
        <li class="nav-item">
            <a class="nav-link" href="#">模板展示</a>
        </li>
        <li class="nav-item">
            <a class="nav-link disabled" href="#">关于我们</a>
        </li>
</ul>
</body>
```

在 IE 11 浏览器中运行结果如图 7-25 所示。

图 7-25　导航水平对齐效果

2. 垂直布局

使用 .flex-column 类可以设置导航的垂直布局。如果只需要在特定的 viewport 屏幕下垂直布局，还可以定义响应式类，例如 flex-sm-column 类，表示只在小屏设备（<768px）上导航垂直布局。

【例 7.21】垂直布局示例。

```
<body class="container">
<h3 class="mb-4">垂直布局</h3>
<ul class="nav flex-column border">
        <li class="nav-item">
            <a class="nav-link active" href="#">网站首页</a>
        </li>
        <li class="nav-item">
            <a class="nav-link" href="#">新闻中心</a>
        </li>
        <li class="nav-item">
            <a class="nav-link" href="#">模板展示</a>
        </li>
        <li class="nav-item">
            <a class="nav-link disabled" href="#">关于我们</a>
```

```
    </li>
</ul>
</body>
```

在 IE 11 浏览器中运行结果如图 7-26 所示。

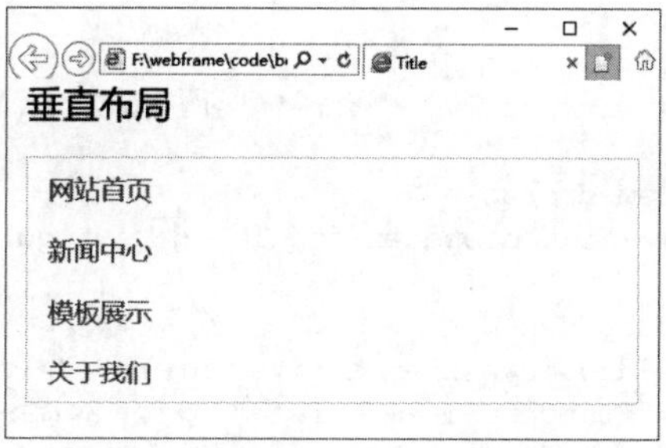

图 7-26 导航垂直布局效果

7.5.3 设计导航的风格

1. 设计标签页导航

为导航添加 nav-tabs 类可以实现标签页导航，然后对选中的选项使用 active 类进行标记。

【例 7.22】标签页导航示例。

```
<body class="container">
<h3 class="mb-4">标签页导航</h3>
<ul class="nav nav-tabs">
    <li class="nav-item">
        <a class="nav-link active" href="#">网站首页</a>
    </li>
    <li class="nav-item">
        <a class="nav-link" href="#">新闻中心</a>
    </li>
    <li class="nav-item">
        <a class="nav-link" href="#">模板展示</a>
    </li>
    <li class="nav-item">
        <a class="nav-link disabled" href="#">关于我们</a>
    </li>
</ul>
</body>
```

在 IE 11 浏览器中运行结果如图 7-27 所示。

图 7-27 标签页导航效果

131

可以结合 Bootstrap 中的下拉菜单组件，来设计带下拉菜单的标签页导航。

【例 7.23】带下拉菜单的标签页导航示例。

```html
<body class="container">
<h3 class="mb-4">带下拉菜单的标签页导航</h3>
<ul class="nav nav-tabs">
    <li class="nav-item">
        <a class="nav-link active" href="#">网站首页</a>
    </li>
    <li class="nav-item dropdown">
        <a class="nav-link dropdown-toggle" data-toggle="dropdown" href="#">新
闻中心</a>
        <div class="dropdown-menu">
            <a class="dropdown-item active" href="#">新闻1</a>
            <a class="dropdown-item" href="#">新闻2</a>
            <a class="dropdown-item" href="#">新闻3</a>
        </div>
    </li>
    <li class="nav-item">
        <a class="nav-link" href="#">模板展示</a>
    </li>
    <li class="nav-item">
        <a class="nav-link disabled" href="#">关于我们</a>
    </li>
</ul>
</body>
```

在 IE 11 浏览器中运行结果如图 7-28 所示。

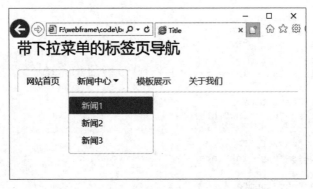

图 7-28　带下拉菜单的标签页导航效果

2. 设计胶囊式导航

为导航添加 nav-pills 类可以实现胶囊式导航，然后对选中的选项使用 active 类进行标记。

【例 7.24】胶囊式导航示例。

```html
<body class="container">
<h3 class="mb-4">胶囊式导航</h3>
<ul class="nav nav-pills">
    <li class="nav-item">
```

```
        <a class="nav-link active" href="#">网站首页</a>
    </li>
    <li class="nav-item">
        <a class="nav-link" href="#">新闻中心</a>
    </li>
    <li class="nav-item">
        <a class="nav-link" href="#">模板展示</a>
    </li>
    <li class="nav-item">
        <a class="nav-link disabled" href="#">关于我们</a>
    </li>
</ul>
</body>
```

在 IE 11 浏览器中运行结果如图 7-29 所示。

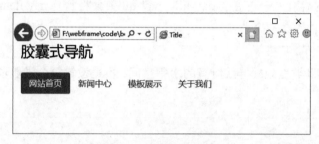

图 7-29　胶囊式导航效果

可以结合 Bootstrap 中的下拉菜单组件，来设计带下拉菜单的胶囊式导航。

【例 7.25】带下拉菜单的胶囊式导航示例。

```
<body class="container">
<h3 class="mb-4">带下拉菜单的胶囊式导航</h3>
<ul class="nav nav-pills">
    <li class="nav-item">
        <a class="nav-link" href="#">网站首页</a>
    </li>
    <li class="nav-item dropdown">
         <a class="nav-link dropdown-toggle" data-toggle="dropdown" href="#">新
闻中心</a>
        <div class="dropdown-menu">
            <a class="dropdown-item active" href="#">新闻1</a>
            <a class="dropdown-item" href="#">新闻2</a>
            <a class="dropdown-item" href="#">新闻3</a>
        </div>
    </li>
    <li class="nav-item">
        <a class="nav-link" href="#">模板展示</a>
    </li>
    <li class="nav-item">
        <a class="nav-link disabled" href="#">关于我们</a>
    </li>
</ul>
</body>
```

在 IE 11 浏览器中运行结果如图 7-30 所示。

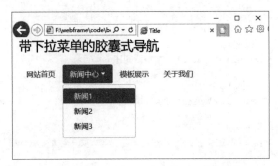

图 7-30　带下拉菜单的胶囊式导航效果

3. 填充和对齐

对于导航的内容有一个扩展类 nav-fill，nav-fill 类会将含有 nav-item 类的元素按照比例分配空间。

注意

nav-fill 类是分配导航所有的水平空间，不是设置每个导航项目的宽度相同。

【例 7.26】填充和对齐示例。

```
<body class="container">
<h3 class="mb-4">填充和对齐</h3>
<ul class="nav nav-pills nav-fill">
    <li class="nav-item">
        <a class="nav-link active" href="#">网站首页</a>
    </li>
    <li class="nav-item">
        <a class="nav-link" href="#">新闻中心</a>
    </li>
    <li class="nav-item">
        <a class="nav-link" href="#">模板展示</a>
    </li>
    <li class="nav-item">
        <a class="nav-link disabled" href="#">关于我们</a>
    </li>
</ul>
</body>
```

在 IE 11 浏览器中运行结果如图 7-31 所示。

图 7-31　填充和对齐效果

当使用 <nav> 定义导航时，需要在超链接上添加 nav-item 类，才能实现填充和对齐。

```
<body class="container">
<h3 class="mb-4">填充和对齐</h3>
<nav class="nav nav-pills nav-fill">
    <a class="nav-item nav-link active" href="#">网站首页</a>
    <a class="nav-item nav-link" href="#">新闻中心</a>
    <a class="nav-item nav-link" href="#">模板展示</a>
    <a class="nav-item nav-link disabled" href="#">关于我们</a>
</nav>
</body>
```

7.5.4　设计导航选项卡

导航选项卡就像 tab 栏一样，切换 tab 栏中每个项可以切换对应内容框中的内容。在 Bootstrap 4 中，导航选项卡一般在标签页导航和胶囊式导航的基础上实现。

设计步骤如下。

第 1 步：设计并激活标签页导航和胶囊式导航。为每个导航项上的超链接定义 data-toggle="tab" 或 data-toggle="pill" 属性，激活导航的交互行为。

```
<ul class="nav nav-pills">
    <li class="nav-item">
        <a class="nav-link active" data-toggle="pill" href="#">网站首页</a>
    </li>
    <li class="nav-item">
        <a class="nav-link" data-toggle="pill" href="#">新闻中心</a>
    </li>
    <li class="nav-item">
        <a class="nav-link" data-toggle="pill" href="#">模板展示</a>
    </li>
    <li class="nav-item">
        <a class="nav-link " data-toggle="pill" href="#">关于我们</a>
    </li>
</ul>
```

第 2 步：在导航结构基础上添加内容包含框，使用 tab-content 类定义内容显示框。在内容包含框中插入与导航结构对应的多个子内容框，并使用 tab-pane 进行定义。

第 3 步：为每个内容框定义 id 值，并在导航项中为超链接绑定锚链接。

这里以胶囊导航为例，完成代码如下：

```
<body class="container">
<h3 class="mb-4">胶囊导航选项卡</h3>
<ul class="nav nav-pills">
    <li class="nav-item">
        <a class="nav-link active" data-toggle="pill" href="#head">网站首页</a>
    </li>
    <li class="nav-item">
        <a class="nav-link" data-toggle="pill" href="#new">新闻中心</a>
    </li>
    <li class="nav-item">
        <a class="nav-link" data-toggle="pill" href="#template">模板展示</a>
    </li>
```

```
        <li class="nav-item">
            <a class="nav-link" data-toggle="pill" href="#about">关于我们</a>
        </li>
    </ul>
    <div class="tab-content">
        <div class="tab-pane active" id="head">网站首页内容</div>
        <div class="tab-pane" id="new">新闻中心内容</div>
        <div class="tab-pane" id="template">模板展示内容</div>
        <div class="tab-pane" id="about">关于我们内容</div>
    </div>
</body>
```

在IE 11浏览器中运行，然后切换到"新闻中心"，内容也相应的切换，效果如图7-32所示。

图 7-32　胶囊导航选项卡效果

提示

可以为每个 tab-pane 添加 fade 类来实现淡入效果。

```
<div class="tab-content">
    <div class="tab-pane fade show active" id="head">网站首页内容</div>
    <div class="tab-pane fade" id="new">新闻中心内容</div>
    <div class="tab-pane fade" id="template">模板展示内容</div>
    <div class="tab-pane fade" id="about">关于我们内容</div>
</div>
```

还可以利用网格系统布局，设置垂直形式的胶囊导航选项卡。

【例 7.27】垂直形式的胶囊导航选项卡示例。

```
<body class="container">
<h3 class="mb-4">胶囊导航选项卡（垂直形式）</h3>
<div class="row">
    <div class="col-4">
        <ul class="nav nav-pills">
            <li class="nav-item">
                <a class="nav-link active" data-toggle="pill" href="#head">网站
首页</a>
            </li>
            <li class="nav-item">
                <a class="nav-link" data-toggle="pill" href="#new">新闻中心</a>
            </li>
            <li class="nav-item">
                <a class="nav-link" data-toggle="pill" href="#template">模板展示
```

```
    </a>
            </li>
            <li class="nav-item">
                <a class="nav-link" data-toggle="pill" href="#about">关于我们</a>
            </li>
        </ul>
    </div>
    <div class="col-8">
        <div class="tab-content">
            <div class="tab-pane active" id="head">网站首页内容</div>
            <div class="tab-pane" id="new">新闻中心内容</div>
            <div class="tab-pane" id="template">模板展示内容</div>
            <div class="tab-pane" id="about">关于我们内容</div>
        </div>
    </div>
</div>
</body>
```

在 IE 11 浏览器中运行，然后切换到"新闻中心"，内容也相应的切换，效果如图 7-33 所示。

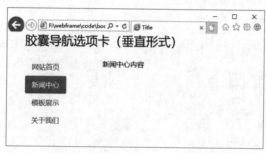

图 7-33　垂直形式的胶囊导航选项卡效果

7.6
超大屏幕

超大屏幕（jumbotron）是一个轻量、灵活的组件，可以有选择性地扩展到整个视口，以展示网站上的重要内容。

7.6.1　定义超大屏幕

超大屏幕是一个使用 jumbotron 类定义的一个包含框，里面可以根据需要添加相应的内容。Bootstrap 4 中 jumbotron 类的代码如下：

```
.jumbotron {
  padding: 2rem 1rem;
  margin-bottom: 2rem;
  background-color: #e9ecef;
```

```
border-radius: 0.3rem;
}
```

可以看到 jumbotron 类定义了灰色背景和 0.3rem 的圆角效果。

【例 7.28】超大屏幕示例。

```
<body class="container">
<h3 class="mb-4">超大屏幕</h3>
<div class="jumbotron">
    <h1 class="display-4">公司口号</h1>
    <p class="lead">同舟共济 分享共赢</p>
    <p class="lead">同心同行 共创未来</p>
    <hr class="my-4">
    <p class="lead">我付出，我收获，我承担，我成长。</p>
    <a class="btn btn-primary btn-lg" href="#">更多...</a>
</div>
</body>
```

在 IE 11 浏览器中运行结果如图 7-34 所示。

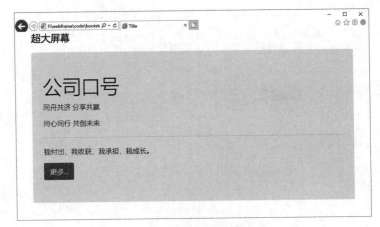

图 7-34　超大屏幕效果

7.6.2　设计风格

如果想要超大屏占满当前浏览器宽度并且不带有圆角，只要添加 .jumbotron-fluid 类，并在里面添加一个 container 或 container-fluid 类，来设置间隔空间即可。

【例 7.29】占满全屏宽度示例。

```
<body>
<h3 class="mb-4 ml-5">超大屏幕（全屏效果）</h3>
<div class="jumbotron jumbotron-fluid">
    <div class="container">
        <h1 class="display-4">公司口号</h1>
        <p class="lead">同舟共济 分享共赢</p>
        <p class="lead">同心同行 共创未来</p>
        <hr class="my-4">
        <p class="lead">我付出，我收获，我承担，我成长。</p>
        <a class="btn btn-primary btn-lg" href="#">更多...</a>
```

```
            </div>
    </div>
</body>
```

在 IE 11 浏览器中运行结果如图 7-35 所示。

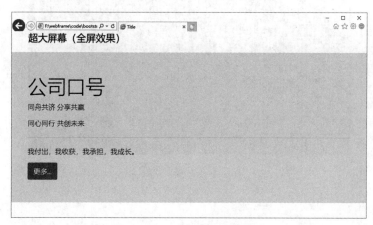

图 7-35　占满全屏宽度效果

7.7
案例实训——设计广告牌

本案例使用 jumbotron 组件设计广告牌，展示网站主要内容。首先使用超大屏组件设计广告牌，添加 rgba 背景色，然后在外层添加一个容器，并设置背景图片。

```
<div class="img-b">
        <div class="jumbotron jumbotron-fluid text-white d-flex align-items-center
m-0">
            <div class="container">
                <h1 class="display-4">专注网页设计20年</h1>
                <h1>最新公开课火热报名中...</h1>
                <p class="lead">包括HTML、CSS、JavaScript...</p>
                <a href="" class="btn btn-danger">更多详情</a>
            </div>
        </div>
</div>
```

设计样式如下：

```
.img-b{
        background: url("images/bg.png") no-repeat;   /*定义背景图片,不平铺*/
        background-size: 1150px 568px;                /*定义背景图片的大小*/
    }
    .jumbotron{
        height:500px;                                 /*定义高度*/
        background: rgba(29, 30, 255, 0.6);           /*定义rgba背景色*/
    }
```

在 IE11 浏览器中运行效果如图 7-36 所示。

图 7-36　广告牌效果

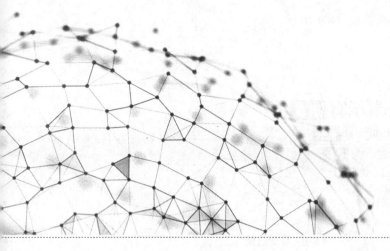

第8章

深入掌握CSS组件

基本组件是 Bootstrap 的精华之一，其都是开发者平时需要用到的交互组件。例如，按钮、下拉菜单、标签页、工具栏、工具提示和警告框等。这些组件都配有 jQuery 插件，运用它们可以大幅度提高用户的交互体验，使产品不再那么呆板、无吸引力。本章重点介绍徽章、警告框、媒体对象、进度条、导航栏等组件的结构和使用。

8.1
徽章

徽章组件（Badges）主要用于突出显示新的或未读的内容，在 E-mail 客户端很常见。

8.1.1　定义徽章

通常使用 <span> 标签，添加 badge 类来设计徽章。徽章可以嵌在标题中，并通过标题样式来适配其大小，因为徽章的大小是使用 em 单位来设计的，所以在使用上很灵活。

【例 8.1】徽章示例。

```
<body class="container">
<h3 class="mb-4">标题中添加徽章</h3>
<h1>标题示例 <span class="badge badge-secondary">徽章</span></h1>
<h2>标题示例 <span class="badge badge-secondary">徽章</span></h2>
<h3>标题示例 <span class="badge badge-secondary">徽章</span></h3>
<h4>标题示例 <span class="badge badge-secondary">徽章</span></h4>
<h5>标题示例 <span class="badge badge-secondary">徽章</span></h5>
<h6>标题示例 <span class="badge badge-secondary">徽章</span></h6>
</body>
```

在 IE 11 浏览器中运行结果如图 8-1 所示。

图 8-1　徽章效果

徽章还可以作为链接或按钮的一部分来提供计数器。

【例 8.2】按钮徽章示例。

```html
<body class="container">
<h3 class="mb-4">按钮、链接中添加徽章</h3>
<button type="button" class="btn btn-primary">
    按钮<span class="badge badge-light ml-4">1</span>
</button>
<button type="button" class="btn btn-danger">
    按钮<span class="badge badge-light ml-4">2</span>
</button>
<button type="button" class="btn btn-success">
    链接<span class="badge badge-light ml-4">3</span>
</button>
<a href="#" class="btn btn-warning">
    链接<span class="badge badge-light ml-4">4</span>
</a>
</body>
```

在 IE 11 浏览器中运行结果如图 8-2 所示。

图 8-2　按钮徽章效果

提示

　　　徽章不仅仅只能在标题、链接和按钮中添加，可以根据场景在其他元素中添加，以实现想要的效果。

8.1.2　设置颜色

Bootstrap 4 中为徽章定制了一系列的颜色类：badge-primary、badge-secondary、badge-success、badge-danger、badge-warning、badge-info、badge-light 和 badge-dark 类。

【**例 8.3**】设置徽章颜色示例。

```
<body class="container">
<h3 class="mb-4">设置徽章颜色</h3>
<span class="badge badge-primary">主要</span>
<span class="badge badge-secondary">次要</span>
<span class="badge badge-success">成功</span>
<span class="badge badge-danger">危险</span>
<span class="badge badge-warning">警告</span>
<span class="badge badge-info">信息</span>
<span class="badge badge-light">明亮</span>
<span class="badge badge-dark">深色</span>
</body>
```

在 IE 11 浏览器中运行结果如图 8-3 所示。

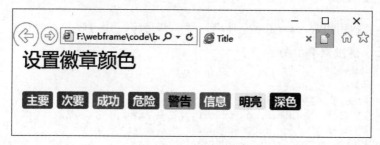

图 8-3　徽章颜色效果

8.1.3　椭圆形徽章

椭圆形徽章是 Bootstrap 4 中的新增加的一个样式，使用 .badge-pill 类进行定义。.badge-pill 类代码如下：

```
.badge-pill {
  padding-right: 0.6em;
  padding-left: 0.6em;
  border-radius: 10rem;
}
```

设置了水平内边距和较大的圆角边框，使徽章看起来更圆润。

【**例 8.4**】椭圆形徽章示例。

```
<body class="container">
<h3 class="mb-4">药丸徽章</h3>
<span class="badge badge-pill badge-primary">主要</span>
<span class="badge badge-pill badge-secondary">次要</span>
<span class="badge badge-pill badge-success">成功</span>
```

```
<span class="badge badge-pill badge-danger">危险</span>
<span class="badge badge-pill badge-warning">警告</span>
<span class="badge badge-pill badge-info">信息</span>
<span class="badge badge-pill badge-light">明亮</span>
<span class="badge badge-pill badge-dark">深色</span>
</body>
```

在 IE 11 浏览器中运行结果如图 8-4 所示。

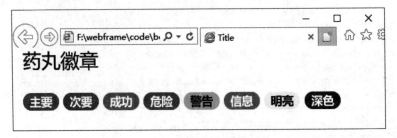

图 8-4　椭圆形徽章效果

8.1.4　链接徽章

.badge-* 类也可以在 <a> 元素上使用，并实现悬停、焦点等状态效果。

【例 8.5】链接徽章示例。

```
<body class="container">
<h3 class="mb-4">链接徽章</h3>
<a href="#" class="badge badge-primary">主要</a>
<a href="#" class="badge badge-secondary">次要</a>
<a href="#" class="badge badge-success">成功</a>
<a href="#" class="badge badge-danger">危险</a>
<a href="#" class="badge badge-warning">警告</a>
<a href="#" class="badge badge-info">信息</a>
<a href="#" class="badge badge-light">明亮</a>
<a href="#" class="badge badge-dark">深色</a>
</body>
```

在 IE 11 浏览器中运行结果如图 8-5 所示。

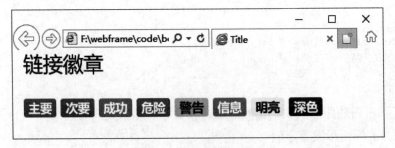

图 8-5　链接徽章效果

8.2
警告框

警告框组件通过提供一些灵活的预定义消息，为常见的用户动作提供常见的上下反馈消息和提示。

1. 定义警告框

使用 alert 类可以设计警告框组件，还可以使用 alert-success、alert-info、alert-warning、alert-danger、alert-primary、alert-secondary、alert-light 或 alert-dark 类来定义不同的颜色，其效果类似于 IE 浏览器的警告效果。

 提示

　　只添加 alert 类是没有任何页面效果的，需要根据适用场景选择合适的颜色类。

【例 8.6】警告框示例。

```
<body class="container">
<h3 class="mb-4">警告框</h3>
<div class="alert alert-primary">
    <strong>主要的!</strong> 这是一个重要的操作信息。
</div>
<div class="alert alert-secondary">
    <strong>次要的!</strong> 显示一些不重要的信息。
</div>
<div class="alert alert-success">
    <strong>成功!</strong> 指定操作成功提示信息。
</div>
<div class="alert alert-info">
    <strong>信息!</strong> 请注意这个信息。
</div>
<div class="alert alert-warning">
    <strong>警告!</strong> 设置警告信息。
</div>
<div class="alert alert-danger">
    <strong>错误!</strong> 危险的操作。
</div>
<div class="alert alert-dark">
    <strong>深灰色!</strong> 深灰色提示框。
</div>
<div class="alert alert-light">
    <strong>浅灰色!</strong>浅灰色提示框。
</div>
</body>
```

在 IE 11 浏览器中运行结果如图 8-6 所示。

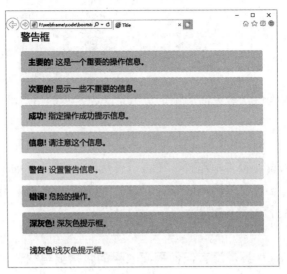

图 8-6 警告框效果

2. 添加链接

使用 .alert-link 类可以为带颜色的警告框中的链接加上合适的颜色，Bootstrap 会自动对应有一个优化后的链接颜色方案。

【例 8.7】设置链接颜色示例。

```
<body class="container">
<h3 class="mb-4">警告框中链接的颜色</h3>
<div class="alert alert-primary">
        悟已往之不谏,知来者之可追。——<a href="#" class="alert-link">陶渊明</a>《归去来
兮辞》
    </div>
    <div class="alert alert-secondary">
        悟已往之不谏,知来者之可追。——<a href="#" class="alert-link">陶渊明</a>《归去来
兮辞》
    </div>
    <div class="alert alert-success">
        悟已往之不谏,知来者之可追。——<a href="#" class="alert-link">陶渊明</a>《归去来
兮辞》
    </div>
    <div class="alert alert-info">
        悟已往之不谏,知来者之可追。——<a href="#" class="alert-link">陶渊明</a>《归去来
兮辞》
    </div>
    <div class="alert alert-warning">
        悟已往之不谏,知来者之可追。——<a href="#" class="alert-link">陶渊明</a>《归去来
兮辞》
    </div>
    <div class="alert alert-danger">
        悟已往之不谏,知来者之可追。——<a href="#" class="alert-link">陶渊明</a>《归去来
兮辞》
    </div>
    <div class="alert alert-dark">
        悟已往之不谏,知来者之可追。——<a href="#" class="alert-link">陶渊明</a>《归去来
兮辞》
    </div>
```

```
<div class="alert alert-light">
    悟已往之不谏,知来者之可追。——<a href="#" class="alert-link">陶渊明</a>《归去来
兮辞》
</div>
</body>
```

在 IE 11 浏览器中运行结果如图 8-7 所示。

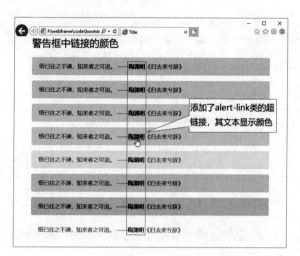

图 8-7　链接颜色效果

3. 额外附加内容

警报还可以包含其他 HTML 元素，例如标题、段落和分隔符。

【例 8.8】额外附加内容示例。

```
<body class="container">
<h3 class="mb-4">额外附加内容</h3>
<div class="alert alert-primary" role="alert">
    <h4>第一题:一个正方形,宽为6米,高为8米,下面正确的选项为（）。</h4>
    <hr>
    <p>A.周长为28米</p>
    <p>B.面积为28平方米</p>
</div>
</body>
```

在 IE 11 浏览器中运行结果如图 8-8 所示。

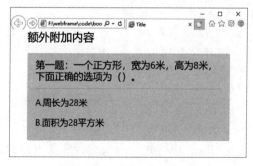

图 8-8　额外附加内容效果

4. 关闭警告框

在警告框中添加 .alert-dismissible 类，然后在关闭按钮的链接上添加 class="close" 和 data-dismiss="alert" 类来设置警告框的关闭功能。

【例 8.9】关闭警告框示例。

```
<body class="container">
<h3 class="mb-4">关闭警告框</h3>
<div class="alert alert-success alert-dismissible">
    <button type="button" class="close" data-dismiss="alert">&times;</button>
    <b>001</b>  悟已往之不谏,知来者之可追。
</div>
<div class="alert alert-info alert-dismissible">
    <button type="button" class="close" data-dismiss="alert">&times;</button>
    <b>002</b>  悟已往之不谏,知来者之可追。
</div>
<div class="alert alert-warning alert-dismissible">
    <button type="button" class="close" data-dismiss="alert">&times;</button>
    <b>003</b>  悟已往之不谏,知来者之可追。
</div>
</body>
```

在 IE 11 浏览器中运行效果如图 8-9 所示；当单击 001 警告框中的关闭按钮后，001 警告框将被删除，效果如图 8-10 所示。

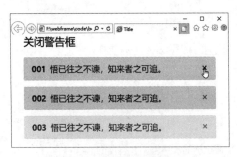
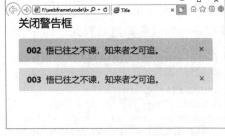

图 8-9　删除前的效果　　　　　　　图 8-10　删除后的效果

还可以添加 .fade 和 .show 设置警告框在关闭时的淡出和淡入效果。

```
<div class="alert alert-success alert-dismissible fade show">
    <button type="button" class="close" data-dismiss="alert">&times;</button>
    <b>001</b>  悟已往之不谏,知来者之可追。
</div>
...
```

8.3
媒体对象

媒体对象是一类特殊版式的区块样式，用来设计图文混排效果，也可以设计媒体与文本的混排效果。

8.3.1 媒体版式

媒体对象仅需要引用 .media 和 .media-body 两个类，就可以实现页面设计目标，形成布局、间距并控制可选的填充和边距。

【例 8.10】媒体版式示例。

```
<body class="container">
<h3 class="mb-4">媒体版式</h3>
<div class="media">
    <img src="images/05.bmp" class="mr-4 w-25" alt="">
    <div class="media-body">
        <h3 class="mt-0">肖申克的救赎</h3>
        <div class="my-1">类型:电影作品</div>
        <div class="my-1">导演:弗兰克·达拉邦特</div>
        <div class="my-1">主演:蒂姆·罗宾斯、摩根·弗里曼等</div>
        <div class="my-1">片长:142分钟</div>
        <div class="my-1">
            <a href="#">角色介绍、</a>
            <a href="#">音乐原声、</a>
            <a href="#">幕后花絮、</a>
            <a href="#">更多>></a>
        </div>
        <div class="my-1">简介:该片改编自斯蒂芬·金《四季奇谭》中收录的同名小说,该片中
涵盖全片的主题是"希望",全片透过监狱这一强制剥夺自由、高度强调纪律的特殊背景来展现作为个体的人对
"时间流逝、环境改造"的恐惧…</div>
    </div>
</div>
</body>
```

在 IE 11 浏览器中运行结果如图 8-11 所示。

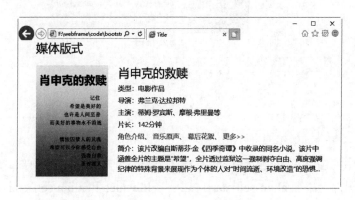

图 8-11 媒体版式效果

8.3.2 媒体嵌套

媒体对象可以无限嵌套，但是建议在某些时候尽量减少网页的嵌套层级，嵌套太多会影响页面的美观。嵌套时只需要在 .media-body 中嵌套 .media 即可。

【例 8.11】媒体嵌套示例。

```
<body class="container">
<h3 class="mb-4">媒体嵌套</h3>
<div class="media">
    <img src="images/06.bmp" class="mr-3" alt="">
    <div class="media-body ">
        <h4 class="mt-0">鹰</h4>
```
彩虹绚烂多姿,那都是在与狂风和暴雨争斗之后;看枫叶似火燃烧,就是在与秋叶的寒霜争斗之后;雄鹰的展翅高飞,那也是在与坠崖的危险争斗之后。他们保持着奋斗的姿态,才铸就了他们的成功。
```
        <div class="media mt-3">
            <a class="mr-3" href="#">
                <img src="images/06.bmp" class="mr-3" alt="">
            </a>
            <div class="media-body">
                <h4 class="mt-0">鹰</h4>
```
                彩虹绚烂多姿,那都是在与狂风和暴雨争斗之后;看枫叶似火燃烧,就是在与秋叶的寒霜争斗之后;雄鹰的展翅高飞,那也是在与坠崖的危险争斗之后。他们保持着奋斗的姿态,才铸就了他们的成功。
```
            </div>
        </div>
    </div>
</div>
</body>
```

在 IE 11 浏览器中运行结果如图 8-12 所示。

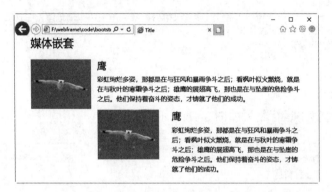

图 8-12　媒体嵌套效果

8.3.3　对齐方式

媒体对象中的图片可以使用 Flexbox 样式类来设置布局,实现顶部、中间和底部的对齐。只要在图片上添加 align-self-start、align-self-center 和 align-self-end 类即可实现。

【例 8.12】对齐方式示例。

```
<body class="container">
<h3 class="mb-4">媒体对齐</h3>
<hr/>
<div class="media">
    <img src="images/06.bmp" class="align-self-start mr-3" alt="" width="60">
    <div class="media-body">
        <h5 class="mt-0">鹰</h5>
        <div>1.山鹰的眼睛不怕迷雾,真理的光辉不怕笼罩。</div>
        <div>2.我宁可做饥饿的雄鹰,也不愿做肥硕的井蛙。</div>
        <div>3.雄鹰当展翅高飞,翱翔于九天之上。</div>
```

```html
        </div>
    </div><hr/>
    <div class="media">
        <img src="images/06.bmp" class="align-self-center mr-3" alt="" width="60">
        <div class="media-body">
            <h5 class="mt-0">鹰</h5>
            <div>1.山鹰的眼睛不怕迷雾,真理的光辉不怕笼罩。</div>
            <div>2.我宁可做饥饿的雄鹰,也不愿做肥硕的井蛙。</div>
            <div>3.雄鹰当展翅高飞,翱翔于九天之上。</div>
        </div>
    </div><hr/>
    <div class="media">
        <img src="images/06.bmp" class="align-self-end mr-3" alt="" width="60">
        <div class="media-body">
            <h5 class="mt-0">鹰</h5>
            <div>1.山鹰的眼睛不怕迷雾,真理的光辉不怕笼罩。</div>
            <div>2.我宁可做饥饿的雄鹰,也不愿做肥硕的井蛙。</div>
            <div>3.雄鹰当展翅高飞,翱翔于九天之上。</div>
        </div>
    </div><hr/>
</body>
```

在 IE 11 浏览器中运行结果如图 8-13 所示。

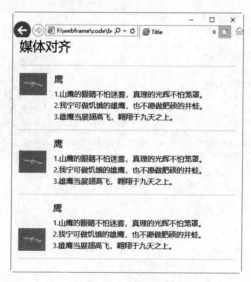

图 8-13　对齐效果

8.3.4　排列顺序

更改媒体对象中内容的顺序,可以通过修改 HTML 本身实现,也可以使用 Flexbox 样式类来设置 order 属性来实现。

【例 8.13】改变排列顺序示例。

```html
<body class="container">
<h3 class="mb-4">媒体排列顺序</h3>
<div class="media">
```

```
        <div class="media-body mr-3">
            <h3 class="mt-0">肖申克的救赎</h3>
            <div class="my-1">类型:电影作品</div>
            <div class="my-1">导演:弗兰克·达拉邦特</div>
            <div class="my-1">主演:蒂姆·罗宾斯、摩根·弗里曼等</div>
            <div class="my-1">片长:142分钟</div>

            <div class="my-1">简介:该片改编自斯蒂芬·金《四季奇谭》中收录的同名小说,该片中
涵盖全片的主题是"希望",全片透过监狱这一强制剥夺自由、高度强调纪律的特殊背景来展现作为个体的人对
"时间流逝、环境改造"的恐惧…</div>
            <div class="my-1">
                <a href="#">角色介绍、</a>
                <a href="#">音乐原声、</a>
                <a href="#">幕后花絮、</a>
                <a href="#">更多>></a>
            </div>
        </div>
    </div>
    <img src="images/05.bmp" class="w-25" alt="">
</div>
</body>
```

在 IE 11 浏览器中运行结果如图 8-14 所示。

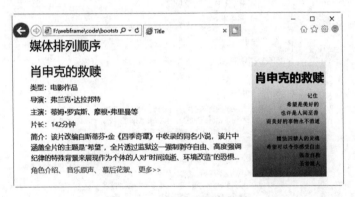

图 8-14　改变排列顺序效果

8.3.5　媒体列表

媒体对象的结构要求很少,可以在 <ul> 或 <ol> 上添加 .list-unstyled 类,删除浏览器默认列表样式,然后在 li 中添加 media 类,最后根据需要调整边距即可。

【例 8.14】媒体列表示例。

```
<body class="container">
<h3 class="mb-4">媒体排列顺序</h3>
<ul class="list-unstyled">
    <li class="media">
        <img src="images/b.jpg" class="mr-3" alt="">
        <div class="media-body">
            <h5 class="mt-0 mb-2">唐代诗人:李白</h5>
            李白诗歌的语言,有的清新如同口语,有的豪放,不拘声律,近于散文,但都统一在"清水出
芙蓉,天然去雕饰"的自然美之中。
        </div>
    </li>
```

```
        <li class="media my-4">
            <img src="images/c.jpg" class="mr-3" alt="">
            <div class="media-body">
                <h5 class="mt-0 mb-2">唐代诗人:杜甫</h5>
                    在杜甫中年因其诗风沉郁顿挫,忧国忧民,杜甫的诗被称为"诗史"。他的诗词以古体、律
诗见长,风格多样,以"沉郁顿挫"四字准确概括出他自己的作品风格,而以沉郁为主。
            </div>
        </li>
        <li class="media">
            <img src="images/a.jpg" class="mr-3" alt="">
            <div class="media-body">
                <h5 class="mt-0 mb-2">宋代词人:李清照</h5>
                    李清照出生于书香门第,早期生活优裕,其父李格非藏书甚富,她小时候就在良好的家庭环
境中打下文学基础。所作词,前期多写其悠闲生活,后期多悲叹身世,情调感伤。
            </div>
        </li>
    </ul>
</body>
```

在 IE 11 浏览器中运行结果如图 8-15 所示。

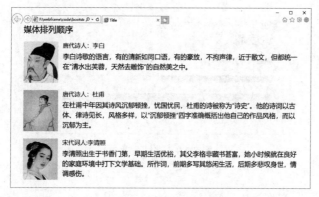

图 8-15　媒体列表效果

8.4
进度条

Bootstrap 提供了简单、漂亮、多色的进度条。其中条纹和动画效果的进度条,使用 CSS 3 的渐变(Gradients)、透明度(Transitions)和动画效果(Animations)来实现。

8.4.1　定义进度条

在 Bootstrap 中,进度条一般由嵌套的两层结构标签构成,外层标签引入 progress 类,用来设计进度槽;内层标签引入 progress-bar 类,用来设计进度条。基本结构如下:

```
<div class="progress">
    <div class="progress-bar"></div>
</div>
```

153

在进度条中使用 width 样式属性设置进度条的进度，也可以使用 Bootstrap 4 中提供的设置宽度的通用样式，例如 w-25、w-50、w-75 等。

【例 8.15】进度条示例。

```
<body class="container">
<h3 class="mb-4">进度条</h3>
<div class="progress">
    <div class="progress-bar w-25"></div>
</div><br/>
<div class="progress">
    <div class="progress-bar w-50"></div>
</div><br/>
<div class="progress">
    <div class="progress-bar w-75"></div>
</div>
</body>
```

在 IE 11 浏览器中运行结果如图 8-16 所示。

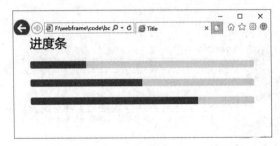

图 8-16　进度条效果

8.4.2　设计进度条样式

下面使用 Bootstrap 4 中的通用样式来设计进度条。

1. 添加标签

将文本内容放在 progress-bar 类容器中，可实现标签效果，可以设置进度条的具体进度，一般以百分比表示。

【例 8.16】添加标签示例。

```
<body class="container">
<h3 class="mb-4">添加标签</h3>
<div class="progress">
    <div class="progress-bar w-25">25%</div>
</div><br/>
<div class="progress">
    <div class="progress-bar w-50">50%</div>
</div><br/>
<div class="progress">
    <div class="progress-bar w-75">75%</div>
</div>
</body>
```

在 IE 11 浏览器中运行结果如图 8-17 所示。

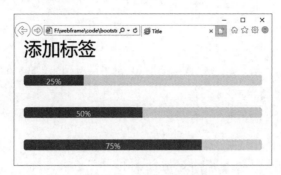

图 8-17　添加标签效果

2. 设置高度

在进度槽上设置高度，进度条会自动调整高度。

【例 8.17】设置高度示例。

```
<body class="container">
<h3 class="mb-4">设置高度</h3>
<!--默认高度-->
<div class="progress">
    <div class="progress-bar w-50">75%</div>
</div><br/>
<!--设置进度条的高度为30px-->
<div class="progress" style="height:30px">
    <div class="progress-bar w-50">50%</div>
</div>
</body>
```

在 IE 11 浏览器中运行结果如图 8-18 所示。

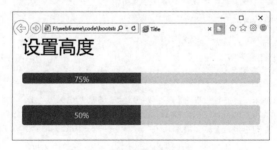

图 8-18　设置高度效果

3. 设置背景色

进度条的背景色可以使用 Bootstrap 通用的样式 bg-* 类来设置。* 代表 primary、secondary、success、danger、warning、info、light 和 dark。

【例 8.18】设置背景颜色示例。

```
<body class="container">
<h3 class="mb-4">设置背景色</h3>
<div class="progress">
```

```
        <div class="progress-bar bg-success" style="width: 50%"></div>
</div><br/>
<div class="progress">
        <div class="progress-bar bg-info" style="width: 50%"></div>
</div><br/>
<div class="progress">
        <div class="progress-bar bg-warning" style="width: 50%"></div>
</div><br/>
<div class="progress">
        <div class="progress-bar bg-danger" style="width: 50%"></div>
</div>
</body>
```

在 IE 11 浏览器中运行结果如图 8-19 所示。

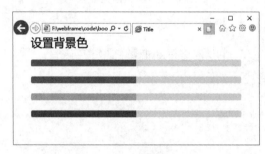

图 8-19　背景颜色效果

8.4.3　设计进度条风格

进度条的风格包括多进度条进度、条纹进度条和动画条纹进度条。

1. 多进度条进度

如果有需要，可在进度槽中包含多个进度条。

【例 8.19】多进度条进度示例。

```
<body class="container">
<h4 class="mb-4">多进度条进度</h4>
<div class="progress">
        <div class="progress-bar" style="width:15%;">20%</div>
        <div class="progress-bar bg-warning" style="width: 30%;">30%</div>
        <div class="progress-bar bg-info" style="width: 20%;">20%</div>
</div>
</body>
```

在 IE 11 浏览器中运行结果如图 8-20 所示。

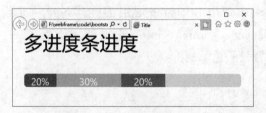

图 8-20　多进度条进度效果

2. 条纹进度条

将 progress-bar-striped 类添加到 .progress-bar 容器上，可以使用 CSS 渐变给背景颜色加上条纹效果。

【例 8.20】条纹进度条示例。

```
<body class="container">
<h3 class="mb-4">条纹进度条</h3>
<div class="progress">
    <div class="progress-bar w-25 progress-bar-striped">25%</div>
</div><br/>
<div class="progress">
    <div class="progress-bar w-50 progress-bar-striped">50%</div>
</div><br/>
<div class="progress">
    <div class="progress-bar w-75 progress-bar-striped">75%</div>
</div>
</body>
```

在 IE 11 浏览器中运行结果如图 8-21 所示。

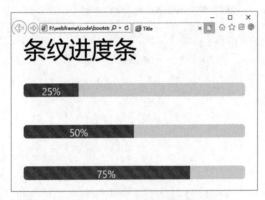

图 8-21　条纹进度条效果

3. 动画条纹进度

条纹渐变也可以做成动画效果，将 progress-bar-animated 类加到 .progress-bar 容器上，即可实现 CSS 3 绘制的从右到左的动画效果。

注意

动画条纹进度条不适用于 Opera 12 浏览器，因为它不支持 CSS 3 动画。

【例 8.21】动画条纹进度条示例。

```
<body class="container">
<h3 class="mb-4">动画条纹进度条</h3>
<div class="progress">
    <div class="progress-bar w-75 bg-success progress-bar-striped progress-bar-
animated"></div>
</div><br/>
<div class="progress">
```

```
        <div class="progress-bar w-75 bg-info progress-bar-striped progress-bar-
animated"></div>
    </div><br/>
    <div class="progress">
        <div class="progress-bar w-75 bg-warning progress-bar-striped progress-bar-
animated"></div>
    </div><br/>
    <div class="progress">
        <div class="progress-bar w-75 bg-danger progress-bar-striped progress-bar-
animated"></div>
    </div>
    </body>
```

在 IE 11 浏览器中运行结果如图 8-22 所示。

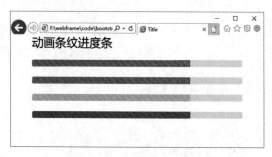

图 8-22　动画条纹进度条效果

8.5
导航栏

导航栏一般包含商标、导航以及其他元素，它很容易扩展，而且在折叠插件的协助下，可以轻松地与其他内容整合。导航栏是网页设计中不可缺少的部分，它是整个网站的控制中枢，在每个页面都会看到它，利用它可以方便地访问到所需要的内容。

8.5.1　定义导航栏

在使用导航栏之前，先了解以下几点内容。

（1）导航栏使用 navbar 类来定义，并使用 .navbar-expand{-sm|-md|-lg|-xl} 定义响应式布局。在导航栏内，当屏幕宽度低于 .navbar-expand{-sm|-md|-lg|-xl} 类指定的断点处时，隐藏导航部分内容，这样避免了在较窄的视图端口上内容堆叠显示。可以通过激活折叠组件来显示隐藏的内容。

（2）导航栏默认内容是流式的，可以使用 container 容器来限制水平宽度。

（3）可以使用 Bootstrap 提供的边距和 Flex 布局样式来定义导航栏中元素的间距和对齐方式。

（4）导航栏默认支持响应式，在修改上也很容易，可以轻松地来定义它们。

Bootstrap 中，导航栏组件是有许多子组件组成的，可以根据需要从中选择。导航栏组件包含的子组件如下。

.navbar-brand：用于设置 Logo 或项目名称。

.navbar-nav：提供轻便的导航，包括对下拉菜单的支持。

.navbar-toggler：用于折叠插件和导航切换行为。

.form-inline：用于控制操作表单。

.navbar-text：对文本字符串的垂直对齐、水平间距做了处理优化。

.collapse .navbar-collapse：用于通过父断点进行分组和隐藏导航列内容。

下面分步来介绍导航栏的组成部分。

1. Logo 和项目名称

navbar-brand 类多用于设置 Logo 或项目名称。navbar-brand 类可以用于大多数元素，但对于链接最有效，因为某些元素可能需要通用样式或自定义样式。

【例 8.22】Logo 和项目名称示例。

```
<nav class="navbar navbar-light bg-light my-4">
    <a class="navbar-brand" href="#">Navbar</a>
</nav>
<nav class="navbar navbar-light bg-light">
    <a class="navbar-brand" href="#">
        <img src="images/a.png" width="30" alt="" >
    </a>
</nav>
<nav class="navbar navbar-light bg-light my-4">
    <a class="navbar-brand" href="#">
        <img src="images/a.png" width="30" alt="" >
        Bootstrap
    </a>
</nav>
```

在 IE 11 浏览器中运行结果如图 8-23 所示。

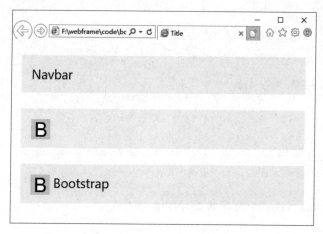

图 8-23　Logo 和项目名称效果

提示

将图像添加到 navbar-brand 类容器中，需要自定义样式或 Bootstrap 通用
样式来适当调整大小。

2. nav 导航

导航栏链接建立在导航组件（nav）上，可以使用导航专属的 Class 样式，并可以
使用 navbar-toggler 类来进行响应式切换。在导航栏中可在 .nav-link 或 .nav-item 上添加
active 和 disabled 类，实现激活和禁用状态。

【例 8.23】导航示例。

```
<nav class="navbar navbar-expand-md navbar-light bg-light">
    <a class="navbar-brand" href="#">Navbar</a>
    <button class="navbar-toggler" type="button" data-toggle="collapse" data-
target="#collapse">
        <span class="navbar-toggler-icon"></span>
    </button>
    <div class="collapse navbar-collapse" id="collapse">
        <ul class="navbar-nav">
            <li class="nav-item active">
                <a class="nav-link " href="#">首页</a>
            </li>
            <li class="nav-item">
                <a class="nav-link" href="#">特色</a>
            </li>
            <li class="nav-item">
                <a class="nav-link" href="#">定价</a>
            </li>
            <li class="nav-item">
                <a class="nav-link disabled" href="#">联系</a>
            </li>
        </ul>
    </div>
</nav>
```

在 IE 11 浏览器中运行时，在中屏（>768px）设备上显示效果如图 8-24 所示。

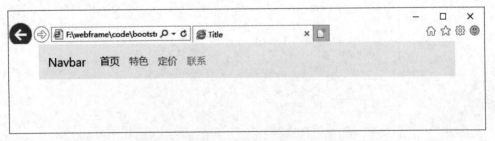

图 8-24　中屏（>768px）设备上显示效果

在小屏（<768px）设备上显示效果如图 8-25 所示。

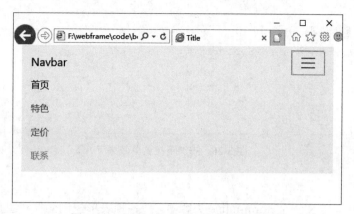

图 8-25　小屏（<768px）设备上显示效果

还可以在导航栏中添加下拉菜单，具体范例如下。

【例 8.24】添加下拉菜单示例。

```
<nav class="navbar navbar-expand-md navbar-light bg-light">
    <a class="navbar-brand" href="#">Navbar</a>
     <button class="navbar-toggler" type="button" data-toggle="collapse" data-
target="#collapse">
        <span class="navbar-toggler-icon"></span>
    </button>
    <div class="collapse navbar-collapse" id="collapse">
        <ul class="navbar-nav">
            <li class="nav-item active">
                <a class="nav-link " href="#">首页</a>
            </li>
            <li class="nav-item">
                <a class="nav-link" href="#">特色</a>
            </li>
            <li class="nav-item">
                <a class="nav-link" href="#">定价</a>
            </li>
            <li class="nav-item dropdown">
                    <a class="nav-link dropdown-toggle" href="#"
id="navbarDropdownMenuLink" data-toggle="dropdown" aria-haspopup="true" aria-
expanded="false">
                联系
            </a>
             <div class="dropdown-menu" aria-labelledby="navbarDropdownMenu
Link">
                <a class="dropdown-item" href="#">联系电话</a>
                <a class="dropdown-item" href="#">联系地址</a>
                <a class="dropdown-item" href="#">联系微信</a>
            </div>
        </li>
        </ul>
    </div>
</nav>
```

在 IE 11 浏览器中运行结果如图 8-26 所示。

图 8-26　添加下拉菜单效果

3. 表单

在导航栏中，定义一个 .form-inline 类容器，把各种表单控制元件和组件放置到其中。然后使用 Flex 布局样式设置对齐方式。

【例 8.25】添加表单示例。

```
<nav class="navbar navbar-light bg-light justify-content-between">
    <a class="navbar-brand">Navbar</a>
    <form class="form-inline">
        <form class="form-inline">
            <input class="form-control mr-sm-2" type="search" placeholder="搜索">
            <button class="btn btn-outline-success my-2 my-sm-0" type="submit">
搜索</button>
        </form>
    </form>
</nav>
```

在 IE 11 浏览器中运行结果如图 8-27 所示。

图 8-27　添加表单效果

4. Text 文本处理

使用 .navbar-text 类容器来包裹文本，对文本字符串的垂直对齐、水平间距进行优化处理。

【例 8.26】Text 文本处理示例。

```
<nav class="navbar navbar-light bg-light">
  <span class="navbar-text">
    带有内联元素的导航栏文本
  </span>
</nav>
```

在 IE 11 浏览器中运行结果如图 8-28 所示。

与其他元件组合使用，可根据需要添加通用样式定义。

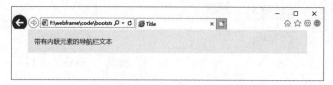

图 8-28　Text 文本处理效果

【例 8.27】元件组合使用示例。

```
<nav class="navbar navbar-expand-md navbar-light bg-light">
    <a class="navbar-brand" href="#">Navbar</a>
     <button class="navbar-toggler" type="button" data-toggle="collapse" data-
target="#collapse">
        <span class="navbar-toggler-icon"></span>
    </button>
    <div class="collapse navbar-collapse" id="collapse">
        <ul class="navbar-nav mr-auto">
            <li class="nav-item active">
                <a class="nav-link " href="#">首页</a>
            </li>
            <li class="nav-item">
                <a class="nav-link" href="#">特色</a>
            </li>
            <li class="nav-item">
                <a class="nav-link" href="#">定价</a>
            </li>
            <li class="nav-item">
                <a class="nav-link disabled" href="#">联系</a>
            </li>
        </ul>
        <span class="navbar-text">
            带有内联元素的导航栏文本
        </span>
    </div>
</nav>
```

在 IE 11 浏览器中运行结果如图 8-29 所示。

图 8-29　元件组合使用效果

8.5.2　定位导航栏

使用 Bootstrap 4 提供的固定定位样式类，可以轻松地实现导航栏的固定定位。

■ .fixed-top：导航栏定位到顶部。

■ .fixed-bottom：导航栏定位到底部。

下面以 fixed-bottom 类为例，来看一下导航栏定位到底部的效果。

【例 8.28】定位底部导航栏示例。

```
<body>
<nav class="navbar navbar-light bg-light justify-content-between fixed-bottom">
    <a class="navbar-brand">Navbar</a>
    <form class="form-inline">
        <form class="form-inline">
            <input class="form-control mr-sm-2" type="search" placeholder="搜索">
            <button class="btn btn-outline-success my-2 my-sm-0" type="submit">
搜索</button>
        </form>
    </form>
</nav>
<img src="image/001.png" alt="" class="img-fluid">
</body>
```

在 IE 11 浏览器中运行结果如图 8-30 所示。

图 8-30　定位底部导航栏效果

8.5.3　设计导航栏配色

导航栏的配色方案和主题选择基于主题类和背景通用样式类定义，选择 navbar-light 类来定义导航颜色反转（黑色背景，白色文字），也可以使用 .navbar-dark 定义深色背景，然后再使用背景 bg-* 类进行定义。

【例 8.29】导航栏配色示例。

```
<body class="container">
<h3 class="mb-4">设计配色</h3>
<nav class="navbar navbar-expand-md navbar-dark bg-dark">
```

```
        <a class="navbar-brand mr-auto" href="#">Navbar</a>
        <form class="form-inline">
            <form class="form-inline">
                <input class="form-control mr-sm-2" type="search" placeholder="搜索">
                <button class="btn btn-outline-light my-2 my-sm-0" type="submit">搜
索</button>
            </form>
        </form>
    </nav>
    <nav class="navbar navbar-expand-md navbar-dark bg-info my-2">
        <a class="navbar-brand mr-auto" href="#">Navbar</a>
        <form class="form-inline">
            <form class="form-inline">
                <input class="form-control mr-sm-2" type="search" placeholder="搜索">
                <button class="btn btn-outline-light my-2 my-sm-0" type="submit">搜
索</button>
            </form>
        </form>
    </nav>
    <nav class="navbar navbar-expand-md navbar-light" style="background-color:
#e3f3fd;">
        <a class="navbar-brand mr-auto" href="#">Navbar</a>
        <form class="form-inline">
            <form class="form-inline">
                <input class="form-control mr-sm-2" type="search" placeholder="搜索">
                <button class="btn btn-outline-success my-2 my-sm-0" type="submit">
搜索</button>
            </form>
        </form>
    </nav>
    </body>
```

在 IE 11 浏览器中运行结果如图 8-31 所示。

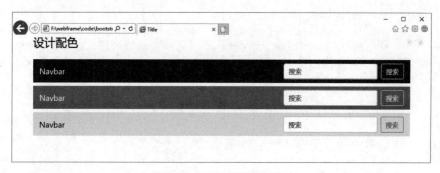

图 8-31　导航栏配色效果

8.5.4　扩展导航栏内容

前面介绍过，navbar-expand{-sm|-md|-lg|-xl} 类是用来设计响应式导航栏内容的显示和隐藏，如果不添加该类，导航栏显示效果将一直如图 8-32 所示。

扩展导航栏内容就是在此基础之上再加上折叠组件进行设计的，通过单击右侧的图标来激活折叠的内容。在折叠内容中，可以使用网格系统或其他组件进行设计所要展示的内容。

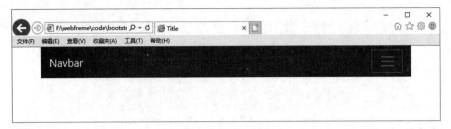

图 8-32　导航栏显示效果

【例 8.30】扩展导航栏内容示例。

```
<body class="container">
    <!--折叠内容-->
    <div class="collapse" id="navbarText">
        <div class="bg-dark p-4">
            <div class="row">
                <div class="col-8">
                    <h4 class="text-white">企业概述</h4>
                    <span class="text-muted">概述内容</span>
                </div>
                <div class="col-4">
                    <h6><a href="#" class="text-white">关于我们</a></h6>
                    <h6><a href="#" class="text-white">产品介绍</a></h6>
                    <h6><a href="#" class="text-white">联系我们</a></h6>
                </div>
            </div>
        </div>
    </div>
    <!--导航栏-->
    <nav class="navbar navbar-dark bg-dark">
        <a class="navbar-brand mr-auto" href="#">Navbar</a>
        <button class="navbar-toggler" type="button" data-toggle="collapse"
data-target="#navbarText">
            <span class="navbar-toggler-icon"></span>
        </button>
    </nav>
</body>
```

在 IE 11 浏览器中运行结果如图 8-33 所示。

图 8-33　扩展导航栏效果

8.6
案例实训——设计动态进度条

本案例是在 Bootstrap 进度条组件的基础上进行设计的，主要样式都是使用 Bootstrap 默认效果。设计了进度条的百分比提醒，它会随着进度条的改变而改变。使用 CSS 3 的动画设计进度条的自动增长。最终效果如图 8-34 所示，随着时间的不断增加，进度条将自动增长，效果如图 8-35 所示。

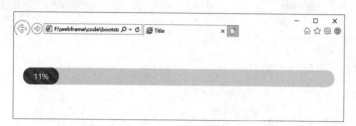

图 8-34　进度条效果

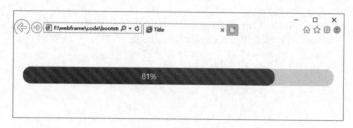

图 8-35　增长后效果

下面来看一下实现的步骤。

第 1 步：设计进度条结构。直接套用 Bootstrap 的进度条组件设计结构，在其中添加一个 span 标签，用来设计动态百分比提醒。

```
<body class="container">
    <div class="progress load-bar my-5" style="height:25px;">
        <div class="progress-bar progress-bar-striped text-center">
            <span id="counter"></span>
        </div>
    </div>
</body>
```

第 2 步：设计样式。更改 Bootstrap 进度条的默认样式，添加更大的圆角，并设置定位。更改条纹进度条 .progress-bar-striped 类的样式，并添加 10 秒动画，使其宽度从 0 增长到 100%。

```
.load-bar {
    border-radius: 12px;                        /*定义圆角*/
    position: relative;                         /*定义相对定位*/
}
.progress-bar-striped{
```

```
        width: 0%;                                  /*定义宽度*/
        border-radius: inherit;                     /*继承父元素的圆角*/
        position: relative;                         /*定义相对定位*/
        animation: loader 10s linear infinite;      /*定义动画*/
    }
    @keyframes loader {
        from {width: 0%;}
        to {width: 100%;}
    }
```

第 3 步：为进度条添加动态百分比提醒，JavaScript 代码如下，详细的介绍请参考代码注释。

```
<script>
    $(function(){
        //定义定时器,0.1秒调用一次increment()方法
        var interval = setInterval(increment,100);
        var current = 0;
        //定义increment()方法
        function increment(){
        //定时器没调用一次,自增1
            current++;
            //设置指示器的内容
            $('#counter').html(current+'%');
            //当current变量值为100时重置,current = 0
            if(current == 100) { current = 0;}
        }
    });
</script>
```

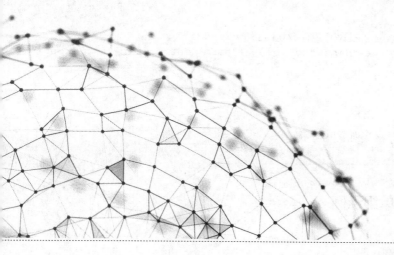

第9章

高级的CSS组件

Bootstrap 把 HTML、CSS 和 JavaScript 代码有机组合，设计出很多简洁灵活的组件，使用它们能够轻松搭建出清爽、简洁的界面，以及实现良好的交互效果。本章重点介绍表单、列表组、面包屑、分页等组件的结构和使用方法。

9.1
表单

表单包括表单域、输入框、下拉框、单选按钮、复选框和按钮等控件，每个表单控件在交互中所起到的作用是各不相同的。

9.1.1　定义表单控件

表单控件（例如 <input>、<select>、<textarea>）统一采用 .form-control 类样式进行处理优化，包括常规外观、focus 选中状态、尺寸大小等。表单一般都放在表单组（form-group）中，表单组也是 Bootstrap 4 为表单控件设置的类，默认设置 1rem 的底外边距。

【例 9.1】表单控件示例。

```
<body class="container">
<h2 class="mb-4">表单组示例</h2>
<form>
    <div class="form-group">
        <label for="formGroup1">姓名</label>
            <input type="text" class="form-control" id="formGroup1"
placeholder="Name">
    </div>
```

```
            <div class="form-group">
                <label for="formGroup2">密码</label>
                    <input type="password" class="form-control" id="formGroup2"
placeholder="Password">
            </div>
        </form>
        </body>
```

在 IE 11 浏览器中运行结果如图 9-1 所示。

图 9-1   表单控件效果

对于 input 文件选择控件，Bootstrap 4 提供了 .form-control-file 类来定义。

```
<form>
    <div class="form-group">
        <label for="controlFile1">文件选择</label>
        <input type="file" class="form-control-file" id="controlFile1">
    </div>
</form>
```

在 IE 11 浏览器中运行效果如图 9-2 所示。

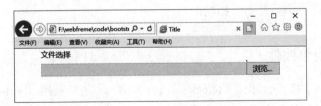

图 9-2   文件选择控件效果

1. 表单控件的大小

Bootstrap 4 中定义了 .form-control-lg（大号）和 .form-control-sm（小号）类来设置表单空间的大小。

【例 9.2】设置表单控件的大小示例。

```
<body class="container">
<h2 class="mb-4">设置表单控件的大小</h2>
<form>
    <input class="form-control form-control-lg" type="text" placeholder="大尺寸
（form-control-lg）"><br/>
```

170

```
    <input class="form-control" type="text" placeholder="默认大小"><br/>
    <input class="form-control form-control-sm" type="text" placeholder="小尺寸
(form-control-sm)">
</form>
</body>
```

在 IE 11 浏览器中运行结果如图 9-3 所示。

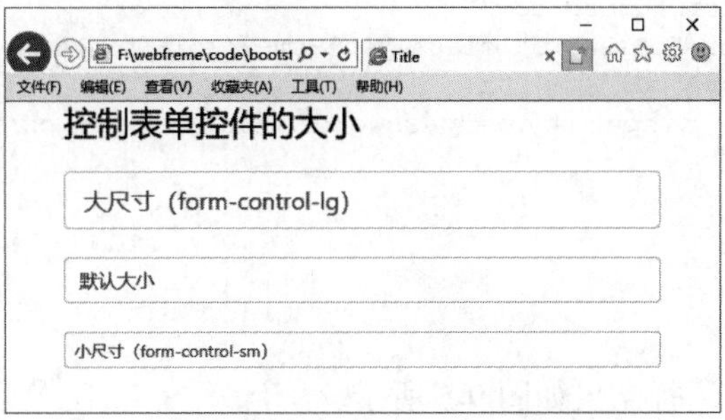

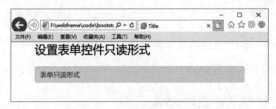

图 9-3　表单控件的大小效果

2. 设置表单控件只读

在表单控件上添加 readonly 属性，使表单只能阅读，无法修改表单的值，但保留了鼠标效果。

【例 9.3】设置表单控件只读示例。

```
<body class="container">
<h2 class="mb-4">设置表单控件只读</h2>
<form>
    <input class="form-control" type="text" placeholder="只读表单" readonly>
</form>
</body>
```

在 IE 11 浏览器中运行结果如图 9-4 所示。

图 9-4　表单控件只读效果

3. 设置只读纯文本

如果希望将表单中的 <input readonly> 元素样式化为纯文本，可以使用 .form-control-plain-text 类删除默认的表单字段样式。

【例 9.4】设置只读纯文本示例。

```
<body class="container">
<h2 class="mb-4">设置只读纯文本</h2>
```

```
<form>
    <div class="form-group row">
        <label for="email" class="col-sm-2 col-form-label">邮箱</label>
        <div class="col-sm-10">
                <input type="text" readonly class="form-control-plaintext"
id="email" value="email@example.com">
        </div>
    </div>
    <div class="form-group row">
        <label for="password" class="col-sm-2 col-form-label">密码</label>
        <div class="col-sm-10">
                <input type="password" class="form-control" id="password"
placeholder="Password">
        </div>
    </div>
</form>
</body>
```

在 IE 11 浏览器中运行结果如图 9-5 所示。

图 9-5　只读纯文本效果

4. 范围输入

使用 .form-control-range 类设置水平滚动范围输入。

【例 9.5】范围输入示例。

```
<body class="container">
<h3 class="mb-4">范围输入</h3>
<form>
    <input type="range" class="form-control-range">
</form>
</body>
```

在 IE 11 浏览器中运行结果如图 9-6 所示。

图 9-6　IE 11 浏览器显示效果

在火狐（Firefox 65.0）中效果如图 9-7 所示。

图 9-7　火狐（Firefox 65.0）中显示效果

在谷歌（Chrome 72.0.3626.81）中效果如图 9-8 所示。

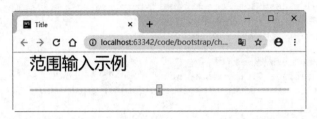

图 9-8　谷歌（Chrome 72.0.3626.81）中显示效果

9.1.2　设计单选按钮 / 复选框布局和样式

使用 .form-check 类可以格式化复选框和单选按钮，用以改进它们的默认布局和动作呈现，复选框用于在列表中选择一个或多个选项，单选按钮用于列表中选择一个选项。复选框和单选按钮也是可以使用 disabled 类设置禁用状态。

1. 默认堆叠方式

【例 9.6】默认堆叠方式示例。

```
<body class="container">
<h2 class="mb-4">复选框和单选按钮——默认堆叠方式</h2>
<h5>选择你喜欢吃的水果:</h5>
<form>
    <p>只能选择一种的水果:</p>
    <div class="form-check">
        <input class="form-check-input" type="radio" name="fruits" id="fruit1" >
        <label class="form-check-label" for="fruit1">
            香瓜
        </label>
    </div>
    <div class="form-check">
        <input class="form-check-input" type="radio" name="fruits" id="fruit2">
        <label class="form-check-label" for="fruit2">
            哈密瓜
        </label>
    </div>
    <div class="form-check">
        <input class="form-check-input" type="radio" name="fruits" id="fruit3"
disabled>
        <label class="form-check-label" for="fruit3">
            西瓜（禁选）
        </label>
```

173

```
            </div>
    </form>
    <form>
        <p class="mt-4">可以多选的水果：</p>
        <div class="form-check">
            <input class="form-check-input" type="checkbox" id="fruit4">
            <label class="form-check-label" for="fruit4">
                苹果
            </label>
        </div>
        <div class="form-check">
            <input class="form-check-input" type="checkbox" value="" id="fruit5">
            <label class="form-check-label" for="fruit5">
                香蕉
            </label>
        </div>
        <div class="form-check">
            <input class="form-check-input" type="checkbox" id="fruit6" disabled>
            <label class="form-check-label" for="fruit6">
                菠萝（禁选）
            </label>
        </div>
    </form>
</body>
```

在 IE 11 浏览器中运行结果如图 9-9 所示。

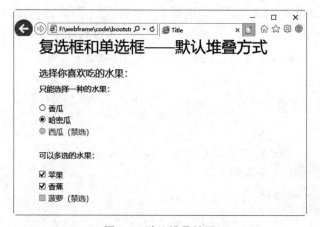

图 9-9　默认堆叠效果

2. 水平排列方式

为每一个 form-check 类容器都添加 form-check-inline 类，可以设置其水平排列。

【例 9.7】水平排列示例。

```
<body class="container">
<h3 class="mb-4">复选框和单选按钮——水平排列方式</h3>
<h5>选择你喜欢吃的水果：</h5>
<form>
    <p>只能选择一种的水果：</p>
    <div class="form-check form-check-inline">
        <input class="form-check-input" type="radio" name="fruits" id="fruit1" >
```

```
        <label class="form-check-label" for="fruit1">
            香瓜
        </label>
    </div>
    <div class="form-check form-check-inline">
        <input class="form-check-input" type="radio" name="fruits" id="fruit2">
        <label class="form-check-label" for="fruit2">
            哈密瓜
        </label>
    </div>
    <div class="form-check form-check-inline">
         <input class="form-check-input" type="radio" name="fruits" id="fruit3"
disabled>
        <label class="form-check-label" for="fruit3">
            西瓜（禁选）
        </label>
    </div>
</form>
<form>
    <p class="mt-4">可以多选的水果：</p>
    <div class="form-check form-check-inline">
        <input class="form-check-input" type="checkbox" id="fruit4">
        <label class="form-check-label" for="fruit4">
            苹果
        </label>
    </div>
    <div class="form-check form-check-inline">
        <input class="form-check-input" type="checkbox" value="" id="fruit5">
        <label class="form-check-label" for="fruit5">
            香蕉
        </label>
    </div>
    <div class="form-check form-check-inline">
        <input class="form-check-input" type="checkbox" id="fruit6" disabled>
        <label class="form-check-label" for="fruit6">
            菠萝（禁选）
        </label>
    </div>
</form>
</body>
```

在 IE 11 浏览器中运行结果如图 9-10 所示。

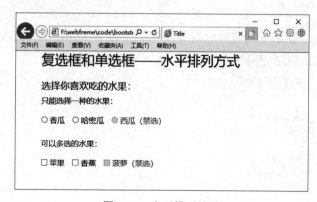

图 9-10　水平排列效果

3. 无文本形式

添加 position-static 类到 form-check 选择器上，可以实现没有文本的形式。

【例 9.8】（实例文件：ch09\Chap9.8.html）无文本形式示例。

```
<body class="container">
<h3 class="mb-4">无文本形式</h3>
<form>
    <div class="form-check">
            <input class="form-check-input position-static" type="checkbox"
value="option1">
    </div>
    <div class="form-check">
            <input class="form-check-input position-static" type="radio"
value="option1">
    </div>
</form>
</body>
```

在 IE 11 浏览器中运行结果如图 9-11 所示。

图 9-11　无文本形式效果

9.1.3　表单布局风格

自从 Bootstrap 使用 display: block 和 width: 100% 在 input 控件上后，表单默认都是基于垂直堆叠排列的，可以使用 Bootstrap 中其他样式类来改变表单的布局。

1. 表单网格

可以使用网格系统来设置表单的布局。对于需要多个列、不同宽度和附加对齐选项的表单布局，可以使用这些网格系统。

【例 9.9】表单网格示例。

```
<body class="container">
<h2 class="mb-4">表单网格</h2>
<form>
    <div class="row">
        <div class="col">
            <input type="text" class="form-control" placeholder="Name">
        </div>
        <div class="col">
```

```
        <input type="password" class="form-control" placeholder="Password">
        </div>
    </div>
</form>
</body>
```

在 IE 11 浏览器中运行结果如图 9-12 所示。

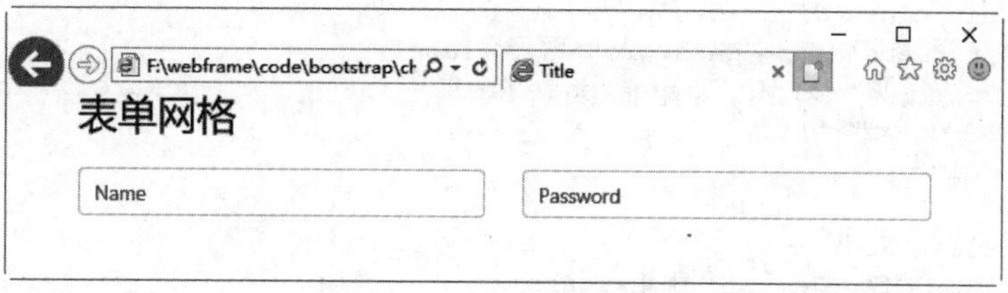

图 9-12　表单网格效果

可以使用 form-row 类来取代 row 类（它们很多时候可以互换使用），form-row 类提供更小的边距。

【例 9.10】设置更小边距示例。

```
<body class="container">
<h3 class="mb-4">更小边距</h3>
<form>
    <div class="form-row">
        <div class="col">
            <input type="text" class="form-control" placeholder="Name">
        </div>
        <div class="col">
            <input type="password" class="form-control" placeholder="Password">
        </div>
    </div>
</form>
</body>
```

在 IE 11 浏览器中运行结果如图 9-13 所示。

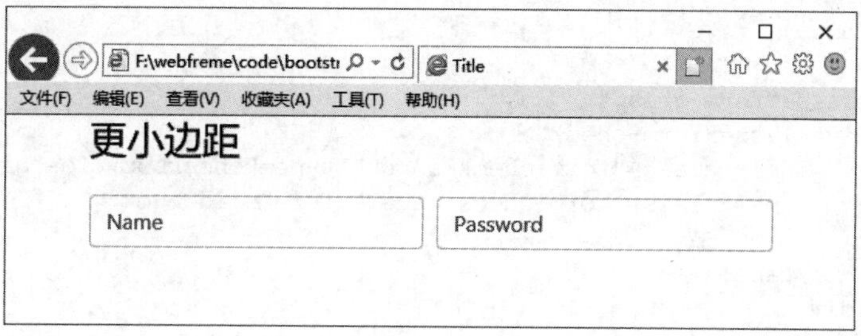

图 9-13　更小边距效果

还可以使用网格系统建立更复杂的布局。

【例 9.11】建立更复杂的布局示例。

```
<body class="container">
```

```
<h2 class="mb-4">复杂的表单网格布局</h2>
<form>
    <div class="form-row">
        <div class="form-group col-md-6">
            <label for="name">姓名</label>
                <input type="text" class="form-control" id="name"
placeholder="Name">
        </div>
        <div class="form-group col-md-6">
            <label for="password">密码</label>
                <input type="password" class="form-control" id="password"
placeholder="Password">
        </div>
    </div>
    <div class="form-group">
        <label for="email">邮箱</label>
            <input type="email" class="form-control" id="email"
placeholder="example@qq.com">
    </div>
    <div class="form-group">
        <label for="address">户籍</label>
        <input type="text" class="form-control" id="address" placeholder="户籍
所在地">
    </div>
    <div class="form-row">
        <div class="form-group col-md-4">
            <label for="inputCity">现居城市</label>
                <input type="text" class="form-control" id="inputCity"
placeholder="现在所居住的城市">
        </div>
        <div class="form-group col-md-4">
            <label for="inputState">乡、镇</label>
            <select id="inputState" class="form-control">
                <option selected>选择</option>
                <option>选择</option>
            </select>
        </div>
        <div class="form-group col-md-4">
            <label for="inputZip">邮编</label>
            <input type="text" class="form-control" id="inputZip" placeholder="
例如:833300">
        </div>
    </div>
    <div class="form-group">
        <div class="form-check">
            <input class="form-check-input" type="checkbox" id="gridCheck">
            <label class="form-check-label" for="gridCheck">
                记住我
            </label>
        </div>
    </div>
    <button type="submit" class="btn btn-primary">注册</button>
</form>
</body>
```

在 IE 11 浏览器中运行结果如图 9-14 所示。

图 9-14　更复杂的布局效果

2. 设置列的宽度

如前面的示例所示,网格系统允许在 .row 或 .form-row 中放置任意数量的 col-* 类。可以选择一个特定的列类,例如 col-7 类,来占用或多或少的空间,而其余的 col-* 类平分其余的空间。

【例 9.12】设置列的宽度示例。

```
<body class="container">
<h3 class="mb-4">设置列的宽度</h3>
<form>
    <div class="form-row">
        <div class="col-4">
            <input type="text" class="form-control" placeholder="姓名">
        </div>
        <div class="col">
            <input type="text" class="form-control" placeholder="语文成绩">
        </div>
        <div class="col">
            <input type="text" class="form-control" placeholder="数学成绩">
        </div>
        <div class="col">
            <input type="text" class="form-control" placeholder="英语成绩">
        </div>
    </div>
</form>
</body>
```

在 IE 11 浏览器中运行结果如图 9-15 所示。

图 9-15　设置列的宽度效果

9.1.4 帮助文本

可以使用 form-text 类创建表单中的帮助文本。可以使用任何内联 HTML 元素和通用样式（如 .text-muted）来设计帮助提示文本。

【例 9.13】创建帮助文本示例。

```
<body class="container">
<h3 class="mb-4">帮助文本</h3>
<form>
    <div class="form-group row">
        <label for="password">密码</label>
        <input type="password" id="password" class="form-control">
        <small class="form-text text-muted">
            密码必须有8-18个字符,包含字母和数字,并且不能包含空格、特殊字符或表情符号。
        </small>
    </div>
</form>
</body>
```

在 IE 11 浏览器中运行结果如图 9-16 所示。

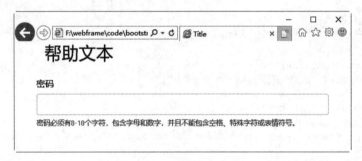

图 9-16　帮助文本效果

9.1.5 禁用表单

通过在 input 中添加 disabled 属性，就能防止用户操作表单，此时表单呈现灰色。

【例 9.14】禁用表单示例。

```
<body class="container">
<h3 class="mb-4">禁用表单</h3>
<form>
    <fieldset disabled>
        <div class="form-group">
            <label for="testInput">禁用表单</label>
                <input type="text" id="testInput" class="form-control"
placeholder="Disabled input">
        </div>
        <div class="form-group">
            <label for="testSelect">禁用选择菜单</label>
            <select id="testSelect" class="form-control">
                <option>Disabled select</option>
```

```
            </select>
        </div>
        <div class="form-group">
            <div class="form-check">
                <input class="form-check-input" type="checkbox" id="testCheck"
disabled>
                <label class="form-check-label" for="testCheck">
                    禁用复选框
                </label>
            </div>
        </div>
        <button type="submit" class="btn btn-primary">提交</button>
    </fieldset>
</form>
</body>
```

在 IE 11 浏览器中运行结果如图 9-17 所示。

图 9-17　禁用表单效果

9.2
列表组

列表组是一个灵活而且强大的组件，不仅仅可以用来显示简单的元素列表，还可以通过定义来显示复杂的内容。

9.2.1　定义列表组

最基本的列表组就是在 <ul> 元素上添加 list-group 类，在 <li> 元素上添加 list-group-item 类和 list-group-item-action 类。list-group-item 类设计列表项的字体颜色、宽度和对齐方式，list-group-item-action 类设计列表项在悬浮时的浅灰色背景。

【例 9.15】列表组示例。

```
<body class="container">
<h3 class="mb-4">列表组</h3>
<ul class="list-group">
    <li class="list-group-item list-group-item-action">全心全力 见心见行</li>
    <li class="list-group-item list-group-item-action">同心同德 起帆远航</li>
    <li class="list-group-item list-group-item-action">同心同行 共创未来</li>
    <li class="list-group-item list-group-item-action">激情闪耀 共创辉煌</li>
    <li class="list-group-item list-group-item-action">超越梦想 再创辉煌</li>
</ul>
</body>
```

在 IE 11 浏览器中运行结果如图 9-18 所示。

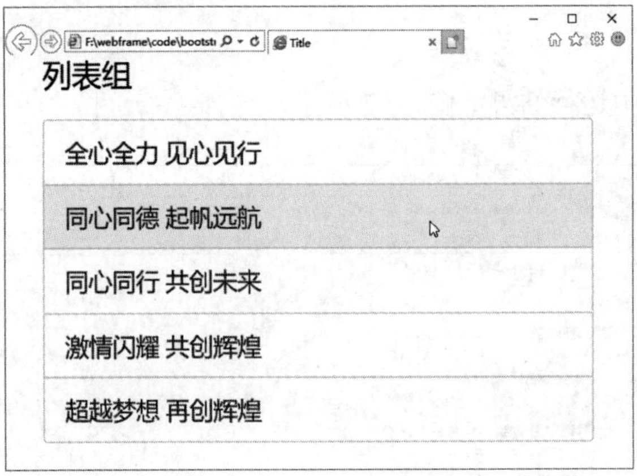

图 9-18　列表组效果

9.2.2　设计列表组的风格样式

Bootstrap 中为列表组设置了不同的风格样式，可以根据场景来选择使用。

1. 激活和禁用状态

添加 active 类或 disabled 类到 .list-group 下的一行或多行，以指示当前为激活或禁用状态。

【例 9.16】激活和禁用示例。

```
<body class="container">
<h3 class="mb-4">激活和禁用状态</h3>
<ul class="list-group">
    <li class="list-group-item active">全心全力 见心见行（激活状态）</li>
    <li class="list-group-item">同心同德 起帆远航</li>
    <li class="list-group-item disabled">同心同行 共创未来（禁用状态）</li>
    <li class="list-group-item">激情闪耀 共创辉煌</li>
    <li class="list-group-item">超越梦想 再创辉煌</li>
</ul>
</body>
```

在 IE 11 浏览器中运行结果如图 9-19 所示。

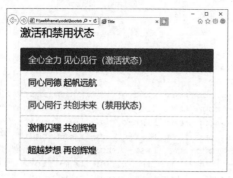

图 9-19　激活和禁用效果

2. 去除边框和圆角

在列表组中加入 list-group-flush 类，可以移除部分边框和圆角，从而产生边缘贴齐的列表组，这在与卡片组件结合使用时很实用，会有更好的呈现效果。

【例 9.17】去除边框和圆角示例。

```
<body class="container">
<h3 class="mb-4">去除边框和圆角</h3>
<ul class="list-group list-group-flush">
    <li class="list-group-item list-group-item-action">全心全力 见心见行</li>
    <li class="list-group-item list-group-item-action">同心同德 起帆远航</li>
    <li class="list-group-item list-group-item-action">同心同行 共创未来</li>
    <li class="list-group-item list-group-item-action">激情闪耀 共创辉煌</li>
    <li class="list-group-item list-group-item-action">超越梦想 再创辉煌</li>
</ul>
</body>
```

在 IE 11 浏览器中运行结果如图 9-20 所示。

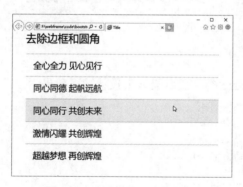

图 9-20　去除边框和圆角效果

3. 设计列表项的颜色

列表项的颜色类：.list-group-item-success，list-group-item-secondary，list-group-item-info，list-group-item-warning，.list-group-item-danger，.list-group-item-dark 和 list-group-item-light。这些颜色类包括背景色和文字颜色，可以选择合适的类来设置列表项的背景色和文字颜色。

【例 9.18】列表项的颜色示例。

```
<body class="container">
<h3 class="mb-4">背景和文字颜色</h3>
<ul class="list-group">
    <li class="list-group-item list-group-item-primary">全心全力 见心见行</li>
    <li class="list-group-item list-group-item-secondary">同心同德 起帆远航</li>
    <li class="list-group-item list-group-item-success">同心同行 共创未来</li>
    <li class="list-group-item list-group-item-danger">激情闪耀 共创辉煌</li>
    <li class="list-group-item list-group-item-warning">超越梦想 再创辉煌</li>
    <li class="list-group-item list-group-item-info">飞跃巅峰 纵横四海</li>
    <li class="list-group-item list-group-item-light">融合梦想 努力超越</li>
    <li class="list-group-item list-group-item-dark">超越第一 实现梦想</li>
</ul>
</body>
```

在 IE 11 浏览器中运行结果如图 9-21 所示。

图 9-21 列表项的颜色效果

4. 添加徽章

在列表项中添加 .badge 类（徽章类）来设计徽章效果。

【例 9.19】添加徽章示例。

```
<body class="container">
<h3 class="mb-4">添加徽章</h3>
<h5>每句口号支持的人数:</h5>
<ul class="list-group">
    <li class="list-group-item d-flex justify-content-between align-items-
center">
        激情闪耀 共创辉煌
        <span class="badge badge-primary badge-pill">30</span>
    </li>
    <li class="list-group-item d-flex justify-content-between align-items-
center">
        超越梦想 再创辉煌
        <span class="badge badge-primary badge-pill">50</span>
    </li>
    <li class="list-group-item d-flex justify-content-between align-items-
```

```
center">
            超越第一 实现梦想
            <span class="badge badge-primary badge-pill">20</span>
      </li>
</ul>
</body>
```

在 IE 11 浏览器中运行结果如图 9-22 所示。

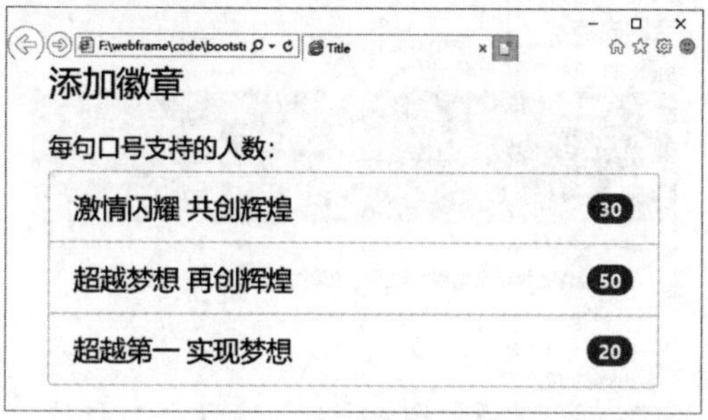

图 9-22　添加徽章效果

9.2.3　定制内容

在 Flexbox 通用样式定义的支持下，列表组中几乎可以添加任意的 HTML 内容，包括标签、内容和链接等。下面就来定制一个招聘信息的列表。

【例 9.20】定制内容示例。

```
<body class="container">
<h3 class="mb-3">定制内容</h3>
<h5>招聘信息</h5>
<div class="list-group">
    <a href="#" class="list-group-item list-group-item-action active">
        <div class="d-flex w-100 justify-content-between">
            <h5 class="mb-1">公司名称</h5>
            <small>发布时间</small>
        </div>
        <p class="mb-1">描述</p>
        <p>薪资</p>
    </a>
    <a href="#" class="list-group-item list-group-item-action">
        <div class="d-flex w-100 justify-content-between">
            <h5 class="mb-1">顺畅建筑有限公司</h5>
            <small class="text-muted">一天前</small>
        </div>
        <p class="mb-1">公司在全国各地都有项目,现招一位项目经理,工作地点在新疆...</p>
        <p>10k—15k</p>
    </a>
    <a href="#" class="list-group-item list-group-item-action">
        <div class="d-flex w-100 justify-content-between">
            <h5 class="mb-1">梦想网络有限公司</h5>
            <small class="text-muted">一天前</small>
        </div>
            <p  class="mb-1">本公司位于北京,现招一位web前段工程师,要求有2年以上工作经
```

```
验...</p>
            <p>8k-12k</p>
      </a>
</div>
</body>
```

在 IE 11 浏览器中运行结果如图 9-23 所示。

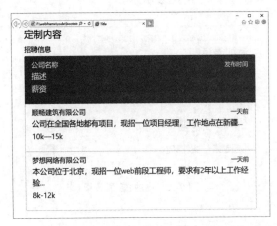

图 9-23　定制内容效果

9.3
面包屑

在通过 Bootstrap 的内置 CSS 样式，自动添加分隔符、并呈现导航层次和网页结构，从而指示当前页面的位置，为访客创造优秀用户体验。

9.3.1　定义面包屑

面包屑（Breadcrumbs）是一种基于网站层次信息的显示方式。Bootstrap 中的面包屑是一个带有 breadcrumb 类的列表，分隔符会通过 CSS 中的 ::before 和 content 来添加，代码如下：

```
.breadcrumb-item + .breadcrumb-item::before {
  display: inline-block;
  padding-right: 0.5rem;
  color: #6c757d;
  content: "/";
}
```

【例 9.21】面包屑示例。

```
<body class="container">
<h2 class="mb-3">面包屑</h2>
```

```
<nav aria-label="breadcrumb">
    <ol class="breadcrumb">
        <li class="breadcrumb-item active">首页</li>
    </ol>
</nav>
<nav aria-label="breadcrumb">
    <ol class="breadcrumb">
        <li class="breadcrumb-item"><a href="#">首页</a></li>
        <li class="breadcrumb-item active">图书馆</li>
    </ol>
</nav>
<nav aria-label="breadcrumb">
    <ol class="breadcrumb">
        <li class="breadcrumb-item"><a href="#">首页</a></li>
        <li class="breadcrumb-item"><a href="#">图书馆</a></li>
        <li class="breadcrumb-item active">工程类</li>
    </ol>
</nav>
</body>
```

在 IE 11 浏览器中运行结果如图 9-24 所示。

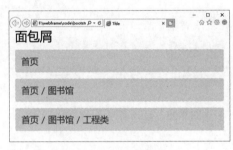

图 9-24　面包屑效果

9.3.2　设计分隔符

分隔符通过 ::before 和 CSS 中 content 自动添加，如果想设置不同的分隔符，可以在
CSS 文件中添加以下代码覆盖掉 Bootstrap 中的样式：

```
.breadcrumb-item + .breadcrumb-item::before {
  display: inline-block;
  padding-right: 0.5rem;
  color: #6c757d;
  content: ">";
}
```

通过修改其中的 content:" "; 来设计不同的分隔符，这里更改为 ">" 符号。

【例 9.22】设计面包屑分隔符示例。

```
<body class="container">
<h2 class="mb-3">设计分隔符</h2>
<nav aria-label="breadcrumb">
    <ol class="breadcrumb">
        <li class="breadcrumb-item active">首页</li>
```

```
        </ol>
    </nav>
    <nav aria-label="breadcrumb">
        <ol class="breadcrumb">
            <li class="breadcrumb-item"><a href="#">首页</a></li>
            <li class="breadcrumb-item active">图书馆</li>
        </ol>
    </nav>
    <nav aria-label="breadcrumb">
        <ol class="breadcrumb">
            <li class="breadcrumb-item"><a href="#">首页</a></li>
            <li class="breadcrumb-item"><a href="#">图书馆</a></li>
            <li class="breadcrumb-item active">工程类</li>
        </ol>
    </nav>
</body>
```

在 IE 11 浏览器中运行结果如图 9-25 所示。

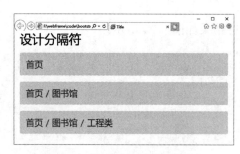

图 9-25　设计面包屑分隔符效果

9.4
分页

在网页开发过程中，如果遇到内容过多的情况，一般会使用分页处理。

9.4.1　定义分页

在 Bootstrap 4 可以很简单地实现分页效果，在 <ul> 元素上添加 pagination 类，然后在 <li> 元素上添加 page-item 类，在超链接中添加 page-link 类，即可进行简单的分页。

基本结构如下：

```
<ul class="pagination">
    <li class="page-item"><a class="page-link" href="#">Previous</a></li>
    <li class="page-item"><a class="page-link" href="#">1</a></li>
    <li class="page-item"><a class="page-link" href="#">2</a></li>
    <li class="page-item"><a class="page-link" href="#">3</a></li>
    <li class="page-item"><a class="page-link" href="#">Next</a></li>
</ul>
```

在 Bootstrap 4 中，一般情况下是使用 \<ul\> 来设计分页，也可以使用其他元素。

【例 9.23】分页示例。

```
<body class="container">
<h3 class="mb-4">定义分页</h3>
<ul class="pagination">
    <li class="page-item"><a class="page-link" href="#">首页</a></li>
    <li class="page-item"><a class="page-link" href="#">上一页</a></li>
    <li class="page-item"><a class="page-link" href="#">1</a></li>
    <li class="page-item"><a class="page-link" href="#">2</a></li>
    <li class="page-item"><a class="page-link" href="#">3</a></li>
    <li class="page-item"><a class="page-link" href="#">4</a></li>
    <li class="page-item"><a class="page-link" href="#">5</a></li>
    <li class="page-item"><a class="page-link" href="#">下一页</a></li>
    <li class="page-item"><a class="page-link" href="#">尾页</a></li>
</ul>
</body>
```

在 IE 11 浏览器中运行结果如图 9-26 所示。

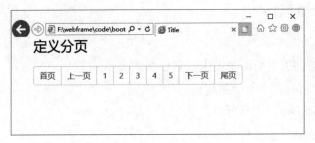

图 9-26　分页效果

9.4.2　使用图标

在分页中，可以使用图标来代替"上一页"或"下一页"。上一页使用"«"图标来代替，下一页使用"»"图标来代替。当然，还可以使用字体图标库中的图标来设计，例如 Font Awesome 图标库。

【例 9.24】使用图标示例。

```
<body class="container">
<h3 class="mb-4">使用图标</h3>
<ul class="pagination">
    <li class="page-item"><a class="page-link" href="#">首页</a></li>
    <li class="page-item">
        <a class="page-link" href="#"><span>&laquo;</span></a>
    </li>
    <li class="page-item"><a class="page-link" href="#">1</a></li>
    <li class="page-item"><a class="page-link" href="#">2</a></li>
    <li class="page-item"><a class="page-link" href="#">3</a></li>
    <li class="page-item"><a class="page-link" href="#">4</a></li>
    <li class="page-item"><a class="page-link" href="#">5</a></li>
    <li class="page-item">
```

```
        <a class="page-link" href="#"><span >&raquo;</span></a>
    </li>
    <li class="page-item"><a class="page-link" href="#">尾页</a></li>
</ul>
</body>
```

在 IE 11 浏览器中运行结果如图 9-27 所示。

图 9-27　使用图标效果

9.4.3　设计分页风格

1. 设置大小

Bootstrap 中提供了下面两个类来设置分页的大小。

（1）pagination-lg：大号分页样式。

（2）pagination-sm：小号分页样式。

【例 9.25】设置分页大小示例。

```
<body class="container">
<h3 class="mb-4">设置大小</h3>
<!--大号分页样式-->
<ul class="pagination pagination-lg">
    <li class="page-item"><a class="page-link" href="#">首页</a></li>
    <li class="page-item">
        <a class="page-link" href="#"><span>&laquo;</span></a>
    </li>
    <li class="page-item"><a class="page-link" href="#">1</a></li>
    <li class="page-item"><a class="page-link" href="#">2</a></li>
    <li class="page-item"><a class="page-link" href="#">3</a></li>
    <li class="page-item"><a class="page-link" href="#">4</a></li>
    <li class="page-item"><a class="page-link" href="#">5</a></li>
    <li class="page-item">
        <a class="page-link" href="#"><span >&raquo;</span></a>
    </li>
    <li class="page-item"><a class="page-link" href="#">尾页</a></li>
</ul>
<!--默认分页效果-->
<ul class="pagination">
    <li class="page-item"><a class="page-link" href="#">首页</a></li>
    <li class="page-item">
        <a class="page-link" href="#"><span>&laquo;</span></a>
    </li>
    <li class="page-item"><a class="page-link" href="#">1</a></li>
```

```
    <li class="page-item"><a class="page-link" href="#">2</a></li>
    <li class="page-item"><a class="page-link" href="#">3</a></li>
    <li class="page-item"><a class="page-link" href="#">4</a></li>
    <li class="page-item"><a class="page-link" href="#">5</a></li>
    <li class="page-item">
        <a class="page-link" href="#"><span >&raquo;</span></a>
    </li>
    <li class="page-item"><a class="page-link" href="#">尾页</a></li>
</ul>
<!--小号分页效果-->
<ul class="pagination pagination-sm">
    <li class="page-item"><a class="page-link" href="#">首页</a></li>
    <li class="page-item">
        <a class="page-link" href="#"><span>&laquo;</span></a>
    </li>
    <li class="page-item"><a class="page-link" href="#">1</a></li>
    <li class="page-item"><a class="page-link" href="#">2</a></li>
    <li class="page-item"><a class="page-link" href="#">3</a></li>
    <li class="page-item"><a class="page-link" href="#">4</a></li>
    <li class="page-item"><a class="page-link" href="#">5</a></li>
    <li class="page-item">
        <a class="page-link" href="#"><span >&raquo;</span></a>
    </li>
    <li class="page-item"><a class="page-link" href="#">尾页</a></li>
</ul>
</body>
```

在 IE 11 浏览器中运行结果如图 9-28 所示。

图 9-28　分页大小效果

2. 激活和禁用分页项

可以使用 active 类来高亮显示当前所在的分页项，使用 disabled 类设置禁用的分页项。

【例 9.26】激活和禁用分页项示例。

```
<body class="container">
<h3 class="mb-4">激活和禁用分页项</h3>
<ul class="pagination">
    <li class="page-item"><a class="page-link" href="#">首页</a></li>
    <li class="page-item">
        <a class="page-link" href="#"><span>&laquo;</span></a>
    </li>
    <li class="page-item"><a class="page-link" href="#">1</a></li>
    <li class="page-item active"><a class="page-link" href="#">2</a></li>
```

```
        <li class="page-item"><a class="page-link" href="#">3</a></li>
        <li class="page-item"><a class="page-link" href="#">4</a></li>
        <li class="page-item disabled"><a class="page-link" href="#">5</a></li>
        <li class="page-item">
            <a class="page-link" href="#"><span >&raquo;</span></a>
        </li>
        <li class="page-item"><a class="page-link" href="#">尾页</a></li>
</ul>
</body>
```

在 IE 11 浏览器中运行结果如图 9-29 所示。

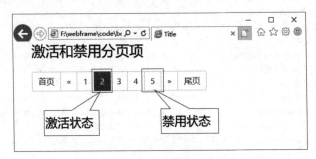

图 9-29　激活和禁用分页项效果

3. 设置对齐方式

默认状态下，分页是左对齐，可以使用 Flexbox 弹性布局通用样式，来设置分页组件的居中对齐和右对齐。justify-content-center 类设置居中对齐，justify-content-end 类设置右对齐。

【例 9.27】设置对齐方式示例。

```
<body class="container">
<h3 class="mb-4">居中对齐</h3>
<ul class="pagination mb-5 justify-content-center">
    <li class="page-item"><a class="page-link" href="#">首页</a></li>
    <li class="page-item">
        <a class="page-link" href="#"><span>&laquo;</span></a>
    </li>
    <li class="page-item"><a class="page-link" href="#">1</a></li>
    <li class="page-item active"><a class="page-link" href="#">2</a></li>
    <li class="page-item"><a class="page-link" href="#">3</a></li>
    <li class="page-item"><a class="page-link" href="#">4</a></li>
    <li class="page-item"><a class="page-link" href="#">5</a></li>
    <li class="page-item">
        <a class="page-link" href="#"><span >&raquo;</span></a>
    </li>
    <li class="page-item"><a class="page-link" href="#">尾页</a></li>
</ul>
<h3 class="mb-4">右对齐</h3>
<ul class="pagination justify-content-end">
    <li class="page-item"><a class="page-link" href="#">首页</a></li>
    <li class="page-item">
        <a class="page-link" href="#"><span>&laquo;</span></a>
    </li>
```

```
    <li class="page-item"><a class="page-link" href="#">1</a></li>
    <li class="page-item active"><a class="page-link" href="#">2</a></li>
    <li class="page-item"><a class="page-link" href="#">3</a></li>
    <li class="page-item"><a class="page-link" href="#">4</a></li>
    <li class="page-item"><a class="page-link" href="#">5</a></li>
    <li class="page-item">
        <a class="page-link" href="#"><span >&raquo;</span></a>
    </li>
    <li class="page-item"><a class="page-link" href="#">尾页</a></li>
</ul>
</body>
```

在 IE 11 浏览器中运行结果如图 9-30 所示。

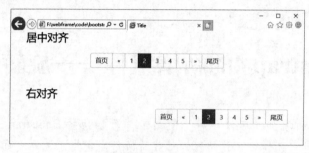

图 9-30　对齐效果

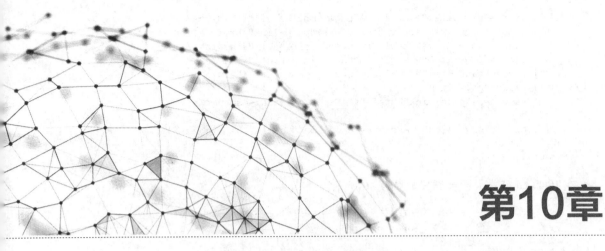

第10章

Bootstrap 4的新增组件——旋转器和卡片

Bootstrap 4 中新增加了卡片组件，使用卡片可以代替 Bootstrap 3 中的 panel、well 和 thumbnail 等组件。还新增了旋转器的加载特效，用于指示控件或页面的加载状态。

10.1
旋转器特效

基于纯 CSS 旋转特效类（.spinner-border），用于指示控件或页面的加载状态。它们只使用 HTML 和 CSS 构建，这意味着不需要任何 JavaScript 来创建它们，但是，需要一些定制的 JavaScript 来切换它们的可见性。它们的外观、对齐方式和大小可以很容易地使用 Boostrarp 的实用程序类进行定制。

10.1.1　定义旋转器

Bootstrap 4 中使用 spinner-border 类来定义旋转器。

```
<div class="spinner-border"></div>
```

图 10-1　旋转器

在 IE 11 浏览器中运行，显示效果如图 10-1 所示。

如果不喜欢旋转特效，可以切换到"渐变缩放"效果，即从小到大的缩放冒泡特效，它使用 spinner-grow 类定义。

在 IE 11 浏览器中运行，显示效果由小到大，效果如图 10-2、图 10-3 所示。

```
<div class="spinner-grow"></div>
```

图 10-2　小的状态效果　　　　　　图 10-3　大的状态效果

10.1.2　设计旋转器风格

使用 Bootstrap 通用样式类设置旋转器的风格。

1. 设置颜色

旋转特效控件和激变缩放基于 CSS 的 currentColor，属性继承 border-color，可以在标准旋转器上使用文本颜色类定义颜色。

【例 10.1】设置颜色示例。

```
<body class="container">
<h3 class="mb-4">旋转器颜色</h3>
<div class="spinner-border text-primary"></div>
<div class="spinner-border text-secondary"></div>
<div class="spinner-border text-success"></div>
<div class="spinner-border text-danger"></div>
<div class="spinner-border text-warning"></div>
<div class="spinner-border text-info"></div>
<div class="spinner-border text-light"></div>
<div class="spinner-border text-dark"></div>
<h3 class="my-4">渐变缩放颜色</h3>
<div class="spinner-grow text-primary"></div>
<div class="spinner-grow text-secondary"></div>
<div class="spinner-grow text-success"></div>
<div class="spinner-grow text-danger"></div>
<div class="spinner-grow text-warning"></div>
<div class="spinner-grow text-info"></div>
<div class="spinner-grow text-light"></div>
<div class="spinner-grow text-dark"></div>
</body>
```

在 IE 11 浏览器中运行结果如图 10-4 所示。

图 10-4　不同颜色效果

提示

可以使用 Bootstrap 的外边距类设置它的边距。下面设置为 .m-5：

```
<div class="spinner-border m-5"></div>
```

2. 设置旋转器大小

可以添加 .spinner-border-sm 和 .spinner-grow-sm 类来制作一个更小的旋转器。或者，根据需要自定义 CSS 样式来更改旋转器的大小。

【例 10.2】设置旋转器大小示例。

```
<body class="container">
<h3 class="mb-4">设置旋转器的大小</h3>
<div class="spinner-border spinner-border-sm"></div>
<div class="spinner-grow spinner-grow-sm  ml-5"></div><hr/>
<h2 class="mb-3">自定义旋转器的大小</h2>
<div class="spinner-border" style="width: 3rem; height: 3rem;"></div>
<div class="spinner-grow ml-5" style="width: 3rem; height: 3rem;"></div>
</body>
```

在 IE 11 浏览器中运行结果如图 10-5 所示。

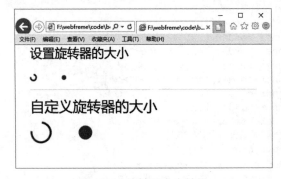

图 10-5　旋转器大小效果

10.1.3　对齐旋转器

使用 Flexbox 实用程序、Float 实用程序或文本对齐实用程序，可以将旋转器精确地放置在需要的位置上。

1. 使用 Flex 实用程序

下面使用 Flexbox 来设置水平对齐方式。

【例 10.3】Flexbox 设置水平对齐示例。

```
<body class="container">
<h3 class="mb-4">居中对齐</h3>
<div class="d-flex justify-content-center">
    <div class="spinner-border"></div>
</div><hr>
<h3 class="my-4">右对齐</h3>
```

```
<div class="d-flex align-items-center">
    <div class="spinner-border ml-auto"></div>
</div>
</body>
```

在 IE 11 浏览器中运行结果如图 10-6 所示。

图 10-6　Flexbox 设置水平对齐效果

2. 使用浮动

使用 .float-right 类设置右对齐，并在父元素中清除浮动，以免在成页面布局混乱。

【例 10.4】使用浮动设置右对齐示例。

```
<body class="container">
<h3 class="mb-4">右对齐</h3>
<div class="clearfix">
    <div class="spinner-border float-right"></div>
</div>
</body>
```

在 IE 11 浏览器中运行结果如图 10-7 所示。

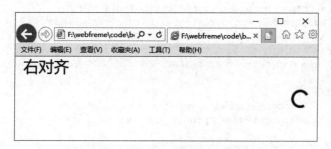

图 10-7　使用浮动设置右对齐效果

3. 使用文本类

使用 text-center、text-right 文本对齐类可以设置旋转器的位置。

【例 10.5】使用文本类示例。

```
<body class="container">
```

```
<h3 class="mb-4">居中对齐</h3>
<div class="text-center">
    <div class="spinner-border"></div>
</div><hr/>
<h3 class="mb-4">居右对齐</h3>
<div class="text-right">
    <div class="spinner-border"></div>
</div>
</body>
```

在 IE 11 浏览器中运行结果如图 10-8 所示。

图 10-8　使用文本类对齐效果

10.1.4　按钮旋转器

在按钮中使用旋转器指示当前正在处理或正在进行的操作，还可以从 spinner 元素中交换文本，并根据需要使用按钮文本。

【例 10.6】按钮旋转器示例。

```
<body class="container">
<h3 class="mb-4">按钮旋转器</h3>
<button class="btn btn-danger" type="button" disabled>
    <span class="spinner-border spinner-border-sm"></span>
</button>
<button class="btn btn-danger" type="button" disabled>
    <span class="spinner-border spinner-border-sm"></span>
    Loading...
</button><hr/>
<button class="btn btn-success" type="button" disabled>
    <span class="spinner-grow spinner-grow-sm"></span>
</button>
<button class="btn btn-success" type="button" disabled>
    <span class="spinner-grow spinner-grow-sm"></span>
    Loading...
</button>
</body>
```

在 IE 11 浏览器中运行结果如图 10-9 所示。

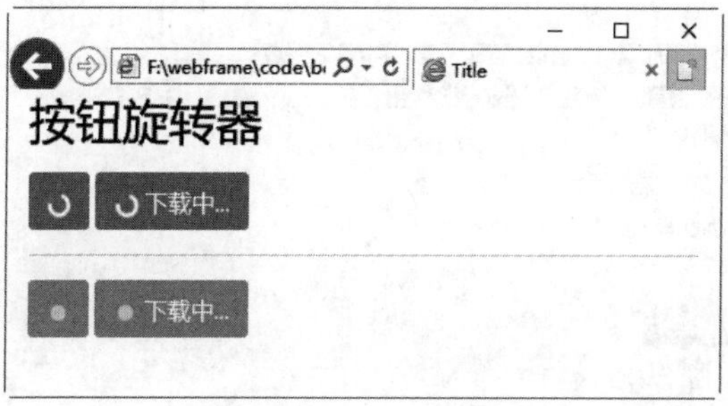

图 10-9　按钮旋转器效果

10.2
卡片

卡片（card）组件是 Bootstrap 4 新增的一组重要样式，它是一个灵活的、可扩展的内容器，包含了可选的卡片头和卡片脚、一个大范围的内容、上下文背景色以及强大的显示选项。

如果对 Bootstrap 3 很熟悉的读者，应该知道 Bootstrap 3 的 panel、well 和 thumbnail 组件，这些组件被卡片代替了，它们类似的功能可以通过卡片的修饰类来实现。

10.2.1　定义卡片

卡片是用尽可能少的标记和样式构建的，样式、标记和扩展属性不是很多，但仍然能够提供大量的控制和定制。使用 Flexbox 构建，它们提供了简单的对齐，并与其他 Bootstrap 组件很好地混合。

下面是一个包含混合内容和固定宽度的基本卡片的示例。卡片没有固定的开始宽度，因此它们自然会填充其父元素的全部宽度，可以容易地通过使用程序进行定制。

【例 10.7】基本卡片示例。

```
<body class="container">
<h3 class="mb-4">卡片</h3>
<div class="card" style="width: 30rem;">
    <div class="card-body">
        <h5 class="card-title">卡片标题</h5>
        <p class="card-text">内容</p>
        <a href="#" class="btn btn-primary">链接按钮</a>
    </div>
</div>
</body>
```

在 IE 11 浏览器中运行结果如图 10-10 所示。

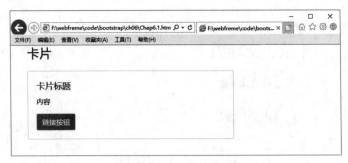

图 10-10　基本卡片效果

10.2.2　卡片的内容类型

卡片支持多种多样的内容，包括图片、文本、列组、链接等，可以混合并匹配多种内容类型来创建想要的卡片。

1. 主体

引用 .card-body 样式，可以建立卡片的内容主体，可以使用它创建带边框的内容。

【例 10.8】卡片主体示例。

```
<body class="container">
<h3 class="mb-4">卡片的主体</h3>
<div class="card">
    <div class="card-body">
        这是卡片主体中的一些文本。
    </div>
</div>
</body>
```

在 IE 11 浏览器中运行结果如图 10-11 所示。

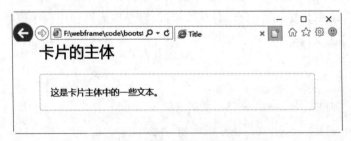

图 10-11　卡片主体效果

2. 标题、文本和链接

通过 .card-title 和 <h*> 组合，可以添加卡片标题。将 .card-link 与 <a> 结合使用，可以方便添加平行的链接。通过 .card-subtitle 和 <h*> 结合，可以添加副标题，如果 .card-title

和 .card-subtitle 组合放在 .card-body 中，则可对齐主、副标题。

【例 10.9】标题、文本和链接示例。

```
<body class="container">
<h3 class="mb-4">卡片的标题、文本和链接</h3>
<div class="card" style="width: 18rem;">
    <div class="card-body">
        <h5 class="card-title">卡片的标题</h5>
        <h6 class="card-subtitle mb-2 text-muted">卡片的副标题</h6>
        <p class="card-text">卡片包含标题、副本标题、链接和文本内容。</p>
        <a href="#" class="card-link">卡片的链接1</a>
        <a href="#" class="card-link">卡片的链接2</a>
    </div>
</div>
</body>
```

在 IE 11 浏览器中运行结果如图 10-12 所示。

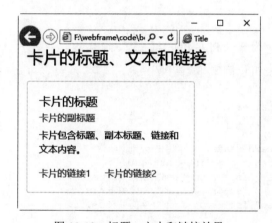

图 10-12　标题、文本和链接效果

3. 图像

.card-img-top 在卡片的顶部定义了一张图片，.card-text 定义文字在卡片中，当然也可以在 .card-text 中设计自己的个性化 HTML 标签样式。

【例 10.10】图像示例。

```
<body class="container">
<h3 class="mb-4">卡片中的图像</h3>
<div class="card float-left" style="width: 25rem;">
    <img src="image/009.png" class="card-img-top" alt="">
    <div class="card-body">
        <p class="card-text">跳交际舞的青少年人物</p>
    </div>
</div>
</body>
```

在 IE 11 浏览器中运行结果如图 10-13 所示。

图 10-13　图像效果

4. 列表组

下面建立一个包含内容的列表组卡片。

【例 10.11】列表组示例。

```
<body class="container">
<h3 class="mb-4">列表组</h3>
<div class="card">
    <div class="card-header">新闻类别</div>
    <ul class="list-group list-group-flush">
        <li class="list-group-item">新闻列表一</li>
        <li class="list-group-item">新闻列表二</li>
        <li class="list-group-item">新闻列表三</li>
    </ul>
</div>
</body>
```

在 IE 11 浏览器中运行结果如图 10-14 所示。

图 10-14　列表组效果

5. 页眉和页脚

在卡内使用 .card-header 类创建卡片的页眉，使用 .card-footer 类创建卡片的页脚。

【例 10.12】页眉和页脚示例。

```
<body class="container">
<h3 class="mb-4">页眉和页脚</h3>
<div class="card text-center">
    <div class="card-header">诗歌欣赏</div>
    <div class="card-body">
        <h5 class="card-title">菩萨蛮·人人尽说江南好</h5>
        <p class="card-text">人人尽说江南好,游人只合江南老。春水碧于天,画船听雨眠。
            垆边人似月,皓腕凝霜雪。未老莫还乡,还乡须断肠。
        </p>
        <a href="#" class="btn btn-primary">诗歌分析</a>
    </div>
    <div class="card-footer">作者:韦庄</div>
</div>
</body>
```

在 IE 11 浏览器中运行结果如图 10-15 所示。

图 10-15　页眉和页脚效果

10.2.3　控制卡片的宽度

卡片默认宽度是父元素的 100%,可以根据需要使用网格类、自定义 CSS 样式、宽度实用程序类来设置宽度。

1. 使用网格控制

使用网格,根据需要将卡片包装在列和行中。

【例 10.13】使用网格控制示例。

```
<body class="container">
    <h2>使用网格布局控制卡片的宽度</h2>
    <div class="row">
        <div class="col-sm-6">
            <div class="card">
                <div class="card-header">头部</div>
                <div class="card-body">主体</div>
                <div class="card-footer">底部</div>
            </div>
        </div>
        <div class="col-sm-6">
            <div class="card">
                <div class="card-header">头部</div>
```

```
                        <div class="card-body">主体</div>
                        <div class="card-footer">底部</div>
                </div>
            </div>
        </div>
</body>
```

在 IE 11 浏览器中运行结果如图 10-16 所示。

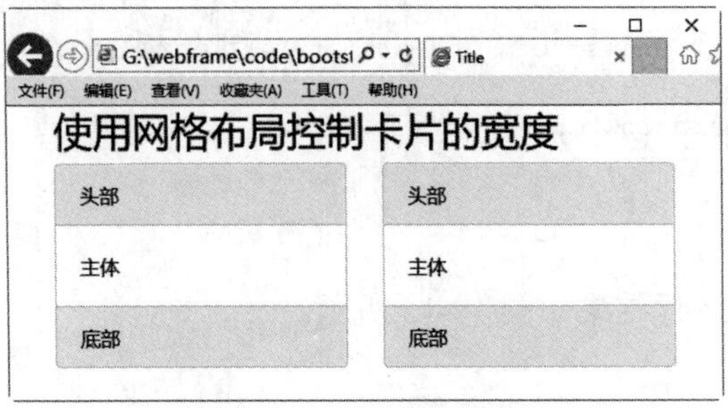

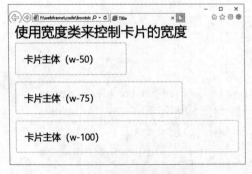

图 10-16　使用网格控制效果

2. 使用宽度类控制

可以使用 Bootstrap 宽度使用程序类（w-*）设置卡片的宽度。下面分别使用 w-50、w-75、w-100 类设置卡片的宽度。

【例 10.14】使用宽度类控制示例。

```
<body class="container">
    <h2>使用宽度类来控制卡片的宽度</h2>
    <div class="card w-50 mb-3">
        <div class="card-body">卡片主体（w-50）</div>
    </div>
    <div class="card w-75 mb-3">
        <div class="card-body">卡片主体（w-75）</div>
    </div>
    <div class="card w-100">
        <div class="card-body">卡片主体（w-100）</div>
    </div>
</body>
```

在 IE 11 浏览器中运行结果如图 10-17 所示。

图 10-17　使用宽度类控制效果

3. 使用 CSS 样式控制

使用样式表中的自定义 CSS 样式设置卡片的宽度。下面分别设置宽度为 15rem、30rem 和 45rem。

【例 10.15】使用 CSS 样式控制示例。

```
<body class="container">
    <h2>使用CSS样式来控制卡片的宽度</h2>
    <div class="card mb-3" style="width: 15rem">
        <div class="card-body">卡片主体（15rem）</div>
    </div>
    <div class="card mb-3" style="width: 30rem">
        <div class="card-body">卡片主体（30rem）</div>
    </div>
    <div class="card" style="width: 45rem">
        <div class="card-body">卡片主体（45rem）</div>
    </div>
</body>
```

在 IE 11 浏览器中运行结果如图 10-18 所示。

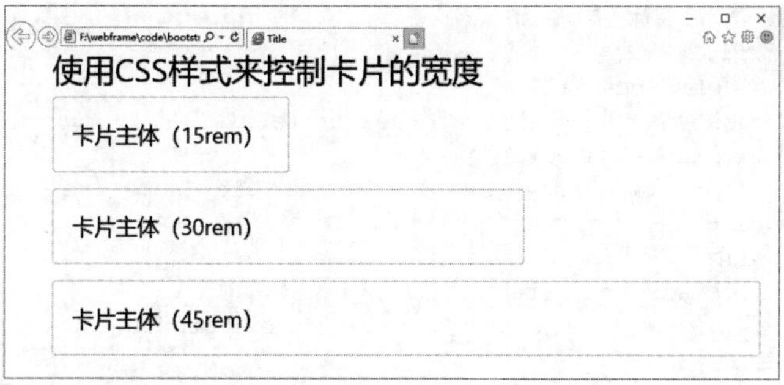

图 10-18　使用 CSS 样式控制效果

10.2.4　文本对齐方式

可以使用 Bootstrap 中的文本对齐类（text-center、text-left、text-right）设置卡片中内容的对齐方式 (包括其全部或特定部分)。

【例 10.16】文本对齐方式示例。

```
<body class="container">
<h2 class="mb-4">文本的对齐方式</h2>
<h4>居中对齐</h4>
<div class="card text-center">
    <div class="card-header">页眉</div>
    <div class="card-body">卡片的主体</div>
    <div class="card-footer">页脚</div>
</div>
</body>
```

在 IE 11 浏览器中运行结果如图 10-19 所示。

图 10-19　文本对齐效果

10.2.5　添加导航

使用 Bootstrap 导航组件将导航元件添加到卡片的标题或块中。

【例 10.17】添加导航示例。

```
<body class="container">
<h3 class="mb-4">添加标签导航</h3>
<div class="card ">
    <div class="card-header">
        <ul class="nav nav-tabs card-header-tabs">
            <li class="nav-item">
                    <a class="nav-link active" id="home-tab" data-toggle="tab"
href="#nav1">电影</a>
                </li>
            <li class="nav-item">
                        <a class="nav-link" id="profile-tab" data-toggle="tab"
href="#nav2">电视剧</a>
                </li>
            <li class="nav-item">
                        <a class="nav-link" id="contact-tab" data-toggle="tab"
href="#nav3">动漫</a>
                </li>
        </ul>
    </div>
    <div class="card-body tab-content">
        <div class="tab-pane fade show active" id="nav1">
            <div class="card-body">
                <h5 class="card-title">电影</h5>
                <p class="card-text"><input type="text" class="form-control"></p>
                <a href="#" class="btn btn-primary">搜索</a>
            </div>
        </div>
        <div class="tab-pane fade" id="nav2">
            <div class="card-body">
                <h5 class="card-title">电视剧</h5>
                <p class="card-text"><input type="text" class="form-control"></p>
                <a href="#" class="btn btn-primary">搜索</a>
            </div>
        </div>
        <div class="tab-pane fade" id="nav3">
            <div class="card-body">
                <h5 class="card-title">动漫</h5>
                <p class="card-text"><input type="text" class="form-control"></p>
```

```
                <a href="#" class="btn btn-primary">搜索</a>
            </div>
        </div>
    </div>
</div>
</body>
```

在 IE 11 浏览器中运行结果如图 10-20 所示。

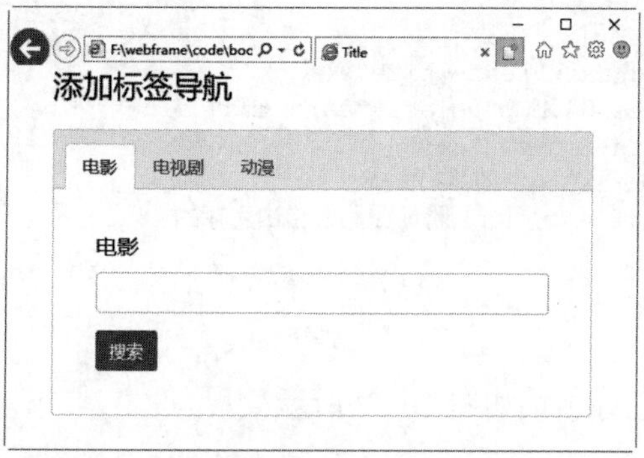

图 10-20　添加导航效果

还可以使用胶囊导航，只需要把上例中头部的导航换成胶囊导航即可。

```
<div class="card-header">
      <ul class="nav nav-pills card-header-pills">
          <li class="nav-item">
              <a class="nav-link active" data-toggle="pill" href="#nav1">电影
</a>
          </li>
          <li class="nav-item">
              <a class="nav-link" data-toggle="pill" href="#nav2">电视剧</a>
          </li>
          <li class="nav-item">
              <a class="nav-link" data-toggle="pill" href="#nav3">动漫</a>
          </li>
      </ul>
</div>
```

在 IE 11 浏览器中运行结果如图 10-21 所示。

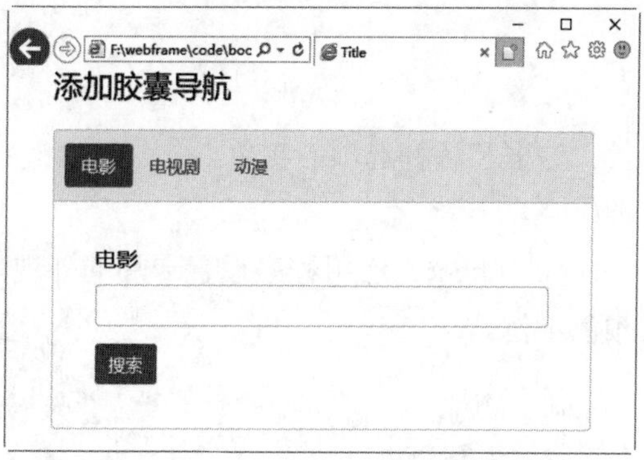

图 10-21　胶囊导航效果

10.2.6　图像背景

将图像转换为卡片背景，在图片中添加 card-img，设置包含 .card-img-overlay 类容器，用于输入文本内容。

【例 10.18】图像背景示例。

```
<body class="container">
<h3 class="mb-4">图像背景</h3>
<div class="card bg-dark text-white">
    <img src="images/04.bmp" class="card-img" alt="">
    <div class="card-img-overlay">
    <h5 class="card-title">雄鹰</h5>
    <p class="card-text">想当雄鹰,不是为了自由飞翔的快乐,而是为了那份搏击蓝天的勇气。</p>
    </div>
</div>
</body>
```

在 IE 11 浏览器中运行结果如图 10-22 所示。

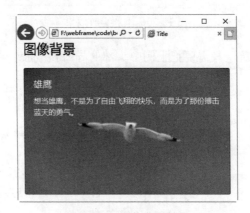

图 10-22　图像背景效果

注意

内容不应大于图像的高度。如果内容大于图像，则内容将显示在图像之外。

10.2.7　卡片风格

卡片可以自定义背景、边框和各种选项的颜色。

1. 背景颜色

使用文本（text-*）和背景（bg-*）实用程序设置卡片的外观。

【例 10.19】背景颜色示例。

```
<body class="container">
<h3 class="mb-4">卡片的背景颜色</h3>
<div class="card text-white bg-primary mb-3">
```

```
        <div class="card-header">主卡标头</div>
    </div>
    <div class="card text-white bg-secondary mb-3">
        <div class="card-header">副卡标头</div>
    </div>
    <div class="card text-white bg-success mb-3">
        <div class="card-header">成功卡标头</div>
    </div>
    <div class="card text-white bg-danger mb-3">
        <div class="card-header">危险卡标头</div>
    </div>
    <div class="card text-white bg-warning mb-3">
        <div class="card-header">警告卡标头</div>
    </div>
    <div class="card text-white bg-info mb-3">
        <div class="card-header">信息卡标头</div>
    </div>
    <div class="card text-dark bg-light mb-3">
        <div class="card-header">光卡标头</div>
    </div>
    <div class="card text-white bg-dark mb-3">
        <div class="card-header">暗卡标头</div>
    </div>
</body>
```

在 IE 11 浏览器中运行结果如图 10-23 所示。

图 10-23　背景颜色效果

2. 卡片的边框颜色

使用边框（border-*）实用程序可以设置卡片的边框颜色。

【例 10.20】边框颜色示例。

```
<body class="container">
<h3 class="mb-4">卡片的边框颜色</h3>
<div class="card border-primary mb-3">
```

209

```
        <div class="card-header text-primary">Header</div>
    </div>
    <div class="card border-secondary mb-3">
        <div class="card-header text-secondary">Header</div>
    </div>
    <div class="card border-success mb-3">
        <div class="card-header text-success">Header</div>
    </div>
    <div class="card border-danger mb-3">
        <div class="card-header text-danger">Header</div>
    </div>
    <div class="card border-warning mb-3">
        <div class="card-header text-warning">Header</div>
    </div>
    <div class="card border-info mb-3">
        <div class="card-header text-info">Header</div>
    </div>
    <div class="card border-light mb-3">
        <div class="card-header text-dark">Header</div>
    </div>
    <div class="card border-dark mb-3">
        <div class="card-header text-dark">Header</div>
    </div>
</body>
```

在 IE 11 浏览器中运行结果如图 10-24 所示。

图 10-24　边框颜色效果

3. 设计样式

还可以根据需要更改卡片页眉和页脚上的边框，甚至可以使用 .bg-transparent 类删除它们的背景颜色。

【例 10.21】设计样式示例。

```
<body class="container">
<h3 class="mb-4">设计样式</h3>
<div class="card border-success mb-3" style="max-width: 25rem;">
    <div class="card-header bg-transparent border-success text-center">作文
</div>
    <div class="card-body text-success">
        <h5 class="card-title">雄鹰</h5>
        <p class="card-text">对于雄鹰而言,天上的风再大,也只是锻炼翅膀的机会而已。</p>
    </div>
    <div class="card-footer bg-transparent border-success text-center">小明
</div>
</div>
</body>
```

在 IE 11 浏览器中运行结果如图 10-25 所示。

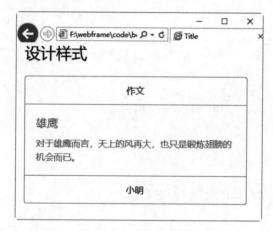

图 10-25　设计样式效果

10.2.8　卡片排版

Bootstrap 除了对卡片内的内容可以进行设计排版外，还包括一系列布置选项，例如卡片组、卡片阵列和多列卡片浮动排版。目前这些布置选项还不支持响应式。

1.卡片组

使用卡片组类（.card-group）将多个卡片结为一个群组，使用 display: flex; 来实现统一的布局，使它们具有相同的宽度和高度列。

【例 10.22】卡片组示例。

```
<body class="container">
<h3 class="mb-4">卡片组</h3>
<div class="card-group">
    <div class="card">
        <img src="images/04.bmp" class="card-img-top" alt="">
        <div class="card-body">
            <h5 class="card-title">雄鹰</h5>
             <p class="card-text">天空雄鹰,没人鼓掌,也在飞翔;深山野花,没人欣赏,也在芬
芳。</p>
        </div>
```

211

```
        <div class="card-footer">
            <small>卡片组中页脚会自动对齐</small>
        </div>
    </div>
    <div class="card">
        <img src="images/04.bmp" class="card-img-top" alt="">
        <div class="card-body">
            <h5 class="card-title">雄鹰</h5>
            <p class="card-text">如果你想像雄鹰一样翱翔天空,那你就要和群鹰一起飞翔,而
不要与燕为伍。</p>
        </div>
        <div class="card-footer">
            <small>卡片组中页脚会自动对齐</small>
        </div>
    </div>
    <div class="card">
        <img src="images/04.bmp" class="card-img-top" alt="">
        <div class="card-body">
            <h5 class="card-title">雄鹰</h5>
            <p class="card-text">要想在知识的天空中摘星撷月,探索宝藏,就要像雄鹰那样顽
强,搏击风云、振翅翱翔!</p>
        </div>
        <div class="card-footer">
            <small>卡片组中页脚会自动对齐</small>
        </div>
    </div>
</div>
</body>
```

在 IE 11 浏览器中运行结果如图 10-26 所示。

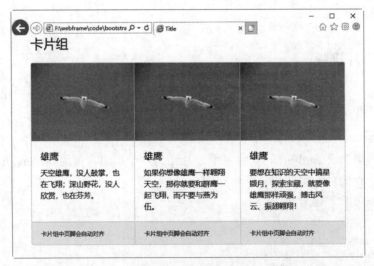

图 10-26　卡片组效果

提示

当使用带有页脚的卡片组时，它们的内容将自动对齐。

2. 卡片阵列

如果需要一套相互不相连,但宽度和高度相同的卡片,可以使用卡片阵列(.card-deck)来实现。

【例 10.23】卡片阵列示例。

```
<body class="container">
<h3 class="mb-4">卡片甲板</h3>
<div class="card-deck">
    <div class="card">
        <img src="images/04.bmp" class="card-img-top" alt="">
        <div class="card-body">
            <h5 class="card-title">雄鹰</h5>
            <p class="card-text">天空雄鹰,没人鼓掌,也在飞翔;深山野花,没人欣赏,也在芬
芳。</p>
        </div>
        <div class="card-footer">
            <small>卡片甲板中页脚会自动对齐</small>
        </div>
    </div>
    <div class="card">
        <img src="images/04.bmp" class="card-img-top" alt="">
        <div class="card-body">
            <h5 class="card-title">雄鹰</h5>
            <p class="card-text">如果你想像雄鹰一样翱翔天空,那你就要和群鹰一起飞翔,而
不要与燕为伍。</p>
        </div>
        <div class="card-footer">
            <small>卡片甲板中页脚会自动对齐</small>
        </div>
    </div>
    <div class="card">
        <img src="images/04.bmp" class="card-img-top" alt="">
        <div class="card-body">
            <h5 class="card-title">雄鹰</h5>
            <p class="card-text">要想在知识的天空中摘星撷月,探索宝藏,就要像雄鹰那样顽
强,搏击风云、振翅翱翔!</p>
        </div>
        <div class="card-footer">
            <small>卡片甲板中页脚会自动对齐</small>
        </div>
    </div>
</div>
</body>
```

在 IE 11 浏览器中运行结果如图 10-27 所示。

3. 多列卡片浮动排版

将卡片包在 .card-columns 类中,可以将卡片设计成瀑布流的布局。卡片是使用 column 属性,而不是基于 Flexbox 弹性布局,从而实现更方便实用的浮动对齐,顺序是从上到下、从左到右。

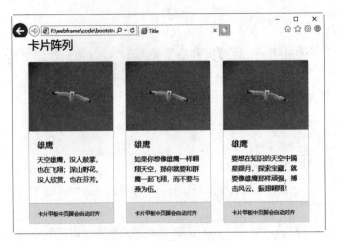

图 10-27　卡片阵列效果

【例 10.24】多列卡片浮动排版示例。

```
<body class="container">
<h2 class="mb-4">卡片列</h2>
<div class="card-columns">
    <div class="card bg-primary p-3">
        <img src="images/001.jpg" class="card-img-top" alt="">
    </div>
    <div class="card bg-dark p-3">
        <img src="images/002.jpg" class="card-img-top" alt="">
    </div>
    <div class="card bg-info p-3">
        <img src="images/003.jpg" class="card-img-top" alt="">
    </div>
    <div class="card bg-light p-3">
        <img src="images/004.jpg" class="card-img-top" alt="">
    </div>
    <div class="card bg-success p-3">
        <img src="images/005.jpg" class="card-img-top" alt="">
    </div>
    <div class="card bg-danger p-3">
        <img src="images/02.png" class="card-img-top" alt="">
    </div>
    <div class="card bg-secondary p-3">
        <img src="images/03.png" class="card-img-top" alt="">
    </div>
    <div class="card bg-warning p-3">
        <img src="images/01.png" class="card-img-top" alt="">
    </div>
</div>
</body>
```

在 IE 11 浏览器中运行结果如图 10-28 所示。

图 10-28　多列卡片浮动排版效果

10.3
案例实训 1——仿云巴网站

本案例是仿云巴网的页面效果。本案例使用 Bootstrap 网格系统进行布局，主要内容部分采用卡片组件进行设计，最后为卡片添加阴影效果。页面最终效果如图 10-29 所示，为卡片添加了伪类（hover），当鼠标悬浮其上时，触发阴影效果，效果如图 10-30 所示。

图 10-29　页面最终效果

图 10-30　触发阴影效果

下面来看具体的实现步骤。

第 1 步：设计标题和文本。使用 h2 标签设计标题，使用 p 标签添加文本。使用 <div class="line"> 设置一条横线。

```
<div class="container">
    <h2 class="color1 text-center">云巴示例和案例</h2>
    <div class="line"></div>
    <p class="text-center my-2 size">我们为移动应用以及智能设备开发提供后端云服务,助
你打造最佳实时应用</p>
</div>
```

自定义样式代码：

```
.color1{
    color:#00adee;                    /*设置字体颜色*/
}
.size{
    font-size:20px;                   /*设置字体大小*/
}
.line{
    border-bottom: 2px solid #00adee;  /*设置底边框*/
    width: 100px;                      /*设置宽度*/
    margin: auto;                      /*设置外边距自动*/
}
```

第 2 步：设计展示区布局。展示区使用 Bootstrap 网格系统布局，设计 1 行 6 列，每列占 4 份，所以呈两行排列。

```
<div class="row">
    <div class="col-md-4"></div>
```

```
        <div class="col-md-4"></div>
        <div class="col-md-4"></div>
        <div class="col-md-4"></div>
        <div class="col-md-4"></div>
    </div>
```

第 3 步：在网格系统中添加卡片组件，设计内容。内容主要包括卡片标题、图片和介绍内容，具体代码如下：

```
<div class="row">
        <div class="col-md-4">
            <div class="card mb-4 text-center">
                <div class="card-header"><h4>视频直播互动</h4></div>
                <div class="card-body">
                    <img src="images/case-live-video.png" alt="">
                        <p class="card-text">借助云巴的第三方直播互动技术,直播平台可快速
实现弹幕、打赏、点赞、点爱心等直播互动功能。</p>
                </div>
            </div>
        </div>
        <div class="col-md-4">
            <div class="card mb-4 text-center" >
                <div class="card-header color2"><h4>掌阅iReader</h4></div>
                <div class="card-body">
                    <img src="images/case-ireader.png" alt="">
                        <p class="card-text">用户量大对于公司来说是一件好事,然而,巨大的
用户量也给 iReader 后端处理带来了麻烦。</p>
                </div>
            </div>
        </div>
        <div class="col-md-4">
            <div class="card mb-4 text-center">
                <div class="card-header"><h4>即时通信</h4></div>
                <div class="card-body">
                    <img src="images/icon.png" alt="">
                        <p class="card-text">随着移动互联网的发展,社交需求场景不再局限于
QQ、微信等个人聊天工具。</p>
                </div>
            </div>
        </div>
        <div class="col-md-4">
            <div class="card mb-4  text-center">
                <div class="card-header"><h4>共享单车</h4></div>
                <div class="card-body">
                    <img src="images/icon(1).png" alt="">
                        <p class="card-text">使用云巴SDK的云巴共享单车锁,采用GPS 定位,
用户可以通过蓝牙 + GPRS扫码开锁。</p>
                </div>
            </div>
        </div>
        <div class="col-md-4">
            <div class="card mb-4 text-center">
                <div class="card-header color2"><h4>智能门锁</h4></div>
                <div class="card-body">
                    <img src="images/doorlock.png" alt="">
                    <p class="card-text">云巴智能蓝牙门锁一站式解决方案</p>
                </div>
```

```
                </div>
            </div>
            <div class="col-md-4">
                <div class="card mb-4 text-center">
                    <div class="card-header"><h4>智能车位锁</h4></div>
                    <div class="card-body">
                        <img src="images/case-parking-lock.png" alt="">
                        <p class="card-text">云巴共享车位方案包含智能车位锁,APP开发,电子
控制系统,提供一站式解决方案。</p>
                    </div>
                </div>
            </div>
        </div>
```

自定义样式代码：

```
.card-header{
        background:#00ceef;                     /*设置背景颜色*/
        color:white;                            /*设置字体颜色*/
}
.color2{
        background: #e4e4e4;                     /*设置背景颜色*/
        color: #13082b;                         /*设置字体颜色*/
}
.card-body img{
        margin-bottom: 30px;                    /*设置底外边距*/
}
.card-body p{
        font-size: 18px;                        /*设置字体大小*/
}
.row h4{
        font-weight: 900;                       /*设置字体加粗*/
}
.card{
        min-height: 400px;                      /*设置最小高度*/
}
```

第 4 步：使用伪类（hover）为卡片添加阴影效果，CSS 样式代码如下：

```
.card{
    transition:text-shadow 3s linear;           /*设置过渡动画*/
}
.card:hover{
    box-shadow: 3px 3px 20px 0 #a4b9b4,-3px -3px 20px 0 #a4b9b4;      /*设置阴影*/
}
```

10.4
案例实训 2——动态进度条及百分比数字显示

　　在网页设计中，一个精彩的进度条将会为网站增添不少的色彩，一个好的网页设计
往往体现在一些小的细节上面，细节决定成功与否。

　　本案例使用 Bootstrap 4 新增的旋转器组件设计加载效果，利用 CSS 3 制作动态进度

条以及附加的 jQuery 百分比数字显示，并且进度条上面的百分比数字显示会跟着进度条移动而移动。

在 IE 11 浏览器中运行效果如图 10-31 所示，随着时间的增加，进度条也在不断地增长。

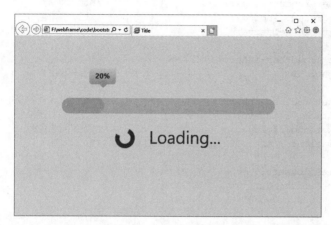

图 10-31　精彩的进度条

下面来看具体的实现步骤。

第 1 步：设计进度条的 HTML 结构。结构包括外边框 <div class="wrapper">、进度槽 <div class= "load-bar" >、进度条 <div class= "load-bar-inner" >、百分比数字显示 <span id="counter"></span> 和进度条下的旋转器组件。结构代码如下：

```
<div class="wrapper">
    <div class="load-bar">
        <div class="load-bar-inner">
            <span id="counter"></span>
        </div>
    </div>
    <h1 class="text-center"><span class="spinner-border mr-4">  </span>Loading...</h1>
</div>
```

第 2 步：设计进度条。

```
<div class="wrapper">
    <div class="load-bar">
        <div class="load-bar-inner"></div>
    </div>
</div>
```

进度条样式设计很简单，最主要的是使用了 CSS3 的动画（Animation）效果，让进度条从 0 到 100%，时间为 10 秒，无限循环。

```
body {
        background: #efeeea;                    /*定义背景色*/
        color: #757575;                        /*定义字体颜色*/
    }
    .wrapper {
```

```
        width: 350px;                           /*定义宽度*/
        margin: 200px auto;                     /*定义外边距*/
    }
    .wrapper .load-bar {
        width: 100%;                            /*定义宽度*/
        height: 25px;                           /*定义高度*/
        border-radius: 30px;                    /*定义圆角*/
        background: #dcdbd7;                    /*定义背景色*/
        position: relative;                     /*定义相对定位*/
    }
    .wrapper .load-bar-inner {
        height: 99%;                            /*定义高度*/
        width: 0%;                              /*定义宽度*/
        border-radius: inherit;                 /*继承父元素的圆角*/
        position: relative;                     /*定义相对定位*/
        background: #c2d7ac;                    /*定义背景色*/
        animation: loader 10s linear infinite;  /*定义动画*/
    }
    @keyframes loader {
        from {width: 0%;}
        to {width: 100%;}
    }
```

运行效果如图 10-32 所示。

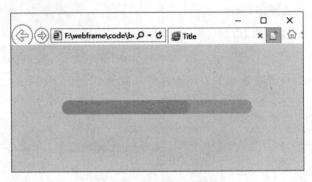

图 10-32　进度条的样式

第 3 步：设计百分比数字显示 <span id="counter"></span>。百分比数字显示包括两部分：数字显示区和下方的小三角是指示器。小三角指示器使用 :after 伪类进行设计。也为指示器添加了 10 秒的动画，与进度条同步。

设计样式：

```
.wrapper #counter {
        position: absolute;                                /*定义绝对定位*/
        background: #eeeff3;                               /*定义背景色*/
        background: linear-gradient(#eeeff3, #cbcbd3);     /*定义渐变色*/
        padding: 5px 10px;                                 /*定义内边距*/
        border-radius: 0.4em;                              /*定义圆角边框*/
        left: -25px;                                       /*距离左侧-25px*/
        top: -50px;                                        /*距离顶部-50px*/
        font-size: 12px;                                   /*定义字体大小*/
        font-weight: bold;                                 /*定义字体加粗*/
        width: 44px;                                       /*定义宽度*/
        animation: counter 10s linear infinite;            /*定义动画*/
```

```css
    }
    .wrapper #counter:after {
        content: "";                                    /*插入内容*/
        position: absolute;                             /*定义绝对定位*/
        width: 10px;                                    /*定义宽度*/
        height: 10px;                                   /*定义高度*/
        background: #cbcbd3;                            /*定义背景色*/
        transform: rotate(45deg);                       /*定义旋转*/
        left: 50%;                                      /*距离左侧50%*/
        margin-left: -4px;                              /*左侧外边距-4px*/
        bottom: -4px;                                   /*距离底边-4px*/
        border-radius: 0 0 3px 0;                       /*定义圆角边框*/
    }
    @keyframes counter {
        from {left:-25px;}
        to {left: 323px;}
    }
    .wrapper .load-bar:hover .load-bar-inner, .wrapper .load-bar:hover
#counter {
        animation-play-state: paused;                   /*停止动画*/
    }
```

提示

after 和 before 就相当于在这个容器前后增加一个元素，单从页面效果来讲，和手动地增加一个 div 区别不是很大，可以对这个伪类设置样式达到绘图的效果，这比用块级元素方便得多。

为指示器设计动态显示数据，JavaScript 代码如下，详细的介绍请参考代码注释。

```javascript
<script>
    $(function(){
        //定义定时器,0.1秒调用一次increment()方法
        var interval = setInterval(increment,100);
        var current = 0;
        // 定义increment()方法
        function increment(){
            // 定时器没调用一次,自增1
            current++;
            //设置指示器的内容
            $('#counter').html(current+'%');
            //当current变量值为100时重置,current = 0
            if(current == 100) { current = 0;}
        }
        //当鼠标悬浮在load-bar上时,清除定时器。
        $('.load-bar').mouseover(function(){
            clearInterval(interval);
        })
        //当鼠标移开load-bar时,启动定时器。
        .mouseout(function(){
            interval = setInterval(increment,100);
        });
    });
</script>
```

运行效果如图 10-33 所示。

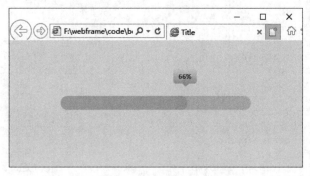

图 10-33　百分比数字显示效果

第 4 步：添加旋转器组件（<span class="spinner-border mr-4"></span>）和下载提示的文本。

```
<h1 class="text-center">
<span class="spinner-border mr-4"></span>Loading...
</h1>
```

设计样式代码如下：

```
.wrapper h1 {
    font-size: 28px;                        /*定义字体大小*/
    padding: 20px 0 8px 0;                  /*定义内边距*/
    }
.wrapper p {
    font-size: 13px;                        /*定义字体大小*/
}
```

运行效果如图 10-34 所示。

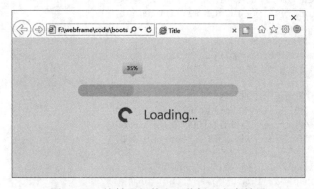

图 10-34　旋转器组件和下载提示文字效果

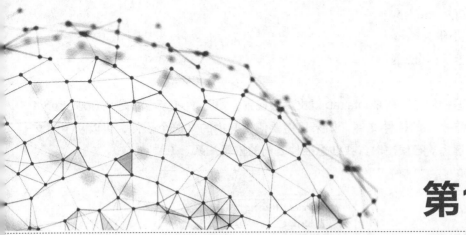

第11章

快速认识JavaScript插件

JavaScript 插件可以让静态的组件动起来。Bootstrap 4 自带了很多插件，这些插件为 Bootstrap 组件赋予了生命，因此用户在学习使用组件的同时，还必须同时掌握 Bootstrap 插件的用法。

11.1
插件概述

Bootstrap 自带了许多 jQuery 中的插件，扩展了其功能，可以给网站添加更多的互动。可以说，jQuery 插件为 Bootstrap 的组件赋予了"生命"。即使不是高级的 JavaScript 开发人员，也可以学习 Bootstrap 的 JavaScript 插件。利用 Bootstrap 数据 API（Bootstrap Data API），大部分的插件都可以在不编写任何代码的情况下被触发。

11.1.1 插件分类

Bootstrap 4 内置了许多插件，这些插件在 Web 应用开发中应用频率比较高，下面列出 Bootstrap 插件支持的文件以及各种插件对应的 js 文件。

- 警告框：alert.js。
- 按钮：button.js。
- 轮播：carousel.js。
- 折叠：collapse.js。
- 下拉菜单：dropdown.js。
- 模态框：modal.js。
- 弹窗：popover.js。

■ 滚动监听：scrollspy.js。

■ 标签页：tab.js。

■ 工具提示：tooltip.js。

提示

这些插件可以在 Bootstrap 源文件中找到，如图 11-1 所示，是从 Bootstrap 4 源文件中提取的插件文件，如果只需要使用其中的某一个插件，可以从下面文件夹中选择。在使用时，要注意插件之间的依赖关系。

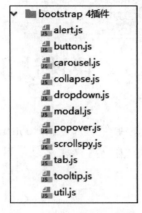

图 11-1　Bootstrap 4 插件

11.1.2　安装插件

Bootstrap 插件可以单个引入，方法是使用 Bootstrap 提供的单个 *.js 文件；也可以一次性全部引入，方法是引入 bootstrap.js 或者 bootstrap.min.js 文件。例如：

```
<script src="bootstrap-4.2.1-dist/js/bootstrap.js"></script>
```

或

```
<script src="bootstrap-4.2.1-dist/js/bootstrap.min.js"></script>
```

部分 Bootstrap 插件和 CSS 组件依赖于其他插件。如果需要单独引入某个插件时，请确保在文档中检查插件之间的依赖关系。

所有 Bootstrap 插件都依赖于 util.js，它必须在插件之前引入。如果要单独使用某一个插件，引用时必须包含 util.js 文件。如果使用的是已编译 bootstrap.js 或者 bootstrap.min.js 文件，就没有必要再引入该文件了，因为其中已经包含了。

提示

util.js 文件包括实用程序函数、基本事件以及 CSS 转换模拟器。util.js 文件在 Bootstrap 4 源文件中可以找到，与其他插件在同一个文件夹中。

提示

所有插件都依赖 jQuery，因此必须在所有插件之前引入 jQuery 库文件。例如：

```
<script src="jquery-3.3.1.slim.js"></script>
<script src="carousel.js"></script>
```

11.1.3 调用插件

Bootstrap 4 提供了两种调用插件的方法，具体说明如下。

1.Date 属性调用

在页面中目标元素上定义 data 属性，可以启用插件，不用编写 JavaScript 脚本。推荐首选这种方式。

例如激活下拉菜单，只需要定义 data-toggle 属性，设置属性值为 dropdown 即可实现：

```
<button class="btn btn-primary " data-toggle="dropdown" type="button">下拉菜单
</button>
```

data-toggle 属性时 Bootstrap 激活特定插件的专用属性，它的值为对应插件的字符串名称。

提示

大部分 Bootstrap 插件还需要 data-target 属性配合使用，用来指定控制对象，该属性值一般是一个 jQuery 选择器。

例如在调用模态框时，除了定义 data-toggle="modal" 激活模态框插件，还应该使用 data-target="#myModal" 属性绑定模态框，告诉 Bootstrap 插件应该显示哪个页面元素，"#myModal" 属性值匹配页面中的模态框包含框 <div id="myModal">。

```
<button type="button" class="btn" data-toggle="modal" data-target="#myModal">打
开模态框</button>
<div id="myModal" class="modal">模态框</div>
```

提示

不同的插件可能还需要支持其他 data 属性，具体请参考相关章节的说明。

在某些特殊情况下，可能需要禁用 Bootstrap 的 data 属性，若要禁用 data 属性 API，可使用 data-API 取消对文档上所有事件的绑定，代码如下：

```
$(document).off('.data-api')
```

要针对特定的插件，只需将插件的名称和数据 API 一起作为参数使用，代码如下：

```
$(document).off('.alert.data-api')
```

2.JavaScript 调用

Bootstrap 插件也可以使用 JavaScript 脚本进行调用。例如使用脚本调用下拉菜单和模态框，代码如下：

```
<script>
    $(function(){
        $(".btn").dropdown();                //调用下拉菜单
        $(".btn").click(function(){
            $('#myModal').modal();           //调用模态框
        });

    })
</script>
```

当调用方法没有传递任何参数时，Bootstrap 将使用默认参数初始化插件。

在 Bootstrap 中，插件定义的方法都可以接受一个可选的参数对象。下面的用法可以在打开模态框时取消遮罩层和取消 Esc 键关闭模态框。

```
$(function(){
    $(".btn").click(function(){
        $('#Modal-test').modal({
            backdrop:false,              //关闭背景遮罩层
            keyboard:false               //取消Esc键关闭模态框
        });
    });
})
```

11.1.4 事件

Bootstrap 4 为大部分插件自定义事件。这些事件包括两种动词形式，不定式和过去式。

- **不定式形式**：例如 show，表示其在事件开始时被触发。
- **过去式形式**：例如 shown，表示在动作完成之后被触发。

所有不定式事件都提供了 preventDefault() 功能，这提供了在操作开始之前停止其执行的能力，从事件处理程序返回 false 也会自动调用 preventDefault()。

```
$('#myModal').on('show.bs.modal', function (e) {
  if (!data) return e.preventDefault()    //停止显示模态框
})
```

11.2
按钮

按钮插件需要 button.js 文件支持，在使用该插件之前，应先导入 jquery.js 和 button. js 文件，同时还应该导入插件所需要的样式表文件。

```
<link rel="stylesheet" href="bootstrap-4.2.1-dist/css/bootstrap.css">
<script src="jquery-3.3.1.slim.js"></script>
<script src="button.js"></script>
```

11.2.1 切换状态

添加 data-toggle="button" 属性，可以切换按钮的 active 状态，如果需要预先切换按钮，必须将 .active 样式属性添加到 <button> 标签中。

```
<button type="button" class="btn btn-primary" data-toggle="button"
autocomplete="off">
    切换按钮状态
</button>
```

在 IE 11 浏览器中运行结果如图 11-2 所示，用鼠标单击按钮，按钮背景色进行切换，颜色变浅，效果如图 11-3 所示。

图 11-2　按钮默认效果

图 11-3　单击后效果

也可以 JavaScript 脚本实现切换效果。

```
<button type="button" class="btn btn-primary" autocomplete="off">
    切换按钮状态
</button>
<script>
    $(".btn").click(function(){
        $(this).button("toggle")
    })
</script>
```

11.2.2 按钮式复选框和单选框

Bootstrap 的 .button 样式也可以作用于其他元素，例如 <label> 上，从而模拟单选框、复选框效果。添加 data-toggle="buttons" 到 .btn-group 下的元素里，可以启用样式切换效果。预先选中的按钮需要手动将 .active 添加到 <label> 上。

1. 按钮式复选框

使用按钮组模拟复选框，能够设计更具个性的复选框样式。下面设计 3 个复选框，它们包含在按钮组（btn-group）容器中，然后使用 data-toggle="buttons" 属性把它们定义为按钮形式，单击将显示深色背景色，再次单击将恢复浅色背景色。

【例 11.1】按钮式复选框示例 1。

```
<body class="container">
<h3 class="mb-4">复选框</h3>
<div class="btn-group" data-toggle="buttons">
    <label class="btn btn-primary active">
        <input type="checkbox" checked autocomplete="off">复选框 1
    </label>
    <label class="btn btn-primary">
        <input type="checkbox" autocomplete="off"> 复选框 2
    </label>
    <label class="btn btn-primary">
        <input type="checkbox" autocomplete="off"> 复选框 3
    </label>
</div>
</body>
```

在 IE 11 浏览器中运行，按钮式复选框效果如图 11-4 所示，用鼠标多选效果如图 11-5 所示。

图 11-4　按钮式复选框效果 1　　　　图 11-5　多选效果 1

上面的方法是使用按钮组的形式设计的，在此基础之上，Bootstrap 4 还专门定义了一个 btn-group-toggle 类来实现类似按钮组的效果，但仍需要使用 data-toggle="buttons" 属性激活。

【例 11.2】按钮式复选框示例 2。

```
<body class="container">
<h3 class="mb-4">复选框</h3>
<div class="btn-group btn-group-toggle" data-toggle="buttons">
    <label class="btn btn-primary active">
        <input type="checkbox" checked autocomplete="off"> 复选框 1
    </label>
    <label class="btn btn-primary">
        <input type="checkbox" autocomplete="off"> 复选框 2
    </label>
    <label class="btn btn-primary">
        <input type="checkbox" autocomplete="off"> 复选框 3
    </label>
</div>
</body>
```

在 IE 11 浏览器中运行，按钮式复选框效果如图 11-6 所示，用鼠标多选效果如图 11-7 所示。

图 11-6　按钮式复选框效果 2

图 11-7　多选效果 2

2. 按钮式单选框

使用按钮组模拟单选框，还能够设计更具个性的单选框样式。下面设计 3 个单选框，它们同样包含在按钮组（btn-group）容器中，然后使用 data-toggle="buttons" 属性把它们定义为按钮形式，单击将显示深色背景色，再次单击将恢复浅色背景色。

【**例** 11.3】按钮式单选框示例 1。

```
<body class="container">
<h3 class="mb-4">单选框</h3>
<div class="btn-group" data-toggle="buttons">
    <label class="btn btn-primary active">
        <input type="radio" name="options" id="option1" autocomplete="off"
checked> 单选框 1
    </label>
    <label class="btn btn-primary">
        <input type="radio" name="options" id="option2" autocomplete="off"> 单选
框 2
    </label>
    <label class="btn btn-primary">
        <input type="radio" name="options" id="option3" autocomplete="off"> 单选
框 3
    </label>
</div>
</body>
```

在 IE 11 浏览器中运行，按钮式单选框效果如图 11-8 所示，用鼠标多选效果如图 11-9 所示。

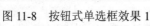

图 11-8　按钮式单选框效果 1

图 11-9　切换效果 1

和复选框一样，可以使用 **btn-group-toggle** 类来实现类似按钮组的效果，但是每次只能改变一个按钮的背景色，切换时，只有被单击的单选框变成深色背景，其他恢复起始背景色。

【**例** 11.4】按钮式单选框示例 2。

```
<body class="container">
<h3 class="mb-4">单选框</h3>
<div class="btn-group btn-group-toggle" data-toggle="buttons">
    <label class="btn btn-primary active">
            <input type="radio" name="options" id="option1" autocomplete="off"
checked>单选框 1
    </label>
    <label class="btn btn-primary">
        <input type="radio" name="options" id="option2" autocomplete="off"> 单
选框 2
    </label>
    <label class="btn btn-primary">
            <input type="radio" name="options" id="option3" autocomplete="off"> 单
选框 3
    </label>
</div>
</body>
```

在 IE 11 浏览器中运行，按钮式单选框效果如图 11-10 所示，用鼠标多选效果如图 11-11 所示。

图 11-10　按钮式单选框效果 2　　　图 11-11　切换效果 2

11.3
警告框

警告框插件需要 alert.js 文件支持，因此在使用该插件之前，应先导入 jquery.js、util.js 和 alert.js 文件。

```
<script src="jquery-3.3.1.slim.js"></script>
<script src="util.js"></script>
<script src="alert.js"></script>
```

或者直接导入 jquery.js 和 bootstrap.js 文件：

```
<script src="jquery-3.3.1.slim.js"></script>
<script src="bootstrap-4.2.1-dist/js/bootstrap.js"></script>
```

11.3.1　关闭警告框

设计一个警告框，并添加一个关闭按钮，只需为关闭按钮设置 data-dismiss="alert" 属性即可自动为警告框赋予关闭功能。

【例11.5】关闭警告框示例。

```
<div class="alert alert-warning fade show">
    <strong>警告提示!</strong> 程序中出现一个语法问题。
    <button type="button" class="close" data-dismiss="alert">
        <span>&times;</span>
    </button>
</div>
```

在 IE 11 浏览器中运行结果如图 11-12 所示，当单击关闭按钮后，警告框将关闭。

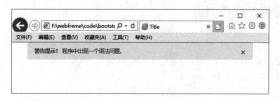

图 11-12　关闭警告框效果 1

警告框插件也可以通过 JavaScript 关闭某个警告框：

```
$(".alert").alert("close")
```

如果希望警告框在关闭时带有动画效果，可以为警告框添加 fade 和 show 类。

下面使用 JavaScript 脚本来控制警告框关闭操作。

【例11.6】使用 JavaScript 脚本关闭警告框示例。

```
<body class="container">
<div class="alert alert-warning fade show">
    <strong>警告提示!</strong> 程序中出现一个语法问题。
    <button type="button" class="close">
        <span>&times;</span>
    </button>
</div>
</body>
<script>
    $(function(){
        $(".close").click(function(){
            $(".alert").alert("close")
        })
    })
</script>
```

在 IE 11 浏览器中运行结果如图 11-13 所示。

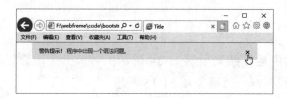

图 11-13　关闭警告框效果 2

11.3.2 添加用户行为

Bootstrap 4 为警告框提供了两个事件，说明如下。

■ close.bs.alert：当 close 函数被调用之后，此事件被立即触发。

■ closed.bs.alert：当警告框被关闭以后，此事件被触发。

下面使用警告框绑定一个模态框，当关闭警告框之前，将弹出一个模态框进行提示。

【例 11.7】监听警告框示例。

```
<body class="container">
<div class="alert alert-warning fade show">
    <strong>警告提示!</strong> 程序中出现一个语法问题。
    <button type="button" class="close" >
        <span>&times;</span>
    </button>
</div>
<!-- 模态框 -->
<div class="modal" id="Modal-test">
    <div class="modal-dialog">
        <div class="modal-content">
            <div class="modal-header">
                <h5 class="modal-title" id="modalTitle">提示</h5>
                <button type="button" class="close" data-dismiss="modal">
                    <span>&times;</span>
                </button>
            </div>
            <div class="modal-body">你确定要关闭警告框吗?</div>
            <div class="modal-footer">
                    <button type="button" class="btn btn-primary" data-
dismiss="modal">是</button>
                    <button type="button" class="btn btn-secondary" data-
dismiss="modal">否</button>
            </div>
        </div>
    </div>
</div>
</body>
<script>
    $(function(){
        $(".close").click(function(){
            $(this).alert("close")
        })
        $(".alert").on("close.bs.alert",function(e){
            $("#Modal-test").modal();
        })
    })
</script>
```

在 IE 11 浏览器中运行结果如图 11-14 所示；当单击关闭警告框时，将触发 close.bs.alert 事件，弹出模态框，效果如图 11-15 所示。

图 11-14　警告框效果　　　　图 11-15　弹出模态框效果

11.4
下拉菜单

Bootstrap 通过 dropdown.js 支持下拉菜单交互，在使用之前应该导入 jquery.js、util.js 和 dropdown.js 文件。下拉菜单组件还依赖于第三方 popper.js 插件，popper.js 插件提供了动态定位和浏览器窗口大小监测，所以在使用下拉菜单时确保引入了 popper.js 文件，并放在 bootstrap.js 文件之前。

```
<script src="jquery-3.3.1.slim.js"></script>
<script src="util.js"></script>
<script src="popper.min.js"></script>
<script src="dropdown.js"></script>
```

或者直接导入 jquery.js 和 bootstrap.js 文件：

```
<script src="jquery-3.3.1.slim.js"></script>
<script src="bootstrap-4.2.1-dist/js/bootstrap.js"></script>
```

11.4.1　调用下拉菜单

下拉菜单插件可以为所有对象添加下拉菜单，包括按钮、导航栏、标签页等。调用下拉菜单有以下两种方法。

1.Data 属性调用

在超链接或者按钮上添加 data-toggle="dropdown" 属性，即可激活下拉菜单交互行为。

【例 11.8】Data 属性调用下拉菜单示例。

```
<body class="container">
<div class="dropdown">
    <button class="btn btn-primary dropdown-toggle" data-toggle="dropdown"
type="button">
        下拉菜单
    </button>
    <div class="dropdown-menu">
```

```
        <a class="dropdown-item" href="#">菜单项1</a>
        <a class="dropdown-item" href="#">菜单项2</a>
        <a class="dropdown-item" href="#">菜单项3</a>
    </div>
</div>
</body>
```

在 IE 11 浏览器中运行结果如图 11-16 所示。

图 11-16　Data 属性调用下拉菜单

2.JavaScript 调用

使用 dropdown() 构造函数可直接调用下拉菜单。

【例 11.9】JavaScript 调用下拉菜单示例。

```
<div class="dropdown">
    <button class="btn btn-primary dropdown-toggle" type="button">
        下拉菜单
    </button>
    <div class="dropdown-menu">
        <a class="dropdown-item" href="#">菜单项1</a>
        <a class="dropdown-item" href="#">菜单项2</a>
        <a class="dropdown-item" href="#">菜单项3</a>
    </div>
</div>
<script>
    $(function(){
        $(".btn").dropdown();
})
</script>
```

在 IE 11 浏览器中运行结果如图 11-17 所示。

图 11-17　JavaScript 调用下拉菜单效果

当调用 dropdown() 方法后，单击按钮会弹出下拉菜单，但再次单击时不再收起下拉菜单，需要使用脚本进行关闭。

3. 配置参数

可以通过 data 属性或 JavaScript 传递配置参数，参数如表 11-1 所示。对于 data 属性，参数名称追加到 "data-" 后面，例如：data-offset=" "。

表 11-1　下拉菜单配置参数

参　数	类　型	默认值	说　明
offset	number | string | function	0	下拉菜单相对于目标的偏移量
flip	boolean	True	允许下拉菜单在引用元素重叠的情况下翻转

【例 11.10】data 属性配置参数。

```
<body class="container">
<div class="dropdown">
      <button class="btn btn-primary dropdown-toggle" data-toggle="dropdown"
data-offset="50,30" type="button">
          下拉菜单
      </button>
      <div class="dropdown-menu">
          <a class="dropdown-item" href="#">菜单项1</a>
          <a class="dropdown-item" href="#">菜单项2</a>
          <a class="dropdown-item" href="#">菜单项3</a>
      </div>
</div>
</body>
```

在 IE 11 浏览器中运行结果如图 11-18 所示。

图 11-18　data 属性配置参数

11.4.2　添加用户行为

Bootstrap 为下拉菜单定义了 4 个事件，以响应特定操作阶段的用户行为，说明如表 11-2 所示。

表 11-2　下拉菜单事件

事　件	描　述
show.bs.dropdown	调用显示下拉菜单的方法时触发该事件
shown.bs.dropdown	当下拉菜单显示完毕后触发该事件
hide.bs.dropdown	当调用隐藏下拉菜单的方法时会触发该事件
hidden.bs.dropdown	当下拉菜单隐藏完毕后触发该事件

下面使用 show、shown、hide 和 hidden 这四个事件来监听下拉菜单，然后激活下拉菜单交互行为，这样当下拉菜单在交互过程中，可以看到 4 个事件的执行顺序和发生节点。

【例 11.11】监听下拉菜单。

```html
<body class="container">
<div class="dropdown" id="dropdown">
    <button class="btn btn-primary dropdown-toggle" data-toggle="dropdown" type="button">
        下拉菜单
    </button>
    <div class="dropdown-menu">
        <a class="dropdown-item" href="#">菜单项1</a>
        <a class="dropdown-item" href="#">菜单项2</a>
        <a class="dropdown-item" href="#">菜单项3</a>
    </div>
</div>
</body>
<script>
    $(function(){
        $("#dropdown").on("show.bs.dropdown",function(){
            $(this).children("[data-toggle='dropdown']").html("开始显示下拉菜单")
        })
        $("#dropdown").on("shown.bs.dropdown",function(){
            $(this).children("[data-toggle='dropdown']").html("下拉菜单显示完成")
        })
        $("#dropdown").on("hide.bs.dropdown",function(){
            $(this).children("[data-toggle='dropdown']").html("开始隐藏下拉菜单")
        })
        $("#dropdown").on("hidden.bs.dropdown",function(){
            $(this).children("[data-toggle='dropdown']").html("下拉菜单隐藏完成")
        })
    })
</script>
```

在 IE 11 浏览器中运行，激活下拉菜单效果如图 11-19 所示，隐藏下拉菜单效果如图 11-20 所示。

图 11-19　激活下拉菜单效果　　　　图 11-20　隐藏下拉菜单效果

11.5
模态框

模态框（Modal）是覆盖在父窗体上的子窗体，目的是显示一个单独的内容，可以在不离开父窗体的情况下有一些交互。子窗体可以自定义内容，可提供信息、交互等。

模态框插件需要 modal.js 插件的支持，因此在使用插件之前，应该先导入 jquery.js、util.js 和 modal.js 文件。

```
<script src="jquery-3.3.1.slim.js"></script>
<script src="util.js"></script>
<script src="modal.js"></script>
```

或者直接导入 jquery.js 和 bootstrap.js 文件：

```
<script src="jquery-3.3.1.slim.js"></script>
<script src="bootstrap-4.2.1-dist/js/bootstrap.js"></script>
```

11.5.1 定义模态框

模态框是一个多用途的 JavaScript 弹出窗口，可以使用它在网站中显示警告窗口、视频和图片。

在使用模态框插件时，注意以下几点。

- 弹出模态框是用 HTML、CSS 和 JavaScript 构建的，模态框被激活时位于其他表现元素之上，并从 <body> 中删除滚动事件，以便模态框自身的内容能得到滚动。
- 点击模态框的灰背景区域，将自动关闭模态框。
- 一次只支持一个模态窗口，不支持嵌套。

在模态框的 HTML 代码中，我们可以看到在父模态框 div 内封装一个 div 嵌套。这个 div 的类 modal-content 告诉 bootstrap.js 在哪里查找模态框的内容。在这个 div 内，我们需要放置前面提到的三个部分：头部，正文和页脚。

模态框有固定的结构，外层使用 modal 类样式定义弹出模态框的外框，内部嵌套两层结构，分别为 <div class="modal-dialog"> 和 <div class="modal-content">。<div class="modal-dialog"> 定义模态对话框层，<div class="modal-content"> 定义模态对话框显示样式。

```
<div class="modal">
    <div class="modal-dialog">
        <div class="modal-content">模态框内容</div>
    </div>
</div>
```

模态框内容包括三个部分：头部、正文和页脚，分别使用 .modal-header、.modal-body 和 .modal-footer 定义。

- 头部：用于给模态添加标题和"×"关闭按钮等。标题使用 .modal-title 来定义，关闭按钮中需要添加 data-dismiss="modal" 属性，用来指定关闭的模态框组件。

■ 正文：可以在其中添加任何类型的数据，包括嵌入 YouTube 视频，图像或者任何其他内容。

■ 页脚：该区域默认为右对齐。在这个区域，可以放置"保存"，"关闭"，"接受"等操作按钮，这些按钮与模态框需要表现的行为相关联。"关闭"按钮中也需要添加 data-dismiss="modal" 属性，用来指定关闭的模态框组件。

```html
<!-- 模态框 -->
<div class="modal" id="Modal-test">
    <div class="modal-dialog">
        <div class="modal-content">
            <!--头部-->
            <div class="modal-header">
                <!--标题-->
                <h5 class="modal-title" id="modalTitle">模态框标题</h5>
                <!--关闭按钮-->
                <button type="button" class="close" data-dismiss="modal">
                    <span>&times;</span>
                </button>
            </div>
            <!--正文-->
            <div class="modal-body">模态框正文</div>
            <!--页脚-->
            <div class="modal-footer">
                <!--关闭按钮-->
                    <button type="button" class="btn btn-secondary" data-dismiss="modal">关闭</button>
                <button type="button" class="btn btn-primary">保存</button>
            </div>
        </div>
    </div>
</div>
```

以上就是模态框的完整结构。设计完成模态框结构后，需要为特定对象（通常使用按钮）绑定触发行为，才能通过该对象触发模态框。在这个特定对象中需要添加 data-target="#Modal-test" 属性来绑定对应的模态框，添加 data-toggle="modal" 属性指定要打开的模态框。

```html
<button type="button" class="btn btn-primary" data-toggle="modal" data-target="#Modal-test">
    打开模态框
</button>
```

上面代码在 IE 11 浏览器中运行结果如图 11-21 所示。

图 11-21　激活模态框效果

11.5.2　模态框布局和样式

1. 垂直居中

通过给 <div class="modal-dialog"> 添加 .modal-dialog-centered 样式，来设置模态框垂直居中显示。

【例 11.12】设置模态框垂直居中示例。

```
<body class="container">
<h3 class="mb-4">模态框垂直居中</h3>
<button type="button" class="btn btn-primary" data-toggle="modal" data-target="#Modal">
        打开模态框
</button>
<div class="modal fade" id="Modal">
    <div class="modal-dialog modal-dialog-centered">
        <div class="modal-content">
            <div class="modal-header">
                <h5 class="modal-title" id="modalTitle">模态框标题</h5>
                <button type="button" class="close" data-dismiss="modal">
                    <span>&times;</span>
                </button>
            </div>
            <div class="modal-body">模态框正文</div>
            <div class="modal-footer">
                        <button type="button" class="btn btn-secondary" data-dismiss="modal">关闭</button>
                <button type="button" class="btn btn-primary">提交</button>
            </div>
        </div>
    </div>
</div>
</body>
```

在 IE 11 浏览器中运行结果如图 11-22 所示。

图 11-22　模态框垂直居中效果

2. 设置大小

模态框除了默认大小以外，还有三种可选值，如表 11-3 所示。这三种可选值在响应断点处还可自动响应，以避免在较窄的视图上出现水平滚动条。通过给 <div class="modal-dialog"> 添加 .modal-sm、.modal-lg 和 .modal-xl 样式，来设置模态框的大小。

表 11-3　模态框大小

大　小	类	模态宽度
小尺寸	.modal−sm	300px
大尺寸	.modal−lg	800px
超大尺寸	.modal−xl	1140px
默认尺寸	无	500px

【例 11.13】设置模态框大小示例。

```
<body class="container">
<h3 class="mb-4">设置模态框大小</h3>
<!-- 大尺寸模态框 -->
<button type="button" class="btn btn-primary" data-toggle="modal" data-
target=".example-modal-lg">大尺寸模态框</button>
<div class="modal example-modal-lg">
    <div class="modal-dialog modal-lg">
        <div class="modal-content">
            <div class="modal-header">
                <h5 class="modal-title">大尺寸模态框</h5>
                <button type="button" class="close" data-dismiss="modal">
                    <span>&times;</span>
                </button>
            </div>
            <div class="modal-body">
                模态框正文
            </div>
        </div>
    </div>
</div>
<!-- 小尺寸模态框 -->
<button type="button" class="btn btn-primary" data-toggle="modal" data-
target=".example-modal-sm">小尺寸模态框</button>
<div class="modal example-modal-sm">
    <div class="modal-dialog modal-sm">
        <div class="modal-content">
            <div class="modal-header">
                <h5 class="modal-title">小尺寸模态框</h5>
                <button type="button" class="close" data-dismiss="modal">
                    <span>&times;</span>
                </button>
            </div>
            <div class="modal-body">
                模态框正文
            </div>
        </div>
    </div>
</div>
</body>
```

在 IE 11 浏览器中运行，大尺寸模态框效果如图 11-23 所示，小尺寸模态框效果如图 11-24 所示。

图 11-23　大尺寸模态框效果

图 11-24　小尺寸模态框效果

3. 模态框网格

在 <div class="modal-body"> 中嵌套一个 <div class="container-fluid"> 容器，在该容器中便可以使用 Bootstrap 的网格系统，就像在其他地方使用常规网格系统类一样。

【例 11.14】设置模态框网格示例。

```
<body class="container">
<h2>模态框网格</h2>
<button type="button" class="btn btn-primary" data-toggle="modal" data-
target="#Modal">
        打开模态框
</button>
<div class="modal" id="Modal">
    <div class="modal-dialog modal-dialog-centered">
        <div class="modal-content">
            <div class="modal-header">
                <h5 class="modal-title" id="modalTitle">模态框网格</h5>
                <button type="button" class="close" data-dismiss="modal">
                    <span>&times;</span>
                </button>
            </div>
            <div class="modal-body">
                <div class="container">
                    <div class="row">
                        <div class="col-md-4 bg-success text-white">.col-md-4</
div>
                        <div class="col-md-4 ml-auto bg-success text-white">.
col-md-4 .ml-auto</div>
                    </div>
                    <div class="row">
                        <div class="col-md-4 ml-md-auto bg-danger text-white">.
col-md-3 .ml-md-auto</div>
                        <div class="col-md-4 ml-md-auto bg-danger text-white">.
col-md-3 .ml-md-auto</div>
                    </div>
                    <div class="row">
                        <div class="col-auto mr-auto bg-warning">.col-auto .mr-
auto</div>
```

```
                    <div class="col-auto bg-warning">.col-auto</div>
                </div>
            </div>
        </div>
        <div class="modal-footer">
                <button type="button" class="btn btn-secondary" data-
dismiss="modal">关闭</button>
                <button type="button" class="btn btn-primary">提交</button>
        </div>
    </div>
</div>
</div>
</body>
```

在 IE 11 浏览器中运行结果如图 11-25 所示。

图 11-25　模态框网格效果

4. 添加弹窗和工具提示

可以根据需要将 Tooltips 工具提示和 popovers 弹窗放置在模态框中。当模态框关闭时，包含的任何工具提示和弹窗都会同步关闭。

【例 11.15】添加弹窗和工具提示示例。

```
<body class="container">
<h3 class="mb-4">弹窗和工具提示</h3>
<button type="button" class="btn btn-primary" data-toggle="modal" data-
target="#Modal">
    打开模态框
</button>
<div class="modal" id="Modal">
    <div class="modal-dialog modal-dialog-centered">
        <div class="modal-content">
            <div class="modal-header">
                <h5 class="modal-title" id="modalTitle">模态框标题</h5>
                <button type="button" class="close" data-dismiss="modal">
                    <span>&times;</span>
                </button>
            </div>
            <div class="modal-body">
                <div class="modal-body">
                    <h5>弹窗</h5>
                        <p>单击这个<a href="#" role="button" class="btn btn-
```

```
secondary popover-test" title="弹窗标题" data-content="弹窗的主体内容">button</a> 触发
一个弹窗。</p><hr>
                        <h5>工具提示</h5>
                        <p>鼠标指针悬浮<a href="#" class="tooltip-test" title="链接一
">链接一</a> 和 <a href="#" class="tooltip-test" title="链接二">链接二</a>触发工具提示。
</p>
                </div>
                <script>
                        $(document).ready(function(){
                                //找到对应的属性类别,添加弹窗和工具箱提示
                                $('.popover-test').popover();
                                $('.tooltip-test').tooltip();
                        });
                </script>
            </div>
            <div class="modal-footer">
                        <button type="button" class="btn btn-secondary" data-
dismiss="modal">关闭</button>
                        <button type="button" class="btn btn-primary">提交</button>
            </div>
        </div>
    </div>
</div>
</body>
```

在 IE 11 浏览器中运行结果如图 11-26 所示。

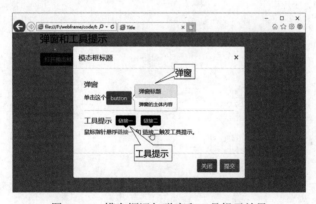

图 11-26　模态框添加弹窗和工具提示效果

11.5.3　调用模态框

模态框插件可以通过 data 属性或 JavaScript 脚本调用。

1. data 属性调用

启动模态框无须编写 JavaScript 脚本，只需要在控制元素上设置 data-toggle=
"modal" 属性以及 data-target 或 href 属性即可。data-toggle="modal" 属性用来激活模态框
插件，data-target 或 href 属性用来绑定目标对象。

```
<button type="button" data-toggle="modal" data-target="#myModal">modal </
button>
<a href="#myModal" data-target="modal" class="btn"></a>
```

2. JavaScript 调用

通过 JavaScript 调用模态框时直接使用 modal() 函数即可。下面为按钮绑定 click 事件，当单击该按钮时，为模态框调用 modal() 构造函数。

【例 11.16】JavaScript 调用模态框示例。

```
<body class="container">
<button type="button" class="btn btn-primary">
    打开模态框
</button>
<div class="modal" id="Modal-test">
    <div class="modal-dialog">
        <div class="modal-content">
            <div class="modal-header">
                <h5 class="modal-title" id="modalTitle">模态框标题</h5>
                <button type="button" class="close" data-dismiss="modal">
                    <span>&times;</span>
                </button>
            </div>
            <div class="modal-body">模态框正文</div>
            <div class="modal-footer">
                        <button type="button" class="btn btn-secondary" data-
dismiss="modal">关闭</button>
                <button type="button" class="btn btn-primary">保存</button>
            </div>
        </div>
    </div>
</div>
</body>
<script>
$(function(){
    $(".btn").click(function(){
        $('#Modal-test').modal();  //调用模态框
    });
})
</script>
```

modal() 构造函数可以传递一个配置对象，该对象包含的配置参数如表 11-4 所示。

表 11-4　modal() 配置参数

名　称	类　型	默认值	说　明
backdrop	Boolean	True	是否显示背景遮罩层，同时设置单击模态框其他区域是否关闭模态框。默认值为 true，表示显示遮罩层
keyboard	Boolean	True	是否允许 Esc 键关闭模态框，默认值为 true，表示允许使用键盘上的 Esc 键关闭模态框
focus	Boolean	True	初始化时将焦点放在模态上
show	Boolean	True	初始化时是否显示模态。默认状态表示显示模态框

提示

如果使用 data 属性调用模态框时，上面的选项也可以通过 data 属性传递给组件。对于 data 属性，将选项名称附着于 data- 之后，例如 data-keyboard=" "。

下面使用 JavaScript 配置模态框参数，设置不显示遮罩层，同时取消 Esc 键关闭模态框的操作，显示效果如图 11-27 所示。

```
$(function(){
    $(".btn").click(function(){
        $('#Modal-test').modal({
            backdrop:false,     //关闭背景遮罩层
            keyboard:false      //取消Esc键关闭模态框
        });
    });
})
```

图 11-27　配置模态框参数效果

也可以使用 data 属性来实现相同的效果。

```
<button type="button" class="btn btn-primary" data-toggle="modal" data-
backdrop="false" data-keyboard="false" data-target="#Modal-test">
    打开模态框
</button>
```

11.5.4　添加用户行为

Bootstrap 4 为模态框定义了 4 个事件，说明如表 11-5 所示。

表 11-5　模态框事件

事　件	说　明
show.bs.modal	当调用显示模态框的方法时会触发该事件
shown.bs.modal	当模态框显示完毕后触发该事件
hide.bs.modal	当调用隐藏模态框的方法时会触发该事件
hidden.bs.modal	当模态框隐藏完毕后触发该事件

【例 11.17】监听模态框示例。

```
<body class="container">
<button type="button" class="btn btn-primary" data-toggle="modal" data-
backdrop="false" data-keyboard="false" data-target="#Modal-test">
    打开模态框
</button>
<div class="modal" id="Modal-test">
    <div class="modal-dialog">
        <div class="modal-content">
```

```
            <div class="modal-header">
                <h5 class="modal-title" id="modalTitle">模态框标题</h5>
                <button type="button" class="close" data-dismiss="modal">
                    <span>&times;</span>
                </button>
            </div>
            <div class="modal-body">模态框正文</div>
            <div class="modal-footer">
                    <button type="button" class="btn btn-secondary" data-
dismiss="modal">关闭</button>
                    <button type="button" class="btn btn-primary">保存</button>
            </div>
        </div>
      </div>
    </div>
  </body>
  <script>
      $(function(){
          $("#Modal-test").on("shown.bs.modal",function(){
              alert("模态框显示完成")
          })
          $("#Modal-test").on("hidden.bs.modal",function(){
              alert("模态框隐藏完成")
          })
      })
  </script>
```

在 IE 11 浏览器中运行，模态框显示完成效果如图 11-28 所示，模态框关闭完成效果如图 11-29 所示。

图 11-28　模态框显示完成效果

图 11-29　模态框关闭完成效果

11.6
标签页

标签页插件需要 tab.js 文件支持，因此在使用该插件之前，应先导入 jquery.js、util.js 和 tab.js 文件。

```
<script src="jquery-3.3.1.slim.js"></script>
<script src="util.js"></script>
<script src="tab.js"></script>
```

或者直接导入 jquery.js 和 bootstrap.js 文件：

```
<script src="jquery-3.3.1.slim.js"></script>
<script src="bootstrap-4.2.1-dist/js/bootstrap.js"></script>
```

11.6.1　定义标签页

在使用标签页插件之前，首先来了解一下标签页的 HTML 结构。

标签页分为两个部分：导航区和内容区域。导航区使用 Bootstrap 导航组件设计，在导航区内，把每个超链接定义为锚点链接，锚点值指向对应的标签内容框的 ID 值。内容区域需要使用 tab-content 类定义外包含框，使用 tab-pane 类定义每个 Tab 内容框。

最后，在导航区域内为每个超链接定义 data-toggle="tab"，激活标签页插件。对于下拉菜单选项，也可以通过该属性激活它们对应的行为。

【例 11.18】标签页示例。

```
<body class="container">
<ul class="nav nav-tabs">
    <li class="nav-item">
        <a class="nav-link active" data-toggle="tab" href="#image1">图片1</a>
    </li>
    <li class="nav-item">
        <a class="nav-link" data-toggle="tab" href="#image2">图片2</a>
    </li>
    <li class="nav-item">
        <a class="nav-link" data-toggle="tab" href="#image3">图片3</a>
    </li>
    <li  class="dropdown nav-item">
        <a href="#" class="nav-link dropdown-toggle" data-toggle="dropdown">更
多内容</a>
        <ul class="dropdown-menu">
            <li class="nav-item">
                <a class="nav-link" data-toggle="tab" href="#image4">图片4</a>
            </li>
            <li class="nav-item">
                <a class="nav-link" data-toggle="tab" href="#image5">图片5</a>
            </li>
        </ul>
    </li>
</ul>
<div class="tab-content">
    <div class="tab-pane fade show active" id="image1"><img src="image/004.png"
alt="" class="img-fluid"></div>
        <div class="tab-pane fade" id="image2"><img src="image/002.png" alt=""
class="img-fluid"></div>
        <div class="tab-pane fade" id="image3"><img src="image/003.png" alt=""
class="img-fluid"></div>
        <div class="tab-pane fade" id="image4"><img src="image/010.png" alt=""
class="img-fluid"></div>
        <div class="tab-pane fade" id="image5"><img src="image/005.png" alt=""
class="img-fluid"></div>
</div>
</body>
```

在 IE 11 浏览器中运行结果如图 11-30 所示。

图 11-30　标签页效果

11.6.2　调用标签页

调用标签页插件有两种方法。

1. 使用 data 属性

通过 data 属性来激活，不需要编写任何 JavaScript 脚本，只需要在导航标签或者导航超链接中添加 data-toggle="tab" 或者 data-toggle="pill" 属性即可。同时，确保为导航包含框添加 nav 和 nav-tabs（或 nav-pills）类。

```
<ul class="nav nav-tabs">
    <li class="nav-item">
        <a class="nav-link active"  data-toggle="tab" href="#one"></a>
    </li>
    <li class="nav-item">
        <a class="nav-link" data-toggle="tab" href="#two" ></a>
    </li>
    <li class="nav-item">
        <a class="nav-link" data-toggle="tab" href="#three"></a>
    </li>
</ul>
<!-- Tab panes -->
<div class="tab-content">
    <div class="tab-pane active" id="one">...</div>
    <div class="tab-pane" id="two">...</div>
    <div class="tab-pane" id="three">...</div>
</div>
```

2. 使用 JavaScript 脚本

通过 JavaScript 脚本直接调用，调用方法是在每个超链接的单击事件中调用 tab('show') 方法显示对应的标签内容框。

```
<script>
    $(function(){
        $('#myTab a').on('click', function (e) {
            e.preventDefault()
            $(this).tab('show')
```

```
        })
    })
</script>
<!-- Nav tabs -->
<ul class="nav nav-tabs" id="myTab">
    <li class="nav-item">
        <a class="nav-link active"  href="#one"></a>
    </li>
    <li class="nav-item">
        <a class="nav-link"  href="#two" ></a>
    </li>
    <li class="nav-item">
        <a class="nav-link"  href="#three"></a>
    </li>
</ul>
<!-- Tab panes -->
<div class="tab-content">
    <div class="tab-pane active" id="one"></div>
    <div class="tab-pane" id="two"></div>
    <div class="tab-pane" id="three"></div>
</div>
```

其中 e.preventDefault(); 阻止超链接的默认行为，$(this).tab('show') 显示当前标签页对应的内容框内容。

用户还可以设计单独控制按钮，专门显示特定 Tab 项的内容框。

```
$('#myTab a[href="#profile"]').tab('show')        // 显示ID名为profile的项目
$('#myTab li:first-child a').tab('show')          // 显示第一个Tab选项
$('#myTab li:last-child a').tab('show')           // 显示最后一个Tab选项
$('#myTab li:nth-child(3) a').tab('show')         // 显示第3个Tab选项
```

11.6.3 添加用户行为

标签页插件包括 4 个事件，说明如表 11-6 所示。

表 11-6 标签页事件

事　件	说　明
show.bs.tab	当一个选项卡被激活前触发
shown.bs.tab	当一个选项卡被激活后触发
hide.bs.tab	切换选项卡时，旧的选项卡开始隐藏时触发
hidden.bs.tab	切换选项卡时，旧的选项卡隐藏完成后触发

对于这四个事件，通过 event.target 和 event.relatedTarget 可以获取当前触发的 Tab 标签和前一个被激活的 Tab 标签。

下面为标签页绑定 show.bs.tab 事件，实时监听选项卡切换，并弹出旧的选项卡标签和将被激活的选项卡标签。

【例 11.19】监听标签页示例。

```
<script>
    $(function(){
```

```
                    $('#myTab a').on('click', function (e) {
                        e.preventDefault()
                        $(this).tab('show')
                    })
                    $('#myTab a').on("show.bs.tab",function (e) {
                        alert("旧的选项卡:"+e.relatedTarget);          //旧的选项卡
                        alert("将被激活的选项卡:"+e.target);          //将要被激活的选项卡
                    })
                })
            </script>
        <ul class="nav nav-tabs" id="myTab">
            <li class="nav-item">
                <a class="nav-link active" data-toggle="tab" href="#image1">图片1</a>
            </li>
            <li class="nav-item">
                <a class="nav-link" data-toggle="tab" href="#image2">图片2</a>
            </li>
            <li class="nav-item">
                <a class="nav-link" data-toggle="tab" href="#image3">图片3</a>
            </li>
            <li  class="dropdown nav-item">
                <a href="#" class="nav-link dropdown-toggle" data-toggle="dropdown">更
多内容</a>
                <ul class="dropdown-menu">
                    <li class="nav-item">
                        <a class="nav-link" data-toggle="tab" href="#image4">图片4</a>
                    </li>
                    <li class="nav-item">
                        <a class="nav-link" data-toggle="tab" href="#image5">图片5</a>
                    </li>
                </ul>
            </li>
        </ul>
        <div class="tab-content">
            <div class="tab-pane fade show active" id="image1">图片1</div>
            <div class="tab-pane fade" id="image2">图片2</div>
            <div class="tab-pane fade" id="image3">图片3</div>
            <div class="tab-pane fade" id="image4">图片4</div>
            <div class="tab-pane fade" id="image5">图片5</div>
        </div>
```

在 IE 11 浏览器中运行，当切换标选项时，激活 show.bs.tab 事件，显示旧的选项卡
如图 11-31 所示，显示将要被激活的选项卡如图 11-32 所示。

图 11-31　显示旧的选项卡　　　　　　　　　图 11-32　显示将要被激活的选项卡

11.7
案例实训 1——仿淘宝抢红包

本案例是仿淘宝抢红包的效果。当页面加载完成后，页面自动弹出抢红包的提示框，提示框是使用 Bootstrap 模态框进行设计，效果如图 11-33 所示。

图 11-33　仿淘宝抢红包效果

下面来看一下实现的步骤。

第 1 步：设计模态框。使用 Bootstrap 模态框组件进行设计，但是对模态框的一些样式进行了更改，设置宽度为 300px，添加 modal-dialog-centered 类设计模态框居中。代码如下：

```
<div class="modal fade" id="myModal" >
    <div class="modal-dialog modal-dialog-centered" role="document"
style="width: 300px">
        <div class="modal-content">内容</div>
    </div>
</div>
```

第 2 步：设计内容。内容有 3 个部分：一张图片、按钮和超链接。图片是红包展示效果，按钮用来关闭红包提示框，超链接用来链接抢红包的位置。

```
<div class="modal-content">
    <button type="button" class="close del" data-dismiss="modal">
        <span >&times;</span>
    </button>
    <img src="images/07.png" alt="" class="img-fluid rounded">
    <a href="#" class="btn redWars">抢</a>
</div>
```

其中"关闭"按钮需要添加 data-dismiss="modal" 属性，用来指定关闭的模态框组件，还添加了一些自定义样式。具体的样式代码如下：

```
.del{
    border: 2px solid white!important;        /*定义边框*/
    padding: 3px 8px 5px!important;           /*定义内边距*/
    border-radius: 50%;                       /*定义圆角边框*/
    display: inline-block;                    /*定义行内块级*/
    position: absolute;                       /*定义绝对定位*/
    right: 2px;                               /*距离右侧2px*/
    top: 2px;                                 /*距离顶部2px*/
    background:#F72943!important;             /*定义背景色*/
}
.redWars{
    border: 1px solid white!important;        /*定义边框*/
    padding: 15px 26px!important;             /*定义内边距*/
    border-radius: 50%;                       /*定义圆角边框*/
    font-size: 40px;                          /*定义字体大小*/
    color: #F72943;                           /*定义字体颜色*/
    background: yellow;                        /*定义背景色*/
    display: inline-block;                    /*定义行内块级元素*/
    position: absolute;                       /*定义绝对定位*/
    left: 105px;                              /*距离左侧105px*/
    top: 260px;                               /*距离顶部260px*/
}
```

第 3 步：设计模态框自动加载。模态框可以通过手动单击按钮或自动来激活。本章前面介绍模态框的案例都是手动单击按钮来激活，下面来看一下使用 JavaScript 自动激活模态框的实现方法。

首先在模态框上添加一个 ID 值（id="myModal"），然后只需要在 JavaScript 中调用模态框的 .modal('show') 方法，也就是页面加载完成后自己调用 api 触发模态框，即可实现自动加载。

```
<script>
    $(function(){
        $('#myModal').modal('show');
    });
</script>
```

11.8
案例实训 2——仿京东商品推荐区

本案例使用 Bootstrap 框架仿京东商品推荐区，主要使用标签页插件，辅以网格系统和 Flex 布局技术进行设计，最终效果如图 11-34 所示。

图 11-34　仿京东商品推荐区效果

可以单击选项卡来选择喜欢的衣服类型，例如单击上衣，页面切换到上衣类型，效果如图 11-35 所示。

图 11-35　切换效果

下面来看一下具体的实现步骤。

第 1 步：设计标题。标题使用 h3 标签设计，并添加辅助标题 "HOT"。

```
<h3>热销精品<small class="ml-2 text-muted">HOT</small></h3>
```

第 2 步：设计标签页导航。直接套用 Bootstrap 4 提供的代码，然后定制 .active 类的样式，改变默认的颜色和圆角样式，使用 Flex 布局设置自相等。代码如下：

```
<ul class="nav nav-pills d-flex custom">
    <li class="nav-item border flex-fill text-center">
        <a class="nav-link active" data-toggle="tab" href="#image1">裤装</a>
    </li>
    <li class="nav-item border flex-fill text-center">
        <a class="nav-link" data-toggle="tab" href="#image2">上衣</a>
    </li>
    <li class="nav-item border flex-fill text-center">
        <a class="nav-link" data-toggle="tab" href="#image3">裙子</a>
    </li>
    <li class="nav-item border flex-fill text-center">
        <a class="nav-link" data-toggle="tab" href="#image4">衬衫</a>
    </li>
</ul>
```

定制样式代码如下：

```
.custom .active{
    border-radius:0!important;          /*删除圆角效果*/
    background: #ff5774!important;      /*设置背景色*/
}
```

运行效果如图 11-36 所示。

图 11-36　标签导航项效果

第 3 步：设计标签页导航内容。导航页导航内容基本结构如下：

```
<div class="tab-content">
    <div class="tab-pane fade show active" id="image1"></div>
    <div class="tab-pane fade" id="image2"></div>
    <div class="tab-pane fade" id="image3"></div>
    <div class="tab-pane fade" id="image4"></div>
</div>
```

在此基础之上设置商品展示内容。内容使用 Bootstrap 网格系统进行设计布局，共设置了 8 列，每列占 1/4 份，所以呈两排显示；并为每列添加 border 类样式。在 .row 上添加 no-gutters 类来删除网格的默认边距。

最后，在网格的每列中添加图像、文本、价格和评论。价格和评论用嵌套网格系统来完成。实现代码如下：

```
<div class="row no-gutters">
            <div class="col-3 p-3 border">
                <img src="images/01.png" alt="" class="img-fluid">
                <p class="my-2 value text-center">夏季新款韩版修身时尚淑女装</p>
                <div class="row text-center">
                    <div class="col-6 border-right value color1">￥89</div>
                    <div class="col-6 value"><a href="#" class="text-dark"><i
class="fa fa-weixin mr-1 color2"></i>280评价</a></div>
```

```
                </div>
            </div>
            <div class="col-3 p-3 border">
                <img src="images/02.png" alt="" class="img-fluid">
                <p class="my-2 value text-center">欧洲站女装欧货潮夏体恤</p>
                <div class="row text-center">
                    <div class="col-6 border-right value color1">￥138</div>
                    <div class="col-6 value"><a href="#" class="text-dark"><i
class="fa fa-weixin mr-1 color2"></i>431评价</a></div>
                </div>
            </div>
            <div class="col-3 p-3 border">
                <img src="images/03.png" alt="" class="img-fluid">
                <p class="my-2 value text-center">牛仔短裤高腰时尚夏季阔腿裤</p>
                <div class="row text-center">
                    <div class="col-6 border-right value color1">￥99</div>
                    <div class="col-6 value"><a href="#" class="text-dark"><i
class="fa fa-weixin mr-1 color2"></i>60评价</a></div>
                </div>
            </div>
            <div class="col-3 p-3 border">
                <img src="images/04.png" alt="" class="img-fluid">
                <p class="my-2 value text-center">春装新款短款防晒外套棒球服</p>
                <div class="row text-center">
                    <div class="col-6 border-right value color1">￥199</div>
                    <div class="col-6 value"><a href="#" class="text-dark"><i
class="fa fa-weixin mr-1 color2"></i>23评价</a></div>
                </div>
            </div>
            <div class="col-3 p-3 border">
                <img src="images/06.png" alt="" class="img-fluid">
                <p class="my-2 value text-center">运动套装女时尚休闲装</p>
                <div class="row text-center">
                    <div class="col-6 border-right value color1">￥149</div>
                    <div class="col-6 value"><a href="#" class="text-dark"><i
class="fa fa-weixin mr-1 color2"></i>132评价</a></div>
                </div>
            </div>
            <div class="col-3 p-3 border">
                <img src="images/07.png" alt="" class="img-fluid">
                <p class="my-2 value text-center">丝麻连衣裙夏季女装</p>
                <div class="row text-center">
                    <div class="col-6 border-right value color1">￥68</div>
                    <div class="col-6 value"><a href="#" class="text-dark"><i
class="fa fa-weixin mr-1 color2"></i>1180评价</a></div>
                </div>
            </div>
            <div class="col-3 p-3 border">
                <img src="images/08.png" alt="" class="img-fluid">
                <p class="my-2 value text-center">尤缇春装新款女装连衣裙</p>
                <div class="row text-center">
                    <div class="col-6 border-right value color1">￥88</div>
                    <div class="col-6 value"><a href="#" class="text-dark"><i
class="fa fa-weixin mr-1 color2"></i>1580评价</a></div>
                </div>
            </div>
            <div class="col-3 p-3 border">
                <img src="images/09.png" alt="" class="img-fluid">
                <p class="my-2 value text-center">法式复古山本超仙女连衣裙</p>
```

```
        <div class="row text-center">
            <div class="col-6 border-right value color1">￥89</div>
                <div class="col-6 value"><a href="#" class="text-dark"><i
class="fa fa-weixin mr-1 color2"></i>843评价</a></div>
            </div>
        </div>
    </div>
```

设计颜色，代码如下：

```
.color1{
    color:#FF4466;
}
.color2{
    color: #ff9797;
}
.value{
    font-size: 0.8rem;
}
```

第12章

深入精通JavaScript插件

在第 11 章中，已经介绍了插件的使用和一些 JavaScript 插件效果，本章将进一步深入讲解更多的 JavaScript 插件。

12.1
折叠

Bootstrap 折叠插件允许在网页中用一些 JavaScript 以及 CSS 类，控制内容的可见性，可以用它来创建折叠导航、折叠内容面板。

折叠插件需要 collapse.js 插件的支持，因此在使用插件之前，应该先导入 jquery.js、util.js 和 collapse.js 文件。

```
<script src="jquery-3.3.1.slim.js"></script>
<script src="util.js"></script>
<script src="collapse.js"></script>
```

或者直接导入 jquery.js 和 bootstrap.js 文件：

```
<script src="jquery-3.3.1.slim.js"></script>
<script src="bootstrap-4.2.1-dist/js/bootstrap.js"></script>
```

12.1.1 定义折叠

折叠的结构看起来很复杂，但调用起来是很简单的，具体分为以下两个步骤。

（1）定义折叠的触发器，使用 <a> 或者 <button> 标签。在触发器中添加触发属性 data-toggle="collapse"，并在触发器中使用 id 或 class 来指定触发的内容。如果使用的是 <a> 标签，可以让 href 属性值等于 id 或 class 值；如果是 <button> 标签，在 <button> 中添加 data-target 属性，属性值为 id 或 class 值。

（2）定义折叠包含框，折叠内容包含在折叠框中。然后在包含框中设置 id 或 class 值，该值等于触发器中对应的 id 或 class 值。最后还需要在折叠包含框中添加下面三个类中的一个类。

- ■ .collapse：隐藏折叠内容。
- ■ .collapsing：隐藏折叠内容，切换时带动态效果。
- ■ .collapse.show：显示折叠内容。

完成以上两个步骤便可实现折叠效果，下面通过一个示例来讲解。

【例 12.1】折叠示例。

```
<body class="container">
<h2 class="mb-4">定义折叠</h2>
<p>
    <a class="btn btn-primary" data-toggle="collapse" href="#collapse">&lt; a
&gt;触发折叠</a>
    <button class="btn btn-danger" type="button" data-toggle="collapse" data-
target="#collapse1">&lt; button &gt;触发折叠</button>
</p>
<div class="collapsing" id="collapse">
    <div class="card card-body">
        这是&lt; a &gt;触发的折叠内容
    </div>
</div>
<div class="collapse" id="collapse1">
    <div class="card card-body">
        这是&lt; button &gt;触发的折叠内容
    </div>
</div>
</body>
```

在 IE 11 浏览器中运行结果如图 12-1 所示。

图 12-1　折叠效果

12.1.2　控制多目标

在触发器上，可以通过选择器来显示和隐藏多个折叠包含框（一般使用 class 值），也可以用多个触发器来控制显示或隐藏一个折叠包含框。

【例 12.2】控制多目标示例。

```
<body class="container">
<h3 class="mb-4">一个触发器切换多个目标</h3>
```

```
<p>
    <button class="btn btn-primary" type="button" data-toggle="collapse" data-
target=".multi-collapse">切换下面2个目标</button>
</p>
<div class="collapse multi-collapse">
    <div class="card card-body">
        折叠内容一
    </div>
</div>
<div class="collapse multi-collapse">
    <div class="card card-body">
        折叠内容二
    </div>
</div>
<hr class="my-4">
<h3 class="mb-4">多个触发器切换一个目标</h3>
<p>
    <button class="btn btn-primary" type="button" data-toggle="collapse" data-
target="#multi-collapse">触发器1</button>
    <button class="btn btn-primary" type="button" data-toggle="collapse" data-
target="#multi-collapse">触发器2</button>
</p>
<div class="collapse" id="multi-collapse">
    <div class="card card-body">
        多个触发器触发的内容
    </div>
</div>
</body>
```

在 IE 11 浏览器中运行结果如图 12-2 所示。

图 12-2　控制多目标效果

12.1.3　设计手风琴效果

本节使用折叠组件并结合卡片组件来实现手风琴效果。

【例 12.3】手风琴示例。

```
<body class="container">
<h2 class="mb-4">手风琴示例</h2>
<h4 class="">个人简历</h4>
<div id="Example">
```

```
        <div class="card">
            <div class="card-header">
                <button class="btn btn-link" type="button" data-toggle="collapse"
data-target="#one">教育经历</button>
            </div>
            <div id="one" class="collapse show" data-parent="#Example">
                <div class="card-body">
                    毕业于加利福尼亚大学,学习的专业为计算机科学与技术。
                </div>
            </div>
        </div>
        <div class="card">
            <div class="card-header">
                    <button class="btn btn-link collapsed" type="button" data-
toggle="collapse" data-target="#two">工作经验</button>
            </div>
            <div id="two" class="collapse" data-parent="#Example">
                <div class="card-body">
                    做过一年的软件开发
                </div>
            </div>
        </div>
        <div class="card">
            <div class="card-header">
                    <button class="btn btn-link collapsed" type="button" data-
toggle="collapse" data-target="#three">兴趣爱好</button>
            </div>
            <div id="three" class="collapse" data-parent="#Example">
                <div class="card-body">
                    篮球,足球,街舞,表演
                </div>
            </div>
        </div>
    </div>
    </body>
```

在 IE 11 浏览器中运行结果如图 12-3 所示。

图 12-3　手风琴效果

注意

使用 data-parent="#selector" 属性类别来确保所有的折叠元素在指定的父元素下，这样就能实现在一个折叠选项显示时其他选项就隐藏的效果。

提示 其中 .btn-link 是 Bootstrap 4 提供的一个 class，样式代码如下：

```
.btn-link {font-weight: 400;color: #007bff;}
```

12.1.4 调用折叠

调用折叠组件的方法有两种。

1. 通过 Data 属性

为控制元素添加 data-toggle="collapse" 和 data-target 属性，绑定控制元素要控制的包含框即可调用折叠组件。如果使用超链接，则不需要 data-target 属性，直接在 href 属性中定义目标锚点即可。如果想让折叠内容默认打开，可以添加额外的类 show。

为了给一个折叠块控件添加类似手风琴的效果，还需要添加 data-parent 属性。确保在某个时间内只能显示一个子项目。

2. JavaScript 调用

除了使用 data 属性调用外，还可以使用 JavaScript 脚本形式进行调用，调用方法如下：

```
$('.collapse').collapse()
```

collapse() 方法包含一个配置对象，该对象包含两个配置参数，如表 12-1 所示。

表 12-1　collapse() 的配置参数

配置参数	类型	默认值	说　明
parent	选择器	false	所有添加该属性的折叠项，在其中某一项显示时，其余的将自动关闭
toggle	布尔值	true	是否切换折叠调用

提示 Bootstrap 4 为折叠插件定义了 4 个特定方法，调用它们可以实现特定的行为效果。

- .collapse('toggle')：切换可折叠元素，显示或者隐藏该元素。
- .collapse('show')：显示可折叠元素。
- .collapse('hide')：隐藏可折叠元素。
- .collapse('dispose')：销毁一个元素的折叠。

12.1.5 添加用户行为

Bootstrap 4 中为折叠插件提供了 4 个事件，通过它们，可以监听用户的动作和折叠组件的状态。说明如下。

- show.bs.collapse：当触发打开动作时立即触发此事件。
- shown.bs.collapse：当折叠元素对用户完全可见时触发此事件。
- hide.bs.collapse：当用户触发折叠动作时立即触发此事件。
- hidden.bs.collapse：当折叠元素完全折叠后触发此事件。

下面为一个折叠添加两个 shown.bs.collapse 和 hidden.bs.collapse 监听事件，当折叠完全打开后，触发 shown.bs.collapse，页面主题变成绿色，折叠按钮内容动态更改为"折叠内容显示完成"；触发 hidden.bs.collapse，页面主题变成黄色，折叠按钮内容动态更改为"折叠内容隐藏完成"。

【例 12.4】监听折叠示例。

```
<body class="container">
<h3 class="mb-4">折叠事件</h3>
<div class="accordion" id="accordionExample">
    <div class="card">
        <div class="card-header">
            <button class="btn btn-link" type="button" data-toggle="collapse"
data-target="#one">折叠</button>
        </div>
        <div id="one" class="collapse">
            <div class="card-body">
                折叠的内容
            </div>
        </div>
    </div>
</div>
</body>
<script>
    $(function(){
        $('.collapse').on("shown.bs.collapse",function(){
            $("body").css("background","#36ee23");
            $('[data-toggle="collapse"]').html("折叠内容显示完成")
        })
        $('.collapse').on("hidden.bs.collapse",function(){
            $("body").css("background","#fdff62");
            $('[data-toggle="collapse"]').html("折叠内容隐藏完成")
        })
    })
</script>
```

在 IE 11 浏览器中运行，单击激活按钮，折叠内容显示，效果如图 12-4 所示；再次单击按钮，折叠内容隐藏，效果如图 12-5 所示。

图 12-4　折叠激活后页面效果　　　　图 12-5　折叠隐藏后页面效果

12.2
工具提示

在 Bootstrap 4 中，工具提示插件需要 tooltip.js 文件支持，所以在使用之前，应该导入 jquery.js、util.js 和 tooltip.js。工具提示插件还依赖于第三方 popper.js 插件实现，所以在使用工具提示时确保引入了 popper.js 文件，并放在 bootstrap.js 文件之前。

```
<script src="jquery-3.3.1.slim.js"></script>
<script src="util.js"></script>
<script src="popper.min.js"></script>
<script src="tooltip.js"></script>
```

或者直接导入 jquery.js 和 bootstrap.js 文件：

```
<script src="jquery-3.3.1.slim.js"></script>
<script src="popper.min.js"></script>
<script src="bootstrap-4.2.1-dist/js/bootstrap.js"></script>
```

12.2.1　定义工具提示

使用 data-toggle="tooltip" 属性对元素添加工具提示，提示的内容使用 title 属性设置。例如下面代码，定义一个超链接，添加 data-toggle="tooltip" 属性，并定义 title 内容：

```
<a href="#" type="button" class="btn btn-primary" data-toggle="tooltip" title="将跳转到注册页面">注册</a>
```

出于性能原因的考虑，Bootstrap 没有支持工具提示插件通过 data 属性激活，因此必须手动通过 JavaScript 脚本方式调用。调用方法是通过 tooltip() 构造函数来实现的，例如下面代码使用 data-toggle 属性初始化：

```
<script>
    $(function () {
        $('[data-toggle="tooltip"]').tooltip()
    })
</script>
```

也可以使用选择器（id 或 class）初始化工具提示：

```
<script>
    $(function () {
        $('.btn'). tooltip()
    })
</script>
```

上面代码在 IE 11 浏览器中运行效果如图 12-6 所示。

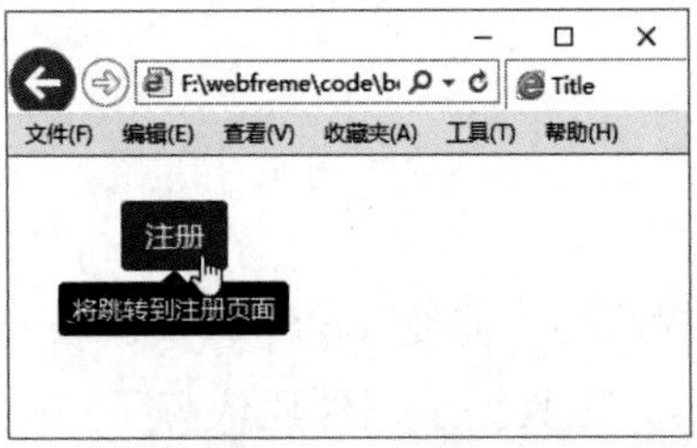

图 12-6　工具提示效果

禁用的按钮元素是不能交互的，无法悬浮或单击来触发工具提示。可以通过为禁用元素包裹一个容器的方法，在该容器上触发工具提示。

在下面代码中，为禁用按钮包裹一个 <span> 标签，在它上面添加工具提示。

```
<span data-toggle="tooltip" title="禁用的按钮">
  <button class="btn btn-primary" type="button" disabled>禁用按钮</button>
</span>
```

在 IE 11 浏览器中运行效果如图 12-7 所示。

图 12-7　禁用按钮设置工具提示效果

12.2.2　工具提示方向

使用 data-placement=" " 属性设置工具提示的显示方向，可选值有四个：left、right、top 和 bottom，分别表示向左、向右、向上和向下。

下面定义 4 个按钮，使用 data-placement=" " 属性，为每个按钮设置不同的提示显示方向。

【例 12.5】工具提示显示方向示例。

```
<body class="container">
<h2 class="mb-5">工具提示方向</h2>
<button type="button" class="btn btn-lg btn-danger ml-5" data-toggle="tooltip"
data-placement="left" data-trigger="click" title="工具提示">向左</button>
<button type="button" class="btn btn-lg btn-danger ml-5" data-toggle="tooltip"
data-placement="right" data-trigger="click" title="工具提示">向右</button>
<div class="mt-5 mb-5"><hr></div>
<button type="button" class="btn btn-lg btn-danger ml-5 " data-toggle="tooltip"
data-placement="top" data-trigger="click" title="工具提示">向上</button>
<button type="button" class="btn btn-lg btn-danger ml-5" data-toggle="tooltip"
```

```
data-placement="bottom" data-trigger="click" title="工具提示">向下</button>
    </body>
    <script>
        $(function () {
            //使用data-toggle属性触发工具提示
            $('[data-toggle="tooltip"]').tooltip();
        })
    </script>
```

在 IE 11 浏览器中运行结果如图 12-8 所示。

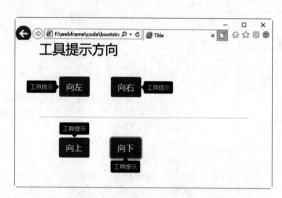

图 12-8　工具提示显示方向效果

在工具提示中，title 属性中可以添加一些修饰的标签，例如在下面代码中，在 title 提示内容中添加 <em>、<b>、<u> 等标签。

【例 12.6】添加修饰的标签示例。

```
<body class="container">
<h2 class="mb-5">添加自定义HTML</h2>
<button type="button" class="btn btn-danger" data-toggle="tooltip" data-
html="true" title="<em><b>工具提示</b></em> <u>添加</u> <b>HTML</b>">
    工具提示添加自定义的HTML
</button>
</body>
<script>
    $(function () {
        $('[data-toggle="tooltip"]').tooltip();
    })
</script>
```

在 IE 11 浏览器中运行结果如图 12-9 所示。

图 12-9　添加修饰的标签效果

265

Bootstrap 从入门到项目实战

12.2.3 调用工具提示

使用 JavaScript 脚本触发工具提示的代码如下：

```
$('#example').tooltip(options);
```

$('#example') 表示匹配的页面元素，options 是一个参数对象，可以设置工具提示的相关配置参数，说明如表 12-2 所示。

表 12-2 tooltip() 的配置参数

名　称	类　型	默认值	说　明
animation	boolean	true	提示工具是否应用 CSS 淡入淡出过渡特效
container	string|element|false	false	将提示工具附加到特定元素上，例如 "\<body>"
delay	number|object	0	设置提示工具显示和隐藏的延迟时间，不适用于手动触发类型，如果只提供了一个数字，则表示显示和隐藏的延迟时间。语法结构如下：delay:{show:1000,hide:500}
html	boolean	false	是否插入 HTML 字符串。如果为 true，工具提示标题中的 HTML 标记将在工具提示中呈现；如果设置为 false，则使用 jQuery 的 text() 方法插入内容，就不用担心 XSS 攻击
placement	string|function	top	设置工具提示的位置，包括 auto，top，bottom，left，right。当设置为 auto 时，它将动态地重新定位工具提示
selector	string	false	设置一个选择器字符串，则具体提示针对选择器匹配的目标进行显示
title	string|element|function	无	如果 title 属性不存在，则需要显示的提示文本
trigger	string	click	设置工具提示的触发方式，包括单击（click）、鼠标经过（hover）、获取焦点（focus）或者手动（manual）。可以指定多种方式，多种方式之间通过空格进行分割
offset	number|string	0	工具提示内容相对于其目标的偏移量

可以通过 data 属性或 JavaScript 传递参数。对于 data 属性，将参数名附着到 data- 后面即可，例如 data-container=" "。也可以针对单个工具提示指定单独的 data 属性。

下面通过 JavaScript 设置工具提示的参数，让提示信息以 HTML 文本格式显示一幅图片，同时延迟 1 秒钟显示，推迟 1 秒钟隐藏，通过 click（单击）触发弹窗，偏移量设置为 200px，支持 HTML 字符串，应用 CSS 淡入淡出过渡特效。

【例 12.7】JavaScript 传递参数示例。

```
<body class="container">
<h3 class="mb-4">调用工具提示</h3>
<button type="button" class="btn btn-lg btn-danger ml-5" data-toggle="tooltip">
工具提示</button>
    <script>
        $(function () {
            $('[data-toggle="tooltip"]').tooltip({
                animation:true,                    //应用CSS淡入淡出过渡特效
                html:true,                         //支持HTML字符串
                offset:"200px",                    //设置偏移位置
                title:"<img src='image/008.jpg' width='300' class='img-fluid'>",
                                                   //提示内容
                placement:"right",                 //显示位置
```

```
            trigger:"click",                    //鼠标单击时触发
            delay:{show:1000,hide:1000}         //显示和延迟的时间
        });
    })
</script>
</body>
```

在 IE 11 浏览器中运行结果如图 12-10 所示。

图 12-10　JavaScript 传递参数设置效果

提示

工具提示插件拥有多个实用方法，说明如下。

- .tooltip('show')：显示页面某个元素的工具提示。
- .tooltip('hide')：隐藏页面某个元素的工具提示。
- .tooltip('toggle')：打开或隐藏页面某个元素的工具提示。
- .tooltip('dispose')：隐藏和销毁元素的工具提示。
- .tooltip('enable')：赋予元素工具提示显示的能力。默认情况下，工具提示是启用的。
- .tooltip('disable')：移除显示元素的工具提示功能。只有在重新启用时，才能显示工具提示。
- .tooltip('toggleEnabled')：切换显示或隐藏元素工具提示的能力。
- .tooltip('update')：更新元素的工具提示位置。

12.2.4　添加用户行为

Bootstrap 4 为工具提示插件提供了 5 个事件，说明如表 12-3 所示。

表 12-3　工具提示事件

事件类型	描　　述
show.bs.tooltip	当调用 show 方法时，此事件立即触发
shown.bs.tooltip	当工具提示对用户可见时，触发此事件
hide.bs.tooltip	当调用 hide 方法时，将立即触发此事件
hidden.bs.tooltip	当工具提示对用户隐藏完成时，将触发此事件
inserted.bs.tooltip	这个事件在 show.bs.tooltip 事件结束后被触发

下面为一个工具提示绑定上述 5 个监听事件，然后激活工具提示交互行为，5 个监听事件将依次执行，执行过程中，为每个过程添加 alert() 方法（弹出框），弹出对应的事件，并设置此时按钮的颜色。

【例 12.8】监听工具提示。

```html
<body class="container">
<h2 class="mb-5">工具提示事件</h2>
<button type="button" class="btn btn-info ml-5" data-toggle="myTooltip"
id="myTooltip">工具提示</button>
<script>
    $(function () {
        $('#myTooltip').tooltip({
            title:"工具提示",        //提示内容
            trigger:"click",        //鼠标单击时触发
        });
        $('#myTooltip').on('show.bs.tooltip', function () {
            alert("show.bs.tooltip");
            $(this).removeClass("btn-info").addClass("btn-primary");
        })
        $('#myTooltip').on('inserted.bs.tooltip', function () {
            alert("inserted.bs.tooltip");
            $(this).removeClass("btn-primary").addClass("btn-danger");
        })
        $('#myTooltip').on('shown.bs.tooltip', function () {
            alert("shown.bs.tooltip");
            $(this).removeClass("btn-danger").addClass("btn-info");
        })
        $('#myTooltip').on('hide.bs.tooltip', function () {
            alert("hide.bs.tooltip");
            $(this).removeClass("btn-info").addClass("btn-success");
        })
        $('#myTooltip').on('hidden.bs.tooltip', function () {
            alert("hidden.bs.tooltip");
            $(this).removeClass("btn-success").addClass("btn-info");
        })
    })
</script>
</body>
```

在 IE 11 浏览器中运行，触发效果如图 12-11 ～图 12-15 所示。

图 12-11　触发 show.bs.tooltip 事件　　图 12-12　触发 inserted.bs.tooltip 事件

图 12-13　触发 shown.bs.tooltip 事件　　　图 12-14　触发 hide.bs.tooltip 事件

图 12-15　触发 hidden.bs.tooltip 事件

12.3
弹窗

弹窗依赖工具提示插件，因此需要先加载工具提示插件。另外，弹窗插件还需要 popover.js 文件支持，所以应先导入 jquery.js、util.js、popper.min.js、tooltip.js 和 popover.js 文件。

```
<script src="jquery-3.3.1.slim.js"></script>
<script src="util.js"></script>
<script src="popper.min.js"></script>
<script src="tooltip.js"></script>
<script src="popover.js"></script>
```

或者直接导入 jquery.js 和 bootstrap.js 文件：

```
<script src="jquery-3.3.1.slim.js"></script>
<script src="bootstrap-4.2.1-dist/js/bootstrap.js"></script>
```

12.3.1　定义弹窗

使用 data-toggle="popover" 属性对元素添加弹窗，使用 title 属性设置弹窗的标题内容，使用 data-content 属性设置弹窗的内容。例如下面代码，定义一个超链接，添加 data-toggle="popover" 属性，定义 title 和 data-content 属性内容：

```
<a href="#" type="button" class="btn btn-primary"data-toggle="popover" title="弹窗标题" data-content="弹窗的内容">弹窗</a>
```

出于性能原因的考虑，Bootstrap 没有支持工具提示插件通过 data 属性激活，因此必须手动通过 JavaScript 脚本方式调用。调用方法是通过 popover() 构造函数来实现的，例如下面代码使用 data-toggle 属性初始化弹窗：

```
<script>
    $(function () {
        $('[data-toggle="popover"]').popover()
    })
</script>
```

使用选择器初始化弹窗，例如 id 或者 class：

```
$(function () {
  $('class或id').popover()
})
```

初始化完成后，即可实现弹窗的效果。在浏览器中运行效果如图 12-16 所示。

图 12-16　弹窗效果

禁用的按钮元素是不能交互的，无法悬浮或单击来触发弹窗。可以通过为禁用元素包裹一个容器的方法，在该容器上触发弹窗。

在下面代码中，为禁用按钮包裹一个 <span> 标签，在它上面添加弹窗。

【例 12.9】禁用按钮的弹窗示例。

```
<span data-toggle="popover" title="弹窗标题" data-content="弹窗内容">
  <button class="btn btn-primary" type="button" disabled>禁用按钮</button>
</span>
<script>
    $(function () {
        $('[data-toggle="popover"]').popover();
    })
</script>
```

在 IE 11 浏览器中运行结果如图 12-17 所示。

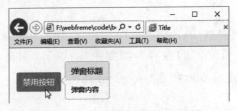

图 12-17　禁用按钮的弹窗效果

12.3.2 弹窗方向

与工具提示默认的显示位置不同，弹窗默认显示位置在目标对象的右侧。通过 data-placement 属性可以设置提示信息的显示位置，取值包括 top、right、bottom 和 left。

在下面代码中，使用 data-placement 属性为 4 个按钮设置不同的弹窗位置。

【例 12.10】弹窗方向示例。

```
<body class="container">
<h3 class="mb-5">弹窗方向</h2>
<button type="button" class="btn btn-lg btn-danger ml-5" data-toggle="popover"
data-placement="left" title="弹窗标题" data-content="弹窗内容">向左</button>
<button type="button" class="btn btn-lg btn-danger ml-5" data-toggle="popover"
data-placement="right" title="弹窗标题" data-content="弹窗内容">向右</button>
<div class="mt-5 mb-5"><hr></div>
<button type="button" class="btn btn-lg btn-danger ml-5 " data-toggle="popover"
data-placement="top" title="弹窗标题" data-content="弹窗内容">向上</button>
<button type="button" class="btn btn-lg btn-danger ml-5" data-toggle="popover"
data-placement="bottom" title="弹窗标题" data-content="弹窗内容">向下</button>

<script>
    $(function () {
        $('[data-toggle="popover"]').popover();
    })
</script>
</body>
```

在 IE 11 浏览器中运行结果如图 12-18 所示。

图 12-18　弹窗方向效果

提示

在上面的示例中，使用共有的 data-toggle="popover" 属性来触发所有弹窗。

12.3.3 调用弹窗

使用 JavaScript 脚本触发弹窗，代码如下：

```
$('#example').popover(options)
```

$('#example') 表示匹配的页面元素，options 是一个参数对象，可以配置弹窗的相关参数，参数说明如表 12-4 所示。

表 12-4　popover() 的参数

名称	类　型	默认值	描　　述
animation	boolean	true	弹窗是否应用 CSS 淡入淡出过渡特效
container	string|element|false	false	将弹窗附加到特定元素上，例如 "<body>"
content	string|element|function	无	如果 data−content 属性不存在，则默认内容值。如果给定一个函数，该函数将被调用，它的引用集将指向弹出窗口所附加的元素
delay	number|object	0	设置弹窗显示和隐藏的延迟时间，不适用于手动触发类型；如果只提供了一个数字，则表示显示和隐藏的延迟时间。语法结构如下：delay:{show:1000,hide:500}
html	boolean	false	是否插入 HTML 字符串。如果设置为 false，则使用 jQuery 的 text() 方法插入内容，就不用担心 XSS 攻击
placement	string|function	right	设置弹窗的位置，包括 auto，top，bottom，left，right。当设置为 auto 时，它将动态地重新定位弹窗
selector	string|false	false	如果提供了选择器，则弹窗对象将委托给指定的目标
title	string|element|function	无	如果 title 属性不存在，则需要显示的提示文本
trigger	string	click	设置弹窗的触发方式，包括单击（click）、鼠标经过（hover）、获取焦点（focus）或者手动（manual）。可以指定多种方式，多种方式之间通过空格进行分割
offset	number|string	0	弹出窗口相对于其目标的偏移量

可以通过 data 属性或 JavaScript 传递参数。对于 data 属性，将参数名附着到 data- 后面即可，例如 data-container=" "。也可以针对单个工具提示指定单独的 data 属性。

下面通过 JavaScript 设置弹窗的参数，让弹窗以 HTML 文本格式显示一幅图片，同时延迟 1 秒钟显示，推迟 1 秒钟隐藏，通过 click（单击）触发弹窗，偏移量设置为 200px，支持 HTML 字符串，应用 CSS 淡入淡出过渡特效。

【例 12.11】JavaScript 设置弹窗的参数示例。

```
<body class="container">
<h3 class="mb-4">调用弹窗</h3>
<button type="button" class="btn btn-lg btn-danger ml-5" data-toggle="popover">
弹窗</button>
<script>
    $(function () {
        $('[data-toggle="popover"]').popover({
            animation:true,              //应用CSS淡入淡出过渡特效
            html:true,                   //支持HTML字符串
            offset:"200px",              //设置偏移位置
            title:"展翅飞翔的鹰",         //显示标题
            content:"<img src='image/008.jpg' class='img-fluid'>",
                                         //显示内容
            trigger:"click",             //鼠标单击时触发
            delay:{show:1000,hide:1000}  //显示和延迟的时间
```

```
      });
    })
</script>
</body>
```

在 IE 11 浏览器中运行结果如图 12-19 所示。

图 12-19　弹窗效果

单个弹出式的数据属性如上文所述，可以通过使用数据属性来指定单个弹出选项。

提示

　　和工具提示一样，弹窗插件拥有多个实用方法，说明如下。

- .popover('show')：显示页面某个元素的弹窗。

- .popover('hide')：隐藏页面某个元素的弹窗。

- .popover('toggle')：打开或隐藏页面某个元素的弹窗。

- .popover('dispose')：隐藏和销毁元素的弹窗。

- .popover('enable')：赋予元素弹窗显示的能力。默认情况下，弹窗是启用的。

- .popover('disable')：移除显示元素的弹窗功能。只有在重新启用时，才能显示弹窗。

- .popover('toggleEnabled')：切换显示或隐藏元素弹窗的能力。

- .popover('update')：更新元素的弹窗位置。

12.3.4　添加用户行为

　　Bootstrap 4 为弹窗插件提供了 5 个事件，具体说明如表 12-5 所示。

表 12-5　弹窗事件

事件类型	描　　述
show.bs.popover	当调用 show 方法时，此事件立即触发
shown.bs.popover	当弹窗对用户可见时触发此事件
hide.bs.popover	当调用 hide 方法时，将立即触发此事件
hidden.bs.popover	当弹窗对用户隐藏完成时，将触发此事件
inserted.bs.popover	这个事件在 show.bs.popover 事件结束后被触发

下面为一个弹窗绑定上述 5 个监听事件，然后激活弹窗交互行为，5 个监听事件将依次执行，执行过程中，为每个过程添加 alert() 方法（弹出框），弹出对应的事件，并设置此时按钮的颜色。

【例 12.12】监听弹窗示例。

```html
<body class="container">
<h2 class="mb-5">弹窗事件</h2>
<button type="button" class="btn btn-info ml-5" data-toggle="popover"
id="myPopover">弹窗</button>
<script>
    $(function () {
        $('#myPopover').popover({
            title:"弹窗标题",        //弹窗标题
            content:"弹窗内容",      //显示内容
            trigger:"click",         //鼠标单击时触发
        });
        $('#myPopover').on('show.bs.popover', function () {
            $(this).removeClass("btn-info").addClass("btn-primary");
            alert("show.bs.popover");
        })
        $('#myPopover').on('inserted.bs.popover', function () {
            $(this).removeClass("btn-primary").addClass("btn-danger");
            alert("inserted.bs.popover");
        })
        $('#myPopover').on('shown.bs.popover', function () {
            $(this).removeClass("btn-danger").addClass("btn-info");
            alert("shown.bs.popover");
        })
        $('#myPopover').on('hide.bs.popover', function () {
            $(this).removeClass("btn-info").addClass("btn-success");
            alert("hide.bs.popover");
        })
        $('#myPopover').on('hidden.bs.popover', function () {
            $(this).removeClass("btn-success").addClass("btn-info");
            alert("hidden.bs.popover");
        })
    })
</script>
</body>
```

在 IE 11 浏览器中运行，触发效果如图 12-20 ～图 12-24 所示。

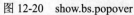

图 12-20　show.bs.popover

图 12-21　inserted.bs.popover

图 12-22　shown.bs.popover　　　　图 12-23　hide.bs.popover

图 12-24　hidden.bs.popover

12.4
轮播

轮播（Carousel）是一种像旋转木马一样在元素之间循环的幻灯片插件，内容可以是图像、内嵌框架、视频或者其他任何类型的内容。轮播需要 carousel.js 插件支持，因此在使用之前，应该先导入 jquery.js、util.js 和 carousel.js 文件。

```
<script src="jquery-3.3.1.slim.js"></script>
<script src="util.js"></script>
<script src="carousel.js"></script>
```

或者直接导入 jquery.js 和 bootstrap.js 文件：

```
<script src="jquery-3.3.1.slim.js"></script>
<script src="bootstrap-4.2.1-dist/js/bootstrap.js"></script>
```

12.4.1　定义轮播

轮播是一个幻灯片效果，内容循环播放，使用 CSS 3D 变形转换和 JavaScript 构建。它适用于一系列图像、文本或自定义标记，还包括对上一个、下一个图片的浏览控制和指令支持。

Bootstrap 轮播插件有 3 个部分构成：标识图标、幻灯片和控制按钮。

第 1 步：设计轮播包含框，定义 carousel 类样式，设计唯一的 ID（id="Carousel"）值，特别是在一个页面上使用多个 .carousel 时；data-ride="carousel" 属性用于定义轮播在页面加载时就开始动画播放。如果不使用该属性初始化轮播，就必须使用 JavaScript 脚本初始化它。控制按钮和指示图标必须具有与 .carousel 元素的 id 匹配的数据目标属性或链接的 href 属性。在轮播外包含框内设计两个子容器，用来设计轮播标识图标和轮播信息，最后在幻灯片后添加两个控制按钮，用来控制播放行为。

```html
<div id="Carousel" class="carousel slide " data-ride="carousel">
    <!--标识图标-->
    <ol class="carousel-indicators">
        <li data-target="#Carousel" data-slide-to="0" class="active"></li>
        <li data-target="#Carousel" data-slide-to="1"></li>
        <li data-target="#Carousel" data-slide-to="2"></li>
    </ol>
    <!--幻灯片-->
    <div class="carousel-inner">
        <div class="carousel-item active">
            <img src="image" class="d-block w-100" alt="">
            <div class="carousel-caption">
                <h5> </h5>
                <p> </p>
            </div>
        </div>
    </div>
    <!--控制按钮-->
    <a class="carousel-control-prev" href="#Carousel" data-slide="prev">
        <span class="carousel-control-prev-icon"></span>
    </a>
    <a class="carousel-control-next" href="#Carousel" data-slide="next">
        <span class="carousel-control-next-icon"></span>
    </a>
</div>
```

提示

> slide 类用来设置切换图片的过渡和动画效果，如果不需要这样的效果，可以删除这个类。

第 2 步：设计指示图标包含框（<ol class="carousel-indicators">）。图标包含框定义了 3 个指示图标，显示当前图片的播放顺序，在这个列表结构中，使用 data-target="#Carousel" 指定目标包含容器为 <div id="Carousel">，使用 data-slide-to= "0" 定义播放顺序的下标。

第 3 步：设计幻灯片包含框（<div class="carousel-inner">）。幻灯片包含框中每个项目包含两部分：图片和图片说明。图片引用了 .d-block 和 .w-100 两个样式，以修正浏览器预设的图像对齐带来的影响。图片说明框使用 <div class="carousel-caption"> 定义。

```html
<div class="carousel-caption">
    <h5> </h5>
    <p> </p>
</div>
```

注意
　　　　　需要将 .active 类添加到其中一个幻灯片中，否则轮播将不可见。

　　第 4 步：设计控制按钮。在 <div id="Carousel"> 轮播框最后面插入两个控制按钮，按钮分别使用 carousel-control-prev 和 carousel-control-next 来控制，使用 carousel-control-prev-icon 和 carousel-control-next-icon 类来设计左右箭头。通过使用 href="#Carousel" 绑定轮播框，使用 data-slide="prev" 和 data-slide="next" 激活按钮行为。

　　以上步骤就完成了轮播的设计，下面通过一个示例看一下效果。

　　【例 12.13】轮播示例。

```
<body class="container">
<h3 class="mb-4">轮播效果</h3>
<div id="Carousel" class="carousel slide" data-ride="carousel">
    <!--标识图标-->
    <ol class="carousel-indicators">
        <li data-target="#Carousel" data-slide-to="0" class="active"></li>
        <li data-target="#Carousel" data-slide-to="1"></li>
        <li data-target="#Carousel" data-slide-to="2"></li>
    </ol>
    <!--幻灯片-->
    <div class="carousel-inner">
        <div class="carousel-item active">
            <img src="images/002.png" class="d-block w-100" alt="">
            <div class="carousel-caption">
                <h5>图片一</h5>
                <p>说明文字</p>
            </div>
        </div>
        <div class="carousel-item">
            <img src="images/003.png" class="d-block w-100" alt="">
            <div class="carousel-caption">
                <h5>图片二</h5>
                <p>说明文字</p>
            </div>
        </div>
        <div class="carousel-item">
            <img src="images/004.png" class="d-block w-100" alt="">
            <div class="carousel-caption">
                <h5>图片三</h5>
                <p>说明文字</p>
            </div>
        </div>
    </div>
    <!--控制按钮-->
    <a class="carousel-control-prev" href="#Carousel" data-slide="prev">
        <span class="carousel-control-prev-icon"></span>
    </a>
    <a class="carousel-control-next" href="#Carousel" data-slide="next">
        <span class="carousel-control-next-icon"></span>
    </a>
</div>
</body>
```

在 IE 11 浏览器中运行结果如图 12-25 所示。

图 12-25　轮播效果

提示　　在 Bootstrap 使用轮播时，可以根据自己的需要去掉一些"东西"，例如图标指示、控制按钮和图片说明等，以达到相应的效果。

12.4.2　设计轮播风格

前面介绍可以添加 slide 类来实现图片切换的动画，本节来介绍设置图片的交叉淡入淡出以及图片自动循环间隔时间。

1. 交叉淡入淡出

实现淡入淡出动画效果首先需要在轮播框 <div id="Carousel"> 中添加 slide 类，然后再添加交叉淡入淡出类 carousel-fade。

【例 12.14】轮播交叉淡入淡出示例。

```
<body class="container">
<h3 class="mb-4">交叉淡入淡出效果</h3>
<div id="Carousel" class="carousel slide carousel-fade" data-ride="carousel">
    <!--标识图标-->
    <ol class="carousel-indicators">
        <li data-target="#Carousel" data-slide-to="0" class="active"></li>
        <li data-target="#Carousel" data-slide-to="1"></li>
        <li data-target="#Carousel" data-slide-to="2"></li>
    </ol>
    <!--幻灯片-->
    <div class="carousel-inner">
        <div class="carousel-item active">
            <img src="images/002.png" class="d-block w-100" alt="">
        </div>
        <div class="carousel-item">
            <img src="images/003.png" class="d-block w-100" alt="">
        </div>
        <div class="carousel-item">
            <img src="images/004.png" class="d-block w-100" alt="">
```

```
        </div>
    </div>
    <!--控制按钮-->
    <a class="carousel-control-prev" href="#Carousel" data-slide="prev">
        <span class="carousel-control-prev-icon"></span>
    </a>
    <a class="carousel-control-next" href="#Carousel" data-slide="next">
        <span class="carousel-control-next-icon"></span>
    </a>
</div>
</body>
```

在 IE 11 浏览器中运行结果如图 12-26 所示。

图 12-26　轮播交叉淡入淡出效果

2. 设置自动循环间隔时间

在幻灯片框中的每个项目上添加 data-interval=" " 来设置自动循环间隔时间。

```
<!--幻灯片框-->
    <div class="carousel-inner">
        <div class="carousel-item active" data-interval="1000">
            <img src="images/002.png" class="d-block w-100" alt="">
        </div>
        <div class="carousel-item" data-interval="2000">
            <img src="images/003.png" class="d-block w-1000" alt="">
        </div>
        <div class="carousel-item" data-interval="3000">
            <img src="images/004.png" class="d-block w-100" alt="">
        </div>
    </div>
```

在上面的代码中设置间隔时间分别为 1s、2s 和 3s。

12.4.3　调用轮播

调用轮播插件的方法有两种，具体说明如下。

1. 通过 data 属性

使用 data 属性可以轻松地控制轮播的位置。其中 data-slide 属性可以改变当前轮播的帧，它包括 prev 和 next，prev 表示向后滚动，next 表示向前滚动。另外，使用 data-slide-to 属性可以传递某个帧的下标，例如 data-slide-to="2"，这样就可以直接跳转到这个指定的帧（下标从 0 开始算起）。

data-ride="carousel" 属性用于定义轮播在页面加载时就开始动画播放，如果不使用该属性初始化轮播，就必须使用 JavaScript 脚本初始化它。

下面是使用 data 属性调用轮播的代码。

```html
<div id="carousel" class="carousel slide" data-ride="carousel">
    <ol class="carousel-indicators">
        <li data-target="#carousel" data-slide-to="0" class="active"></li>
        <li data-target="#carousel" data-slide-to="1"></li>
        <li data-target="#carousel" data-slide-to="2"></li>
    </ol>
    <div class="carousel-inner">
        <div class="carousel-item active">
            <img src="" class="d-block w-100" alt="...">
        </div>
    </div>
     <a class="carousel-control-prev" href="#carousel" role="button" data-slide="prev">
        <span class="carousel-control-prev-icon"></span>
    </a>
     <a class="carousel-control-next" href="#carousel" role="button" data-slide="next">
        <span class="carousel-control-next-icon"></span>

    </a>
</div>
```

2. 使用 JavaScript 调用

在脚本中使用 carousel() 方法调用轮播：

```javascript
$('.carousel').carousel()
```

在轮播中，把所有的 data 属性都去掉，保留轮播组件的基本结构和类样式。

```html
<div id="carousel" class="carousel slide">
    <ol class="carousel-indicators">
        <li data-target="#carousel" data-slide-to="0" class="active"></li>
        <li data-target="#carousel" data-slide-to="1"></li>
        <li data-target="#carousel" data-slide-to="2"></li>
    </ol>
    <div class="carousel-inner">
        <div class="carousel-item active">
            <img src="" class="d-block w-100" alt="...">
        </div>
    </div>
    <a class="carousel-control-prev" href="#carousel" role="button">
        <span class="carousel-control-prev-icon"></span>
    </a>
    <a class="carousel-control-next" href="#carousel" role="button">
        <span class="carousel-control-next-icon"></span>
    </a>
</div>
```

然后，在脚本中调用 carousel() 方法。

```
<script>
    $(function(){
        $('.carousel').carousel();
    })
</script>
```

carousel() 方法包含 4 个配置参数，说明如表 12-6 所示。

表 12-6　carousel() 配置参数

名称	类　型	默认值	描　　述
interval	number	5000	在自动循环一个项目之间延迟的时间
keyboard	boolean	true	轮播是否应该对键盘事件做出反应
pause	string|boolean	hover	如果设置为 hover，则鼠标指针悬浮在轮播上时暂停轮播的循环，离开后恢复轮播的循环。如果设置为 false，则鼠标指针悬浮在轮播上时不会暂停
touch	boolean	true	轮播是否应该支持触摸屏设备上的左、右滑动交互行为

上述参数可以通过 data 属性或 JavaScript 传递。对于 data 属性，将参数名称附着到 data- 之后，例如 data- interval=" "。

在下面的脚本中，定义轮播的播放速度为 2 秒。

```
<script>
    $(function(){
        $('.carousel').carousel({
            interval:2000
        });
    })
</script>
```

carousel() 方法还包括多种特殊的调用，说明如下。

- .carousel('cycle')：从左向右循环播放。
- .carousel('pause')：停止循环播放。
- .carousel(number)：循环到指定帖，下标从 0 开始，类似数组。
- .carousel('prev')：滚动到上一帧。
- .carousel('next')：滚动到下一帧。
- .carousel('dispose')：破坏轮播。

使用 carousel() 方法调用轮播，轮播只是简单的自动播放，左右箭头是不起作用的，所以需要使用 carousel() 方法的特殊调用，来实现左右箭头的功能。在轮播中为左、右箭头分别添加 left 和 right 两个类。

```
<a class="carousel-control-prev left" href="#carousel" role="button">
<span class="carousel-control-prev-icon"></span>
</a>
<a class="carousel-control-next right" href="#carousel" role="button">
<span class="carousel-control-next-icon"></span>
```

```
</a>
```

实现左、右箭头功能的脚本代码如下：

```html
<script>
    $(function(){
        $("#carousel .left").click(function () {
            $('.carousel').carousel("prev");
        })
        $("#carousel .right").click(function () {
            $('.carousel').carousel("next");
        })
    })
</script>
```

12.4.4 添加用户行为

Bootstrap 4 为轮播插件提供了两个事件，说明如下。

■ slide.bs.carousel：当调用 slide 实例方法时，此事件立即触发。

■ slid.bs.carousel：当轮播完成幻灯片转换时，将触发此事件。

为轮播添加以上两个事件，设计当图片滑动过程时，让轮播组件外框显示为红色边框，完成其幻灯片转换后，边框色变为灰色。

【例 12.15】监听轮播示例。

```html
<body class="container">
<h3 class="mb-4">轮播事件</h3>
<div id="indicators" class="carousel slide">
    <ol class="carousel-indicators">
        <li data-target="#indicators" data-slide-to="0" class="active"></li>
        <li data-target="#indicators" data-slide-to="1"></li>
        <li data-target="#indicators" data-slide-to="2"></li>
    </ol>
    <div class="carousel-inner">
        <div class="carousel-item active">
            <img src="images/01.png" class="d-block w-100" alt="">
        </div>
        <div class="carousel-item">
            <img src="images/02.png" class="d-block w-100" alt="">
        </div>
        <div class="carousel-item">
            <img src="images/03.png" class="d-block w-100" alt="">
        </div>
    </div>
    <a class="carousel-control-prev" href="#indicators" data-slide="prev">
        <span class="carousel-control-prev-icon"></span>
    </a>
    <a class="carousel-control-next" href="#indicators" data-slide="next">
        <span class="carousel-control-next-icon"></span>
    </a>
</div>

</body>
```

```
<script>
    $(function(){
        $('.carousel').on("slide.bs.carousel",function(e){
            e.target.style.border="solid 10px #FF1493"
        })
        $('.carousel').on("slid.bs.carousel",function(e){
            e.target.style.border="solid 10px #9C9C9C"
        })
    })
</script>
```

在 IE 11 浏览器中运行，图片滑动过程中效果如图 12-27 所示，完成幻灯片转换后效果如图 12-28 所示。

图 12-27　图片滑动过程中效果

图 12-28　完成幻灯片转换后效果

12.5
滚动监听

滚动监听（Scrollspy）是 Bootstrap 提供的很实用的 JavaScript 插件，能自动更新导航栏组件或列表组组件，根据滚动条的位置自动更新对应的目标。其实现的方法是基于滚动条的位置向导航栏或列表组中添加 .active 类。

12.5.1　定义滚动监听

滚动监听插件正常运行需要满足以下几个条件。

■ 如果从源代码构建 JavaScript，需要引入 util.js 文件。默认 bootstrap.js 已经包含了 util.js，因为 Bootstrap 所有 JavaScript 行为都依赖于 util.js 函数。

■ Scrollspy 插件必须在 Bootstrap 中的导航组件或列表组组件上使用。

■ Scrollspy 插件需要在监控的元素上使用 "position:relative;" 定位，监控元素通常是 \<body>。

■ 当需要对 \<body\> 以外的元素进行监控时,要确保监控元素具有 height(高度)和 overflow-y:scroll 属性。

■ 定义锚点,并且必须指向一个 id。

滚动监听需要 scrollspy.js 插件支持,因此在使用之前,应该先导入 jquery.js、util.js 和 scrollspy.js 文件。

```html
<script src="jquery-3.3.1.slim.js"></script>
<script src="util.js"></script>
<script src="scrollspy.js"></script>
```

或者直接导入 jquery.js 和 bootstrap.js 文件:

```html
<script src="jquery-3.3.1.slim.js"></script>
<script src="bootstrap-4.2.1-dist/js/bootstrap.js"></script>
```

注意　使用 scrollspy.js 插件设计滚动监听时,如果用到了其他插件,例如下拉菜单,还需要引入下拉插件。

滚动监听是很实用的 JavaScript 插件,被广泛应用到了 Web 开发中,下面分别使用导航和列表组来实现滚动监听的操作。

1. 在导航栏中的示例

滚动导航栏下方的区域,并观看活动列表的变化,下拉项目也会突出显示,如下例所示。

第 1 步:首先设计导航栏,在导航栏中添加一个下拉菜单。分别为导航栏列表项和下拉菜单项目设计锚点链接,锚记分别为 "#list1"、"#list2"、"#menu1"、"#menu2"、"#menu3"。同时为导航栏外定义一个 ID 值(id="navbar"),以方便滚动监听控制。

```html
<h3 class="mb-4">在导航中的示例</h3>
<nav id="navbar" class="navbar navbar-light bg-light">
    <ul class="nav nav-pills">
        <li class="nav-item">
            <a class="nav-link" href="#list1">列表1</a>
        </li>
        <li class="nav-item">
            <a class="nav-link" href="#list2">列表2</a>
        </li>
        <li class="nav-item dropdown">
                <a class="nav-link dropdown-toggle" data-toggle="dropdown"
href="#">下拉菜单</a>
            <div class="dropdown-menu">
                <a class="dropdown-item" href="#menu1">菜单1</a>
                <a class="dropdown-item" href="#menu2">菜单2</a>
                <a class="dropdown-item" href="#menu3">菜单3</a>
            </div>
```

```
        </li>
    </ul>
</nav>
```

第 2 步：设计监听对象。这里设计一个包含框（class="Scrollspy"），其中存放多个子容器。在内容框中，为每个标题设置锚点位置，即为每个 <h4> 标签定义 ID 值，对用值分别为 list1、list2、menu1、menu2、menu3。

```
<div class="Scrollspy">
    <h4 id="list1">列表1</h4>
    <p><img src="img/001.jpg" alt="" class="img-fluid"></p>
    <h4 id="list2">列表2</h4>
    <p><img src="img/002.jpg" alt="" class="img-fluid"></p>
    <h4 id="menu1">菜单1</h4>
    <p><img src="img/003.jpg" alt="" class="img-fluid"></p>
    <h4 id="menu2">菜单2</h4>
    <p><img src="img/004.jpg" alt="" class="img-fluid"></p>
    <h4 id="menu3">菜单3</h4>
    <p><img src="img/005.jpg" alt="" class="img-fluid"></p>
</div>
```

第 3 步：为监听对象 <div class="Scrollspy"> 自定义样式，设计包含框为固定大小，并显示滚动条。

```
<style>
    .Scrollspy{
        width: 500px;        /*定义宽度*/
        height: 300px;       /*定义高度*/
        overflow: scroll;    /*定义当内容溢出元素框时,浏览器显示滚动条以便查看其余的内容*/
        }
</style>
```

第 4 步：为监听对象设置被监听的 Data 属性：data-spy="scroll"，指定监听的导航栏：data-target="#menu"，定义监听过程中滚动条的偏移位置：data-offset="80"。

```
<div data-spy="scroll" data-target="#navbar" data-offset="80" class="Scrollspy">
    <h4 id="list1">列表1</h4>
    <p><img src="img/001.jpg" alt="" class="img-fluid"></p>
    <h4 id="list2">列表2</h4>
    <p><img src="img/002.jpg" alt="" class="img-fluid"></p>
    <h4 id="menu1">菜单1</h4>
    <p><img src="img/003.jpg" alt="" class="img-fluid"></p>
    <h4 id="menu2">菜单2</h4>
    <p><img src="img/004.jpg" alt="" class="img-fluid"></p>
    <h4 id="menu3">菜单3</h4>
    <p><img src="img/005.jpg" alt="" class="img-fluid"></p>
</div>
```

完成以上操作，在 IE 浏览器中运行，则可以看到当滚动 <div class="Scrollspy"> 容器的滚动条时，导航条会实时监听并更新当前被激活的菜单项，效果如图 12-29 所示。

Bootstrap

图 12-29　滚动监听效果

2. 嵌套的导航栏示例

嵌套的导航栏示例，这里实现左侧是导航栏，右侧是监听对象，效果就像书的目录一样。

第 1 步：设计布局。使用 Bootstrap 的网格系统进行设计，左侧占 3 份，右侧占 9 份。

```html
<div class="row">
    <div class="col-3"></div>
    <div class="col-9"></div>
</div>
```

第 2 步：设计嵌套的导航栏，分别为嵌套的导航栏列表项添加锚链接，同时为导航栏添加一个 ID 值（id="navbar1"）。监听对象的设计和前面"在导航栏中的示例"一样，这里就不再说明。

```html
<body class="container">
<h3 class="mb-4">嵌套的导航示例</h3>
<div class="row">
    <div class="col-3">
        <nav id="navbar1 " class="navbar navbar-light bg-light">
            <nav class="nav nav-pills flex-column">
                <a class="nav-link" href="#item-1">列表 1</a>
                <nav class="nav nav-pills flex-column">
                    <a class="nav-link ml-3 my-1" href="#item-1-1">列表 1-1</a>
                    <a class="nav-link ml-3 my-1" href="#item-1-2">列表 1-2</a>
                </nav>
                <a class="nav-link" href="#item-2">列表 2</a>
                <a class="nav-link" href="#item-3">列表 3</a>
                <nav class="nav nav-pills flex-column">
                    <a class="nav-link ml-3 my-1" href="#item-3-1">列表 3-1</a>
                    <a class="nav-link ml-3 my-1" href="#item-3-2">列表 3-2</a>
                </nav>
            </nav>
        </nav>
    </div>
    <div class="col-9">
            <div data-spy="scroll" data-target="#navbar1" data-offset="80"
class="Scrollspy">
```

```
            <h4 id="item-1">列表 1</h4>
            <p><img src="img/001.jpg" alt="" class="img-fluid"></p>
            <h5 id="item-1-1">列表 1-1</h5>
            <p><img src="img/002.jpg" alt="" class="img-fluid"></p>
            <h5 id="item-1-2">列表 1-2</h5>
            <p><img src="img/003.jpg" alt="" class="img-fluid"></p>
            <h4 id="item-2">列表 2</h4>
            <p><img src="img/004.jpg" alt="" class="img-fluid"></p>
            <h4 id="item-3">列表 3</h4>
            <p><img src="img/005.jpg" alt="" class="img-fluid"></p>
            <h5 id="item-3-1">列表 3-1</h5>
            <p><img src="img/001.jpg" alt="" class="img-fluid"></p>
            <h5 id="item-3-2">列表 3-2</h5>
            <p><img src="img/002.jpg" alt="" class="img-fluid"></p>
        </div>
    </div>
</div>
```

第 3 步：为监听对象 <div class="Scrollspy"> 自定义样式，设计包含框为固定大小，并显示滚动条。

```
<style>
    .Scrollspy{
        width: 500px;        /*定义宽度*/
        height: 600px;       /*定义高度*/
        overflow: scroll;    /*定义当内容溢出元素框时,浏览器显示滚动条以便查看其余的内容*/
        }
</style>
```

完成以上操作，在 IE 浏览器中运行，可以看到当滚动 <div class="Scrollspy"> 容器的滚动条时，导航条会实时监听并更新当前被激活的菜单项，效果如图 12-30 所示。

图 12-30　嵌套的导航栏监听效果

3. 列表组示例

列表组示例可以参考"嵌套导航栏示例",采用相同的布局,只是把嵌套导航栏换成列表组。

【例 12.16】列表组示例。

```
<h3 class="mb-4">列表组示例</h3>
<div class="row">
    <div class="col-3">
        <div id="list" class="list-group">
            <a class="list-group-item list-group-item-action" href="#list-item-
1">Item 1</a>
            <a class="list-group-item list-group-item-action" href="#list-item-
2">Item 2</a>
            <a class="list-group-item list-group-item-action" href="#list-item-
3">Item 3</a>
            <a class="list-group-item list-group-item-action" href="#list-item-
4">Item 4</a>
            <a class="list-group-item list-group-item-action" href="#list-item-
5">Item 5</a>
        </div>
    </div>
    <div class="col-9">
        <div data-spy="scroll" data-target="#list" data-offset="0"
class="Scrollspy">
        <h4 id="list-item-1">Item 1</h4>
        <p><img src="img/001.jpg" alt="" class="img-fluid"></p>
        <h4 id="list-item-2">Item 2</h4>
        <p><img src="img/002.jpg" alt="" class="img-fluid"></p>
        <h4 id="list-item-3">Item 3</h4>
        <p><img src="img/003.jpg" alt="" class="img-fluid"></p>
        <h4 id="list-item-4">Item 4</h4>
        <p><img src="img/004.jpg" alt="" class="img-fluid"></p>
        <h4 id="list-item-5">Item 5</h4>
        <p><img src="img/005.jpg" alt="" class="img-fluid"></p>
        </div>
    </div>
</div>
```

为监听对象 <div class="Scrollspy"> 自定义样式,设计包含框为固定大小,并显示滚动条。

```
<style>
    .Scrollspy{
        width: 500px;      /*定义宽度*/
        height: 500px;     /*定义高度*/
        overflow: scroll;  /*定义当内容溢出元素框时,浏览器显示滚动条以便查看其余的内容*/
        }
</style>
```

完成以上操作,在 IE 浏览器中运行,可以看到当滚动 <div class="Scrollspy"> 容器的滚动条时,列表会实时监听并更新当前被激活的列表项,效果如图 12-31 所示。

图 12-31　列表滚动监听效果

12.5.2　调用滚动监听

Bootstrap 4 支持通过 HTML 和 JavaScript 两种方法调用滚动监听插件，简单说明如下。

1. 通过 data 属性

在页面中为被监听的元素定义 data-spy="scroll" 属性，即可激活 Bootstrap 滚动监听插件，如果要监听浏览器窗口的内容滚动，则可以为 <body> 标签添加 data-spy="scroll" 属性。

```
<body data-spy="scroll">
```

然后，使用 data-target=" 目标对象 " 定义监听的导航结构。

当为 body 元素定义 data-target="#navbar" 时，则 ID 值为 navbar 的导航框就拥有了监听页面滚动的行为。

```
<body data-spy="scroll" data-target="#navbare">
```

2. 通过 JavaScript 脚本

直接为被监听的对象绑定 scrollspy() 方法即可调用滚动监听插件。例如为 <body> 标签绑定滚动监听行为。

```
<script>
    $(function(){
        $('body').scrollspy();
    })
</script>
```

注意

在设计滚动监听时，必须为导航栏中的链接指定相应的目标 ID。例如，<a href="#home">home</a> 必须对应于 DOM 中的某些内容，例如 <div id="home">home</div>，即：要为导航栏设计好锚点。

scrollspy() 构造函数有一个配置参数 offset，可以使用它设置滚动偏移量，当该属性为正值时，则滚动条向上偏移，为负值时向下偏移。

```
<script>
    $(function(){
        $('body').scrollspy({
            offset:300
        });
    })
</script>
```

所有的配置参数都可以通过 data 属性或 JavaScript 传递。对于 data 属性，将参数名附着到 data- 后面。例如上面的 offset 配置参数，可以在 HTML 中通过 data-offset=" " 进行相同的配置。offset 能够调整滚动定位的偏移量，取值为数字，单位为像素，默认值为 10 像素。

12.5.3 添加用户行为

滚动监听插件定义了一个事件：activate.bs.scrollspy。每当新项目被滚动激活时，该事件就会在滚动元素上触发。下面利用 activate 事件跟踪当前菜单项，当新项目被滚动激活时，<body> 标签的背景色变为黄色。

【例 12.17】滚动监听事件示例。

```
<style>
.Scrollspy{
    width: 500px;       /*定义宽度*/
    height: 400px;      /*定义高度*/
    overflow: scroll;   /*定义当内容溢出元素框时,浏览器显示滚动条以便查看其余的内容*/
}
</style>
<body class="container">
<nav id="navbar" class="navbar navbar-light bg-light">
    <ul class="nav nav-pills">
        <li class="nav-item">
            <a class="nav-link" href="#list1">列表1</a>
        </li>
        <li class="nav-item">
            <a class="nav-link" href="#list2">列表2</a>
        </li>
        <li class="nav-item dropdown">
                <a class="nav-link dropdown-toggle" data-toggle="dropdown"
href="#">下拉菜单</a>
            <div class="dropdown-menu">
                <a class="dropdown-item" href="#menu1">菜单1</a>
                <a class="dropdown-item" href="#menu2">菜单2</a>
                <a class="dropdown-item" href="#menu3">菜单3</a>
            </div>
        </li>
    </ul>
</nav>
<div data-spy="scroll" data-target="#navbar" data-offset="80"
class="Scrollspy">
```

```
    <h4 id="list1">列表1</h4>
    <p><img src="image/002.png" alt="" class="img-fluid"></p>
    <h4 id="list2">列表2</h4>
    <p><img src="image/004.png" alt="" class="img-fluid"></p>
    <h4 id="menu1">菜单1</h4>
    <p><img src="image/005.png" alt="" class="img-fluid"></p>
    <h4 id="menu2">菜单2</h4>
    <p><img src="image/0012.png" alt="" class="img-fluid"></p>
    <h4 id="menu3">菜单3</h4>
    <p><img src="image/003.png" alt="" class="img-fluid"></p>
</div>
</body>

<script>
    $(function(){
        $("body").on("activate.bs.scrollspy",function(e){
            $("body").css("background","yellow")
        })
    })
</script>
```

在 IE 11 浏览器中运行，切换列表项时，设置 <body> 背景色为黄色，效果如图 12-32 所示。

图 12-32　滚动监听事件效果

12.6
实战实训 1——设计折叠搜索框

本案例是在导航栏中添加一个搜索的按钮，通过单击链接，可以把隐藏的搜索框显示出来，从而使用搜索框来完成搜索。这样做的好处是节省了导航栏的空间，可以添加其他内容。

没默认状态下效果如图 12-33 所示，当单击搜索链接时，显示折叠的搜索框，如图 12-34 所示。

图 12-33　默认效果　　　　　　　　　　　图 12-34　触发后效果

下面来看一下实现步骤。

第 1 步：设计导航栏。直接使用 Bootstrap 导航栏组件进行设计，把右侧的搜索框换成链接。

```
<nav class="navbar navbar-expand-md navbar-light bg-light mt-3">
    <a class="navbar-brand" href="#">LOGO</a>
     <button class="navbar-toggler" type="button" data-toggle="collapse" data-
target="#navbarContent">
        <span class="navbar-toggler-icon"></span>
    </button>
    <div class="collapse navbar-collapse" id="navbarContent">
        <ul class="navbar-nav mr-auto">
            <li class="nav-item active">
                <a class="nav-link" href="#">首页</a>
            </li>
            <li class="nav-item">
                <a class="nav-link" href="#">关于我们</a>
            </li>
            <li class="nav-item">
                <a class="nav-link" href="#">联系我们</a>
            </li>
        </ul>
        <div>
            <a href="#"><i class="fa fa-shopping-cart mr-3"></i></a>
            <a href="#"><i class="fa fa-search"></i></a>
        </div>
    </div>
</nav>
```

第 2 步：给搜索链接添加折叠。给链接添加 data-toggle="collapse" 和 data-target="#collapseExample" 属性，data-toggle="collapse" 属性用来触发折叠，data-target="#collapseExample" 属性指定触发的内容。

内容部分使用弹性盒（d-flex justify-content-end）布局把折叠的内容布置到右侧。为表单外包含框添加 form-inline 类使其水平排列。

```
<div>
    <a href="#"><i class="fa fa-shopping-cart mr-3"></i></a>
    <a href="#" data-toggle="collapse" data-target="#collapseExample">
    <i class="fa fa-search"></i>
    </a>
</div>
<div class="d-flex justify-content-end mr-3">
    <div class="collapse" id="collapseExample">
        <div class="form-group form-inline">
                <input type="search" class="form-control mr-2"><a href="#"
class="btn btn-primary">搜索</a>
```

```
        </div>
    </div>
</div>
```

第 3 步：设计链接的悬浮效果。

```
i{
    border: 1px solid black;        /*定义边框*/
    border-radius: 50%;             /*定义圆角边框*/
    padding: 5px;                   /*定义内边距*/
}
i:hover {
    background: #00aa88;            /*定义背景色*/
    color: white;                   /*定义字体颜色*/

}
```

12.7
实战实训 2——仿小米内容展示

该案例是仿小米手机官网中的内容展示部分。主要使用 Bootstrap 网格系统进行布局，一行四列，在每列中设计一个 Bootstrap 轮播，可以通过轮播展示不同类别的内容。本案还对轮播的默认样式进行了调整，以达到相应的效果。

具体的页面效果如图 12-35 所示。

图 12-35　页面效果

下面看一下具体的实现步骤。

第 1 步：使用 Bootstrap 网格系统设计结构。

```
<div class="row">
    <div class="col-md-3"></div>
    <div class="col-md-3"></div>
    <div class="col-md-3"></div>
    <div class="col-md-3"></div>
</div>
```

第 2 步：设计内容。内容部分直接套用 Bootstrap 轮播，更改了轮播的指示器样式，这里设计成小圆点的形式。最后为每列内容添加 2D 转换效果（transform）。

```
        <div class="col-3">
            <div id="Carousel" class="carousel slide">
                <ol class="carousel-indicators">
                    <li data-target="#Carousel" data-slide-to="0" class="active"></li>
                    <li data-target="#Carousel" data-slide-to="1"></li>
                    <li data-target="#Carousel" data-slide-to="2"></li>
                </ol>
                <div class="carousel-inner">
                    <div class="carousel-item active">
                        <img src="images/01.png" class="d-block w-100" alt="">
                        <div class="carousel-caption">
                            <p class="text-danger">女士服装</p>
                        </div>
                    </div>
                    <div class="carousel-item">
                        <img src="images/02.png" class="d-block w-100" alt="">
                        <div class="carousel-caption">
                            <p class="text-danger">女士服装</p>
                        </div>
                    </div>
                    <div class="carousel-item">
                        <img src="images/03.png" class="d-block w-100" alt="">
                        <div class="carousel-caption">
                            <p class="text-danger">女士服装</p>
                        </div>
                    </div>
                </div>
                    <a class="carousel-control-prev" href="#Carousel" data-slide="prev">
                        <span class="carousel-control-prev-icon"></span>
                    </a>
                    <a class="carousel-control-next" href="#Carousel" data-slide="next">
                        <span class="carousel-control-next-icon"></span>
                    </a>
            </div>
        </div>
```

设计样式：

```
body{
    min-width: 992px;                       /*定义主体最小宽度*/
}
                                            /*设计指示小圆点*/
.carousel-indicators li{
    width: 8px;                             /*定义宽度*/
    height: 8px;                            /*定义高度*/
    border-radius: 50%;                     /*定义圆角效果*/
    margin-left: 15px;                      /*定义左边外边距*/
}
.col-3:hover{
    transform: translateY(-5px);            /*定义2D转换效果*/
}
```

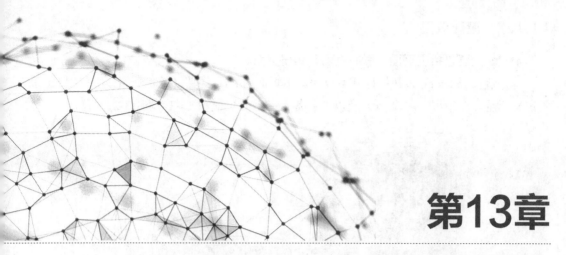

第13章

项目实训1——招聘网中的简历模板

本案例是一个响应式的个人简历项目，案例使用 Bootstrap 和 CSS 技术设计整个布局，以简洁明了、大方美观为主要风格。本案例适合初学者模仿学习，也可作为电子模板进行使用。

13.1
案例概述

本案例是一个响应式的个人简历模板，主要包括三个页面。在这三个页面中，左侧信息栏和顶部导航条是固定设计，每个页面都相同。

13.1.1　案例结构

本案例目录文件说明如下。

- bootstrap-4.2.1-dist：Bootstrap 框架文件夹。
- font-awesome-4.7.0：图标字体库文件。中文网下载：http://www.fontawesome.com.cn/。
- jquery-3.3.1.slim.js：JavaScript 脚本库。
- images：图片素材。
- style.css：样式表文件。
- index.html：主页面。
- contact.html：联系页面。
- photo.html：相册页面。

13.1.2 设计效果

本案例主要包括主页面、联系页面和相册页面。

首先运行 index.html 文件打开主页面。主页面内容区主要包括 4 个部分，使用 h5 标签定义标题。在中屏（>768px）及以上设备上显示效果如图 13-1、图 13-2 所示。

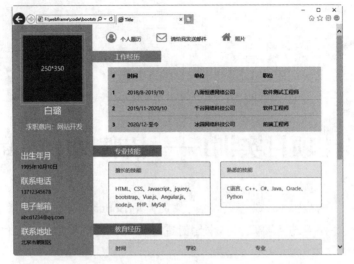

图 13-1　主页面宽屏效果（上）

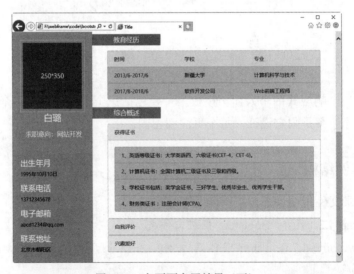

图 13-2　主页面宽屏效果（下）

主页使用了响应式布局，在中屏以下设备（<768px）中将响应式的进行排列，效果如图 13-3 所示。

在主页面中单击导航条中的"请给我发送邮件"，可跳转到联系页面。联系页面是一组表单，效果如图 13-4 所示。

当单击"相册"时，页面跳转到相册页面，效果如图 13-5 所示。

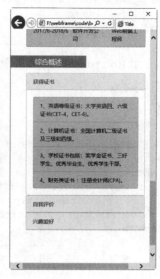

图 13-3 主页面窄屏效果

图 13-4 联系页面效果

图 13-5 相册页面效果

13.1.3 设计准备

应用 Bootstrap 框架的页面建议为 HTML 5 文档类型。同时在页面头部区域导入框架的基本样式文件、脚本文件、jQuery 文件和自定义的 CSS 样式文件。本项目的配置文件如下：

```html
<!DOCTYPE html>
<html>
<head>
    <meta charset="UTF-8">
    <title>Title</title>
    <meta name="viewport" content="width=device-width,initial-scale=1, shrink-to-fit=no">
    <link rel="stylesheet" href="bootstrap-4.2.1-dist/css/bootstrap.css">
    <script src="jquery-3.3.1.slim.js"></script>
    <script src="https://cdn.staticfile.org/popper.js/1.14.6/umd/popper.js"></script>
    <script src="bootstrap-4.2.1-dist/js/bootstrap.min.js"></script>
    <!--css文件-->
    <link rel="stylesheet" href="style.css">
    <!--字体图标文件-->
    <link rel="stylesheet" href="font-awesome-4.7.0/css/font-awesome.css">
</head>
<body>
</body>
</html>
```

13.2
设计布局

本案例中 3 个页面的布局是相同的，左侧是信息栏，右侧由导航条和内容组成。整个页面使用网格系统进行布局，在中大屏设备中分别占 3 份和 9 份，如图 13-6 所示；左侧信息栏和右侧内容栏在小屏幕设备中各占一行，如图 13-7 所示。布局代码如下：

```html
<div class="row">
    <div class="col-sm-12 col-md-3 left">信息栏</div>
    <div class="col-sm-12 col-md-9 right p-0">导航条和内容</div>
</div>
```

提示

本章后面介绍的所有内容都包含在上面的布局中。

对于页面的布局，还添加了自定义的样式。设置 HTML 的最小宽度 min-width，当页面缩小 400px 时，页面不再缩小。在不同宽度的设备中，为了使页面更友好，使用媒体查询技术来设置根字体的大小，在中大屏中设置为 15px，在小屏中设置为 14px，这样在不同的设备中将会自动调整元素。中大屏设备中，为信息栏添加了固定定位，使用

margin-left:25% 设置右侧内容栏的位置。具体样式代码如下：

```css
html{
    min-width: 400px;
}
.left{
    background:#4BCFE9;
    top:0px;
}
.right{
    margin-bottom: 120px;
}
@media (max-width: 768px){
    /*使用媒体查询定义字体大小*/
    /*当屏幕尺寸小于768px时,页面的根字体大小为14px*/
    html{
        font-size: 14px;
    }
}
@media (min-width: 768px){
    /*当屏幕尺寸大于768px时,页面的根字体大小为15px*/
    html{
        font-size: 15px;
    }
    .left {
        position: fixed;
        bottom: 0;
        left: 0;
    }
    .right{
        margin-left:25% ;
    }
}
```

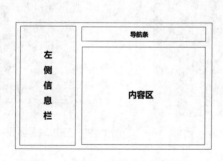
图 13-6 中大屏设备中布局效果

图 13-7 小屏幕设备中布局效果

13.3
设计左侧信息栏

左侧信息栏包含上下两部分。上面部分由 img 和 2 个 h 标签组成。img 标签用来设置个人照片，并且添加响应式类 img-fluid 和边框 border 类；h3 标签标明姓名，h5 标签标明求职意向。下半部分使用 h 标签和 p 标签标明个人信息。

左侧信息栏使用网格系统进行布局，在小屏设备和超小屏设备中一行显示，如图 13-8 所示；在中屏（>768px）及以上设备中，占一行的 3 份，如图 13-9 所示。

```
<div class="col-sm-12 col-md-3 left">
    <div class="row justify-content-between">
        <div class="col-6 col-sm-5 col-md-12 p-4">
            <img src="images/c.jpg" alt="userPhoto" class="img-fluid p-2
border">
            <h3 class="text-white text-center">白璐</h3>
            <h5>求职意向:网站开发</h5>
        </div>
        <div class="col-6 col-sm-5 col-md-12 p-5 p-md-4">
            <h4>出生年月</h4>
            <p>1995年10月10日</p>
            <h4>联系电话</h4>
            <p>13712345678</p>
            <h4>电子邮箱</h4>
            <p>abcd1234@qq.com</p>
            <h4>联系地址</h4>
            <p>北京市朝阳区</p>
        </div>
    </div>
</div>
```

图 13-8　在小、超小屏设备中显示效果　　　图 13-9　在中、大屏设备上显示效果

13.4
设计导航条

导航条使用无序列表进行定义，使用 Bootstrap 响应式浮动类来设置列表项目，在小屏设备中左浮动，使用 <li class="float-sm-left"> 定义，清除浮动使用 <ul class="

clearfix"> 定义。为每个列表项目添加字体图标，在 IE 浏览器中运行效果如图 13-10 所示。

图 13-10　导航条效果

```
<div class="my-4">
    <ul class="clearfix">
    <li class="float-sm-left">
    <i class="fa fa-user-circle-o fa-2x"></i>
        <a href="index.html" class="ml-2">个人履历</a>
    </li>
    <li class="float-sm-left mx-sm-5">
    <i class="fa fa-envelope-o fa-2x"></i>
        <a href="contact.html" class="ml-2">请给我发送邮件</a>
    </li>
    <li class="float-sm-left">
    <i class="fa fa-home fa-2x"></i>
        <a href="photo.html" class="ml-2">照片</a>
    </li>
    </ul>
</div>
```

使用 CSS 样式去掉无序列表的项目符号，为字体图标添加颜色。

```
ul{list-style: none;}
i{color: #6ecadc;}
```

13.5
设计主页

主页内容除了左侧信息栏和导航条外，还包括工作经历、专业技能、教育经历和综合概述 4 个部分，每个部分使用不同的 Bootstrap 组件来设计。

13.5.1　工作经历

工作经历主要包含以下内容。

■ h5 表示的标题，添加自定义的 color1 颜色类。

■ 使用 Bootstrap 表格组件进行布局的工作经历信息栏。

工作经历信息栏使用 Bootstrap 表格组件进行设计，使用 <table class="table"> 定义。表头背景色使用过 <thead class="table-success"> 定义，表身背景色使用 <tbody class="table-info"> 定义。在 IE 浏览器中运行效果如图 13-11 所示。

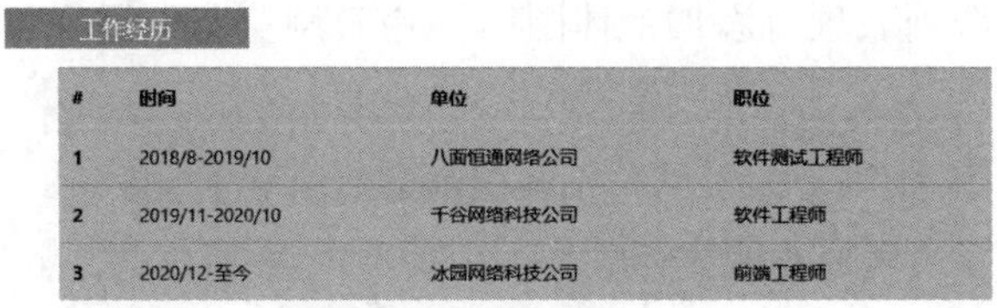

图 13-11　工作经历

```html
<h5 class="color1">工作经历</h5>
    <div class="px-5 py-2">
        <table class="table">
            <thead class="table-success">
            <tr>
                <th scope="col">#</th>
                <th scope="col">时间</th>
                <th scope="col">单位</th>
                <th scope="col">职位</th>
            </tr>
            </thead>
            <tbody class="table-info">
            <tr>
                <th>1</th>
                <td>2018/8-2019/10</td>
                <td>八面恒通网络公司</td>
                <td>软件测试工程师</td>
            </tr>
            <tr>
                <th>2</th>
                <td>2019/11-2020/10</td>
                <td>千谷网络科技公司</td>
                <td>软件工程师</td>
            </tr>
            <tr>
                <th>3</th>
                <td>2020/12-至今</td>
                <td>冰园网络科技公司</td>
                <td>前端工程师</td>
            </tr>
            </tbody>
        </table>
    </div>
```

13.5.2　专业技能

专业技能主要包含以下内容。

■　h5 表示的标题，添加自定义的 color2 颜色类。

■　使用 Bootstrap 网格系统进行布局的专业技能信息栏。

专业技能信息栏使用网格系统进行布局设计，一行两列。效果如图 13-12 所示。

图 13-12　专业技能

```
    <h5 class="color2">专业技能</h5>
        <div class="px-5 py-2">
            <!--嵌套栅格-->
            <div class="row">
                <div class="col-6">
                    <!--使用卡片组件-->
                    <div class="card border-primary text-primary">
                        <div class="card-header border-primary">擅长的技能</div>
                        <div class="card-body">
                            <p class="card-text">HTML、CSS、Javascript、jquery、
bootstrap、Vue.js、Angular.js、node.js、PHP、MySql</p>
                        </div>
                    </div>
                </div>
                <div class="col-6">
                    <div class="card border-success text-success">
                        <div class="card-header border-success">熟悉的技能</div>
                        <div class="card-body">
                            <p class="card-text">C语言、C++、C#、Java、Oracle、
Python</p>
                        </div>
                    </div>
                </div>
            </div>
        </div>
```

13.5.3 教育经历

教育经历主要包含以下内容。

■ h5 表示的标题，添加自定义的 color3 颜色类。

■ 使用 Bootstrap 列表组件进行布局的教育经历信息栏。

教育经历信息栏使用 Bootstrap 列表组组件进行设计。列表组使用 <ul class="list-group"> 定义，列表组项目使用 <li class="list-group-item"> 定义。然后在列表组中嵌套网格系统，布局为每行三列，效果如图 13-13 所示。

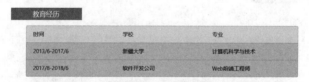

图 13-13　教育经历

```
<h5 class="color3">教育经历</h5>
        <div class="px-5 py-2">
            <ul class="list-group">
                <li class="list-group-item list-group-item-warning">
                    <div class="row">
                        <div class="col-4">时间</div>
                        <div class="col-4">学校</div>
                        <div class="col-4">专业</div>
                    </div>
                </li>
                <li class="list-group-item list-group-item-info">
                    <div class="row">
```

```
                <div class="col-4">2013/6-2017/6</div>
                <div class="col-4">新疆大学</div>
                <div class="col-4">计算机科学与技术</div>
            </div>
        </li>
        <li class="list-group-item list-group-item-info">
            <div class="row">
                <div class="col-4">2017/8-2018/6</div>
                <div class="col-4">软件开发公司</div>
                <div class="col-4">Web前端工程师</div>
            </div>
        </li>
    </ul>
</div>
```

13.5.4　综合概述

综合概述主要包含以下内容。

■ h5 表示的标题，添加自定义的 color4 颜色类。

■ 主要使用 Bootstrap 折叠组件进行设计的手风琴式信息栏。

手风琴式信息栏是折叠组件、卡片组件和列表组结合进行设计完成的。首先使用 <div id="accordion"> 定义手风琴折叠框。在折叠框中定义三个卡片容器，使用 <div class="card"> 定义。

然后在卡片中设计折叠选项面板。每个面板包含两个部分：第一部分是标题部分，使用 <div class="card-header"> 定义，在其中添加一个超链接，通过 id 绑定内容主体部分；第二部分是内容主体部分，使用 <div id="#id" data-parent="#accordion"> 定义。通过定义 data-parent="#accordion" 属性设置折叠包含框，以便在该框内只能显示一个单元项目。

完成以上步骤，在页面中单击任意一个标题，便可激活下方的主体部分。效果如图 13-14 所示。

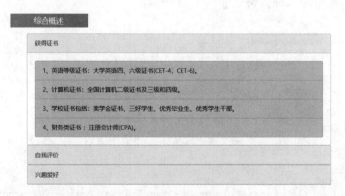

图 13-14　综合概述

```
<h5 class="color4">综合概述</h5>
    <div class="px-5 py-2">
        <div id="accordion">
        <div class="card">
        <div class="card-header">
```

```
                    <a class="card-link" data-toggle="collapse" href="#collapseOne">获得
证书</a>
                </div>
                <div id="collapseOne" class="collapse show" data-parent="#accordion">
                    <div class="card-body">
                        <ul class="list-group">
                            <li class="list-group-item list-group-item-info">
                                1、英语等级证书:大学英语四、六级证书(CET-4,CET-6)。
                            </li>
                            <li class="list-group-item list-group-item-info">
                                2、计算机证书:全国计算机二级证书及三级和四级。
                            </li>
                            <li class="list-group-item list-group-item-info">
                                3、学校证书包括:奖学金证书、三好学生、优秀毕业生、优秀学生干部。
                            </li>
                            <li class="list-group-item list-group-item-info">
                                4、财务类证书 :注册会计师(CPA)。
                            </li>
                        </ul>
                    </div>
                </div>
            </div>
            <div class="card">
                <div class="card-header">
                        <a class="collapsed card-link" data-toggle="collapse"
href="#collapseTwo">自我评价</a>
                </div>
                <div id="collapseTwo" class="collapse" data-parent="#accordion">
                    <div class="card-body">
                        本人热爱学习,工作态度严谨认真,责任心强,有很好的团队合作能力。有良好的
分析、解决问题的思维。诚实、稳重、勤奋、积极上进,拥有丰富的大中型企业管理经验,有较强的团队管理能
力,良好的沟通协调组织能力,敏锐的洞察力,自信是我的魅力。
                    </div>
                </div>
            </div>
            <div class="card">
                <div class="card-header">
                        <a class="collapsed card-link" data-toggle="collapse"
href="#collapseThree">兴趣爱好</a>
                </div>
                <div id="collapseThree" class="collapse" data-parent="#accordion">
                    <div class="card-body">
                        <ul class="list-group">
                            <li class="list-group-item list-group-item-info">阅读类:
读报、看杂志。</li>
                            <li class="list-group-item list-group-item-info">运动类:
篮球、足球、乒乓球。</li>
                            <li class="list-group-item list-group-item-info">饮食类:
西餐、川菜。</li>
                            <li class="list-group-item list-group-item-info">音乐类:
古典、轻音乐。</li>
                            <li class="list-group-item list-group-item-info">服饰类:
正式、休闲。</li>
                        </ul>
                    </div>
                </div>
            </div>
        </div>
    </div>
```

13.6
设计联系页

联系页面效果如图 13-4 所示，左侧信息栏、顶部导航栏与主页面是相同的，这里就不再介绍。联系页面使用 Bootstrap 表单组件进行设计，使用 <div class="form-group"> 定义表单框，来设置 1rem 的底边距。在窄屏下运行效果如图 13-15 所示。

```
<h5 class="color1">联系我</h5>
    <div class="px-5 py-5">
    <div class="pr-5">
    <div class="form-group">
        <input type="text" class="form-control form-control-lg" placeholder="收件人">
    </div>
    <div class="form-group">
     <input type="email" class="form-control form-control-lg" placeholder="收件人邮箱"></div>
    <div class="form-group">
        <textarea class="form-control form-control-lg" rows="6" placeholder="发送的内容"></textarea>
    </div>
    <button type="submit" class="btn btn-lg btn-primary">发送</button>
    </div>
</div>
```

图 13-15　窄屏下联系页面效果

13.7
设计相册页

相册页效果如图 13-5 所示。相册页用来展示简历作者的生活状态，传达出他的生活习惯、兴趣爱好等，让 HR 更好地了解他。

相册页使用多列卡片浮动排版进行设计。首先使用 <div class="card-columns"> 定义多列卡片浮动排版框，然后在其中定义不同背景颜色的卡片，在卡片中添加生活照片。
在窄屏下运行的效果如图 13-16 所示。

```
<h5 class="color1">生活照</h5>
    <div class="px-5 py-5 photo">
        <div class="card-columns">
            <div class="card bg-primary p-3">
            <img src="images/001.jpg" class="card-img-top" alt="">
        </div>
    <div class="card bg-dark p-3">
        <img src="images/002.jpg" class="card-img-top" alt="">
    </div>
    <div class="card bg-info p-3">
        <img src="images/003.jpg" class="card-img-top" alt="">
    </div>
    <div class="card bg-success p-3">
        <img src="images/004.jpg" class="card-img-top" alt="">
    </div>
    <div class="card bg-danger p-3">
        <img src="images/005.jpg" class="card-img-top" alt="">
    </div>
    </div>
</div>
```

图 13-16　窄屏下相册页面效果

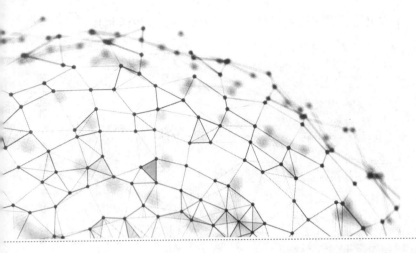

第14章

项目实训2——仿星巴克网站

本案例制作一个咖啡销售网站，通过网站呈现自己的理念和咖啡文化，页面布局设计独特，采用两栏的布局形式；页面风格设计简洁，为浏览者提供一个简单、时尚的页面，浏览时让人心情舒畅。

14.1
网站概述

网站的设计思路和设计风格与 Bootstrap 框架风格完美融合，下面就来具体地介绍实现的步骤。

14.1.1　网站结构

本案例目录文件说明如下。

- bootstrap-4.2.1-dist：Bootstrap 框架文件夹。
- font-awesome-4.7.0：图标字体库文件。下载地址：http://www.fontawesome.com.cn/。
- css：样式表文件夹。
- js：JavaScript 脚本文件夹，包含 index.js 文件和 jQuery 库文件。
- images：图片素材。
- index.html：首页。

14.1.2　设计效果

本案例是咖啡网站应用，主要设计首页的展示效果，其他页面设计可以套用首页模板。首页在大屏（≥ 992px）设备中显示效果如图 14-1、图 14-2 所示。

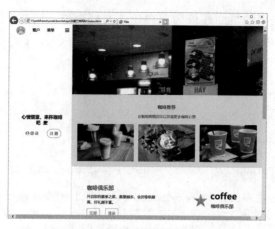

图 14-1 大屏上首页上半部分效果

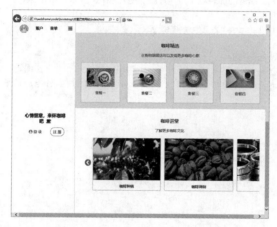

图 14-2 大屏上首页下半部分效果

在小屏设备（<768px）上时，将显示底边栏导航效果，如图 14-3 所示。

图 14-3 小屏上首页效果

14.1.3 设计准备

应用 Bootstrap 框架的页面建议为 HTML 5 文档类型。同时在页面头部区域导入框架的基本样式文件、脚本文件、jQuery 文件和自定义的 CSS 样式及 JavaScript 文件。本项目的配置文件如下：

```html
<!DOCTYPE html>
<html>
<head>
    <meta charset="UTF-8">
    <title>Title</title>
     <meta name="viewport" content="width=device-width,initial-scale=1, shrink-to-fit=no">
    <link rel="stylesheet" href="bootstrap-4.2.1-dist/css/bootstrap.css">
    <script src="jquery-3.3.1.slim.js"></script>
     <script src="https://cdn.staticfile.org/popper.js/1.14.6/umd/popper.js"></script>
    <script src="bootstrap-4.2.1-dist/js/bootstrap.min.js"></script>
    <!--css文件-->
    <link rel="stylesheet" href="style.css">
    <!--js文件-->
    <script src="js/index.js"></script>
    <!--字体图标文件-->
    <link rel="stylesheet" href="font-awesome-4.7.0/css/font-awesome.css">
</head>
<body>
</body>
</html>
```

14.2
设计首页布局

本案例首页分为三个部分：左侧可切换导航、右侧主体内容和底部隐藏导航栏，如图 14-4 所示。

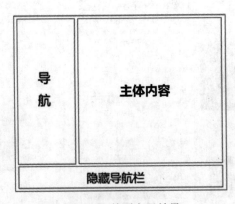

图 14-4　首页布局效果

左侧可切换导航和右侧主体内容使用 Bootstrap 框架的网格系统进行设计，在大屏设备（≥ 992px）中，左侧可切换导航占网格系统的 3 份，右侧主体内容占 9 份；在中、小屏设备（<992px）中左侧可切换导航和右侧主体内容各占一行。

底部隐藏导航栏使用无序列表进行设计，添加了 d-block d-sm-none 类，只在小屏设备上显示。

```
<div class="row">
    <!--左侧导航-->
    <div class="col-12 col-lg-3 left "></div>
    <!--右侧主体内容-->
    <div class="col-12 col-lg-9 right"></div>
</div>
<!--隐藏导航栏-->
<div >
    <ul>
        <li><a href="index.html"></a></li>
    </ul>
</div>
```

还添加了一些自定义样式来调整页面布局，代码如下：

```
@media (max-width: 992px){
    /*在小屏设备中,设置外边距,上下外边距为1rem,左右为0*/
    .left{
        margin:1rem 0;
    }
}
@media (min-width: 992px){
    /*在大屏设备中,左侧导航设置固定定位,右侧主体内容设置左边外边距25%*/
    .left {
        position: fixed;
        top: 0;
        left: 0;
    }
    .right{
        margin-left:25% ;
    }
}
```

14.3
设计可切换导航

本案例左侧导航设计很复杂，在不同宽度的设备上有 3 种显示效果，设计步骤如下。

第 1 步：设计切换导航的布局。可切换导航使用网格系统进行设计，在大屏（>992px）设备上占网格系统的 3 份，如图 14-5 所示；在中、小屏设备（<992px）的设备上占满整行，如图 14-6 所示。

图 14-5　大屏设备布局效果

图 14-6　中、小屏设备布局效果

```
<div class="col -12 col-lg-3"></div>
```

　　第 2 步：设计导航展示内容。导航展示内容包括导航条和登录注册两部分。导航条用网格系统布局，嵌套 Bootstrap 导航组件进行设计，使用 <ul class="nav"> 定义；登录注册使用了 Bootstrap 的按钮组件进行设计，使用 <a href="#" class="btn"> 定义。设计在小屏上隐藏登录注册，如图 14-7 所示，包裹在 <div class="d-none d-sm-block"> 容器中。

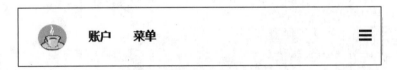

图 14-7　小屏设备上隐藏登录注册

```
<div class="col-sm-12 col-lg-3 left ">
<div id="template1">
<div class="row">
    <div class="col-10">
        <!--导航条-->
        <ul class="nav">
            <li class="nav-item">
                <a class="nav-link active" href="index.html">
                        <img width="40" src="images/logo.png" alt=""
class="rounded-circle">
                </a>
            </li>
            <li class="nav-item mt-1">
                <a class="nav-link" href="javascript:void(0);">账户</a>
            </li>
            <li class="nav-item mt-1">
```

```
                <a class="nav-link" href="javascript:void(0);">菜单</a>
            </li>
        </ul>
    </div>
    <div class="col-2 mt-2 font-menu text-right">
        <a id="a1" href="javascript:void(0); "><i class="fa fa-bars"></i></a>
    </div>
</div>
<div class="margin1">
    <h5 class="ml-3 my-3 d-none d-sm-block text-lg-center">
        <b>心情惬意,来杯咖啡吧</b>  <i class="fa fa-coffee"></i>
    </h5>
    <div class="ml-3 my-3 d-none d-sm-block text-lg-center">
        <a href="#" class="card-link btn  rounded-pill text-success"><i
class="fa fa-user-circle"></i> 登 录</a>
        <a href="#" class="card-link btn btn-outline-success rounded-pill text-
success">注 册</a>
    </div>
</div>
</div>
</div>
```

第3步：设计隐藏导航内容。隐藏导航内容包含在 id 为 #template2 的容器中，在默认情况下是隐藏的，使用 Bootstrap 隐藏样式 d-none 来设置。内容包括导航条、菜单栏和登录注册。

导航条用网格系统布局，嵌套 Bootstrap 导航组件进行设计，使用 <ul class="nav"> 定义。菜单栏使用 h6 标签和超链接进行设计，使用 <h6><a href="a.html"> 定义。登录注册使用 <a href="#" class="btn"> 定义。

```
<div class="col-sm-12 col-lg-3 left ">
<div id="template2" class="d-none">
    <div class="row">
    <div class="col-10">
        <ul class="nav">
                <li class="nav-item">
                    <a class="nav-link active" href="index.html">
                            <img width="40" src="images/logo.png" alt=""
class="rounded-circle">
                    </a>
                </li>
                <li class="nav-item">
                    <a class="nav-link mt-2" href="index.html">
                        咖啡俱乐部
                    </a>
                </li>
            </ul>
        </div>
        <div class="col-2 mt-2 font-menu text-right">
                <a id="a2" href="javascript:void(0);"><i class="fa fa-
times"></i></a>
        </div>
    </div>
    <div class="margin2">
        <div class="ml-5 mt-5">
            <h6><a href="a.html">门店</a></h6>
```

```
                    <h6><a href="b.html">俱乐部</a></h6>
                    <h6><a href="c.html">菜单</a></h6>
                    <hr/>
                    <h6><a href="d.html">移动应用</a></h6>
                    <h6><a href="e.html">臻选精品</a></h6>
                    <h6><a href="f.html">专星送</a></h6>
                    <h6><a href="g.html">咖啡讲堂</a></h6>
                    <h6><a href="h.html">烘焙工厂</a></h6>
                    <h6><a href="i.html">帮助中心</a></h6>
                    <hr/>
                 <a href="#" class="card-link btn rounded-pill text-success
pl-0"><i class="fa fa-user-circle"></i> 登 录</a>
                        <a href="#" class="card-link btn btn-outline-success
rounded-pill text-success">注 册</a>
            </div>
        </div>
    </div>
    </div>
```

第 4 步：设计自定义样式，使页面更加美观。

```
.left{
    border-right: 2px solid #eeeeee;
}
.left a{
    font-weight: bold;
    color: #000;
}
@media (min-width: 992px){
    /*使用媒体查询定义导航的高度,当屏幕宽度大于992px时,导航高度为100vh*/
    .left{
        height:100vh;
    }
}
@media (max-width: 992px){
    /*使用媒体查询定义字体大小*/
    /*当屏幕尺寸小于768px时,页面的根字体大小为14px*/
    .left{
        margin:1rem 0;
    }
}
@media (min-width: 992px){
    /*当屏幕尺寸大于768px时,页面的根字体大小为15px*/
    .left {
        position: fixed;
        top: 0;
        left: 0;
    }
     .margin1{
        margin-top:40vh;
    }
}
.margin2 h6{
    margin: 20px 0;
    font-weight:bold;
}
```

第 5 步：添加交互行为。在可切换导航中，为 <i class="fa fa-bars"> 图标和 <i class="fa fa-times"> 图标添加单击事件。在大屏设备中，为了使页面更友好，设计在大屏设备上切换导航时，显示右侧主体内容，当单击 <i class="fa fa-bars"> 图标时，如图 14-8 所示，切换隐藏的导航内容；在隐藏的导航内容中，单击 <i class="fa fa-times"> 图标时，如图 14-9 所示，可切回导航展示内容。在中、小屏设备（<992px）上，隐藏右侧主体内容，单击 <i class="fa fa-bars"> 图标时，如图 14-10、图 14-11 所示，切换隐藏的导航内容；在隐藏的导航内容中，单击 <i class="fa fa-times"> 图标时，如图 14-12、图 14-13 所示，可切回导航展示内容。

图 14-8　大屏设备切换隐藏的导航内容

图 14-9　大屏设备切回导航展示的内容

图 14-10 中屏设备切换隐藏的导航内容　　图 14-11 中屏设备切回导航展示的内容

图 14-12 小屏设备切换隐藏的导航内容　　图 14-13 小屏设备切回导航展示的内容

实现导航展示内容和隐藏内容交互行为的脚本代码如下：

```
$(function(){
    $("#a1").click(function () {
        $("#template1").addClass("d-none");
        $(".right").addClass("d-none d-lg-block");
        $("#template2").removeClass("d-none");
    })
    $("#a2").click(function () {
        $("#template2").addClass("d-none");
        $(".right").removeClass("d-none");
        $("#template1").removeClass("d-none");
    })
})
```

提示

    d-none 和 d-lg-block 类是 Bootstrap 框架中的样式。Bootstrap 框架中的样式在 JavaScript 脚本中可以直接调用。

14.4
主体内容

    使页面排版具有可读性，可理解性、清晰明了至关重要。好的排版可以让您的网站感觉清爽而令人眼前一亮，而糟糕的排版令人厌烦。排版是为了使内容更好的呈现，应以不会增加用户认知负荷的方式来组织内容。

    本案例主体内容包括轮播广告区、产品推荐区、Logo 展示、特色展示区和产品生产流程区 5 个部分，页面排版如图 14-14 所示。

14.4.1　设计轮播广告区

    Bootstrap 轮播插件结构比较固定，轮播包含框需要指明 ID 值和 carousel、slide 类。框内包含三部分组件：标签框（carousel-indicators）、图文内容框（carousel-inner）和左右导航按钮（carousel-control-prev、carousel-control-next）。通过 data-target="#carousel" 属性启动轮播，使用 data-slide-to="0"、data-slide ="pre"、data-slide ="next" 定义交互按钮的行为。完整的代码如下：

图 14-14　主体内容排版设计

```
<div id="carousel" class="carousel slide">
    <!--标签框-->
    <ol class="carousel-indicators">
        <li data-target="#carousel" data-slide-to="0" class="active"></li>
    </ol>
    <!--图文内容框-->
    <div class="carousel-inner">
        <div class="carousel-item active">
            <img src="images " class="d-block w-100" alt="...">
            <!--文本说明框-->
            <div class="carousel-caption d-none d-sm-block">
                <h5> </h5>
                <p> </p>
            </div>
        </div>
    </div>
</div>
    <!--左右导航按钮-->
<a class="carousel-control-prev" href="#carousel" data-slide="prev">
    <span class="carousel-control-prev-icon"></span>
</a>
```

```
        <a class="carousel-control-next" href="#carousel" data-slide="next">
          <span class="carousel-control-next-icon"></span>
      </a>
  </div>
```

设计本案例轮播广告位结构，本案例没有添加标签框和文本说明框（<div class="carousel-caption">），代码如下：

```
<div class="col-sm-12 col-lg-9 right p-0 clearfix">
            <div id="carouselExampleControls" class="carousel slide" data-ride="carousel">
            <div class="carousel-inner max-h">
                <div class="carousel-item active">
                    <img src="images/001.jpg" class="d-block w-100" alt="...">
                </div>
                <div class="carousel-item">
                    <img src="images/002.jpg" class="d-block w-100" alt="...">
                </div>
                <div class="carousel-item">
                    <img src="images/003.jpg" class="d-block w-100" alt="...">
                </div>
            </div>
              <a class="carousel-control-prev" href="#carouselExampleControls"
data-slide="prev">
                  <span class="carousel-control-prev-icon"></span>
            </a>
              <a class="carousel-control-next" href="#carouselExampleControls"
data-slide="next">
                  <span class="carousel-control-next-icon" ></span>
            </a>
        </div>
  </div>
```

为了避免轮播中的图片过大而影响整体页面，这里为轮播区设置一个最大高度 max-h 类。

```
.max-h{
    max-height:300px;                      /*居中对齐*/
}
```

在 IE 11 浏览器中运行，轮播效果如图 14-15 所示。

图 14-15　轮播效果

14.4.2　设计产品推荐区

产品推荐区使用 Bootstrap 中卡片组件进行设计。卡片组件中有 3 种排版方式，分别为卡片组、卡片阵列和多列卡片浮动排版。本案例使用多列卡片浮动排版，多列卡片浮动排版使用 <div class="card-columns"> 进行定义。

```
<div class="p-4 list">
<h5 class="text-center my-3">咖啡推荐</h5>
<h5 class="text-center mb-4 text-secondary">
<small>在购物旗舰店可以发现更多咖啡心意</small>
</h5>
<!—多列卡片浮动排版-->
<div class="card-columns">
<div class="my-4 my-sm-0">
<img class="card-img-top" src="images/006.jpg" alt="">
</div>
<div class="my-4 my-sm-0">
<img class="card-img-top" src="images/004.jpg" alt="">
</div>
<div class="my-4 my-sm-0">
<img class="card-img-top" src="images/005.jpg" alt="">
</div>
</div>
</div>
```

为推荐区添加自定义样式，包括颜色和圆角效果。

```
.list{
    background: #eeeeee;                /*定义背景颜色*/
}
.list-border{
    border: 2px solid #DBDBDB;          /*定义边框*/
    border-top:1px solid #DBDBDB ;      /*定义顶部边框*/
}
```

在 IE 11 浏览器中运行，产品推荐区如图 14-16 所示。

图 14-16　产品推荐区效果

14.4.3　设计登录注册区和Logo

登录注册区和 Logo 使用网格系统布局，并添加响应式设计。在中、大屏设备（≥ 768px）中，左侧是登录注册区，右侧是公司 Logo，如图 14-17 所示；在小屏设备

（<768px）中，登录注册区和 Logo 将各占一行显示，如图 14-18 所示。

图 14-17　中、大屏设备显示效果

图 14-18　小屏设备显示效果

对于左侧的登录注册区，使用卡片组件进行设计，并且添加了响应式的对齐方式 text-center 和 text-sm-left。在小屏设备（<768px）中，内容居中对齐；在中、大屏设备（≥ 768px）中，内容居左对齐。代码如下：

```
<div class="row py-5">
    <div class="col-12 col-sm-6 pt-2">
    <div class="card border-0 text-center text-sm-left">
    <div class="card-body ml-5">
    <h4 class="card-title">咖啡俱乐部</h4>
    <p class="card-text">开启您的星享之旅,星星越多、会员等级越高、好礼越丰富。</p>
    <a href="#" class="card-link btn btn-outline-success">注册</a>
    <a href="#" class="card-link btn btn-outline-success">登录</a>
    </div>
    </div>
    </div>
    <div class="col-12 col-sm-6 text-center mt-5">
    <a href=""><img src="images/007.png" alt="" class="img-fluid"></a>
    </div>
</div>
```

14.4.4　设计特色展示区

特色展示内容使用网格系统进行设计，并添加响应类。在中、大屏（≥ 768px）设备显示为一行四列，如图 14-19 所示；在小屏幕（<768px）设备显示为一行两列，如图 14-20 所示；在超小屏幕（<576px）设备显示为一行一列，如图 14-21 所示。

特色展示区实现代码如下：

```
<div class="p-4 list">
<h5 class="text-center my-3">咖啡精选</h5>
<h5 class="text-center mb-4 text-secondary">
<small>在购物旗舰店可以发现更多咖啡心意</small>
</h5>
<div class="row">
    <div class="col-12 col-sm-6 col-md-3 mb-3 mb-md-0">
    <div class="bg-light p-4 list-border rounded">
        <img class="img-fluid" src="images/008.jpg" alt="">
        <h6 class="text-secondary text-center mt-3">套餐一</h6>
    </div>
```

```
        </div>
        <div class="col-12 col-sm-6 col-md-3 mb-3 mb-md-0">
            <div class="bg-white p-4 list-border rounded">
            <img class="img-fluid" src="images/009.jpg" alt="">
            <h6 class="text-secondary text-center mt-3">套餐二</h6>
            </div>
        </div>
        <div class="col-12 col-sm-6 col-md-3 mb-3 mb-md-0">
        <div class="bg-light p-4 list-border rounded">
        <img class="img-fluid" src="images/010.jpg" alt="">
        <h6 class="text-secondary text-center mt-3">套餐三</h6>
        </div>
        </div>
        <div class="col-12 col-sm-6 col-md-3 mb-3 mb-md-0">
            <div class="bg-light p-4 list-border rounded">
                <img class="img-fluid" src="images/011.jpg" alt="">
                <h6 class="text-secondary text-center mt-3">套餐四</h6>
            </div>
        </div>
        </div>
        </div>
</div>
```

图 14-19　中、大屏设备显示效果

图 14-20　小屏设备显示效果　　　图 14-21　超小屏设备显示效果

14.4.5　设计产品生产流程区

第 1 步：设计结构。产品制作区主要由标题和图片展示组成。标题使用 h 标签设计，图片展示使用 ul 标签设计。在图片展示部分还添加了左右两个箭头，使用 font-awesome 字体图标进行设计。代码如下：

```html
<div class="p-4">
            <h5 class="text-center my-3">咖啡讲堂</h5>
            <h5 class="text-center mb-4 text-secondary"><small>了解更多咖啡文化</small></h5>
            <div class="box">
                <ul id="ulList" class="clearfix">
                    <li class="list-border rounded">
                        <img src="images/015.jpg" alt="" width="300">
                        <h6 class="text-center mt-3">咖啡种植</h6>
                    </li>
                    <li class="list-border rounded">
                        <img src="images/014.jpg" alt="" width="300">
                        <h6 class="text-center mt-3">咖啡调制</h6>
                    </li>
                    <li class="list-border rounded">
                        <img src="images/014.jpg" alt="" width="300">
                        <h6 class="text-center mt-3">咖啡烘焙</h6>
                    </li>
                    <li class="list-border rounded">
                        <img src="images/012.jpg" alt="" width="300">
                        <h6 class="text-center mt-3">手冲咖啡</h6>
                    </li>
                </ul>
                <div id="left">
                    <i class="fa fa-chevron-circle-left fa-2x text-success"></i>
                </div>
                <div id="right">
                    <i class="fa fa-chevron-circle-right fa-2x text-success"></i>
                </div>
            </div>
        </div>
```

第 2 步：设计自定义样式。

```css
.box{
    width:100%;                    /*定义宽度*/
    height: 300px;                 /*定义高度*/
    overflow: hidden;              /*超出隐藏*/
    position: relative;            /*相对定位*/
}
#ulList{
    list-style: none;              /*去掉无序列表的项目符号*/
    width:1400px;                  /*定义宽度*/
    position: absolute;            /*定义绝对定位*/
}
#ulList li{
    float: left;                   /*定义左浮动*/
    margin-left: 15px;             /*定义左边外边距*/
    z-index: 1;                    /*定义堆叠顺序*/
}
#left{
    position:absolute;             /*定义绝对定位*/
    left:20px;top: 30%;            /*距离左侧和顶部的距离*/
```

```
    z-index: 10;                        /*定义堆叠顺序*/
    cursor:pointer;                     /*定义鼠标指针显示形状*/
}
#right{
    position:absolute;                  /*定义绝对定位*/
    right:20px; top: 30%;               /*距离右侧和顶部的距离*/
    z-index: 10;                        /*定义堆叠顺序*/
    cursor:pointer;                     /*定义鼠标指针显示形状*/
 }
.font-menu{
    font-size: 1.3rem;                  /*定义字体大小*/
}
```

第 3 步：添加用户行为。

```
<script src="jquery-1.8.3.min.js"></script>
<script>
    $(function(){
        var nowIndex=0;                        //定义变量nowIndex
        var liNumber=$("#ulList li").length;   //计算li的个数
        function change(index){
            var ulMove=index*300;              //定义移动距离
            $("#ulList").animate({left:"-"+ulMove+"px"},500);
                                               //定义动画,动画时间为0.5秒
        }
        $("#left").click(function(){
            nowIndex = (nowIndex > 0) ? (--nowIndex) :0;
                                               //使用三元运算符判断nowIndex
            change(nowIndex);                  //调用change()方法
        })
        $("#right").click(function(){
        nowIndex=(nowIndex<liNumber-1) ? (++nowIndex) :(liNumber-1);
                                               //使用三元运算符判断nowIndex
            change(nowIndex);                  //调用change()方法
        });
    })
</script>
```

在 IE 浏览器中运行，效果如图 14-22 所示；单击右侧箭头，#ulList 向左移动，效果如图 14-23 所示。

图 14-22　生产流程页面效果

图 14-23　滚动后效果

14.5
设计底部隐藏导航

第 1 步：设计底部隐藏导航布局。首先定义一个容器 <div id="footer"> 用来包裹导航。在该容器上添加一些 Bootstrap 通用样式，使用 fixed-bottom 将其固定在页面底部，使用 bg-light 设置高亮背景，使用 border-top 设置上边框，使用 d-block 和 d-sm-none 设置导航只在小屏幕上显示。

```
<!--footer——在sm型设备尺寸下显示-->
<div class="row fixed-bottom d-block d-sm-none bg-light border-top py-1"
id="footer" >
    <ul class="text-center p-0" id="myTab">
        <li><a class="ab" href="index.html"><i class="fa fa-home fa-2x p-1"></
i><br/>主页</a></li>
        <li><a href="javascript:void(0);"><i class="fa fa-calendar-minus-o fa-2x
p-1"></i><br/>门店</a></li>
         <li><a href="javascript:void(0);"><i class="fa fa-user-circle-o fa-2x
p-1"></i><br/>我的账户</a></li>
        <li><a href="javascript:void(0);"><i class="fa fa-bitbucket-square fa-2x
p-1"></i><br/>菜单</a></li>
         <li><a href="javascript:void(0);"><i class="fa fa-table fa-2x p-1"></
i><br/>更多</a></li>
    </ul>
</div>
```

第 2 步：设计字体颜色以及每个导航元素的宽度。

```
.ab{
    color:#00A862!important;        /*定义字体颜色*/
}
#myTab li{
    width: 20vw;                    /*定义宽度*/
    min-width: 30px;               /*定义最小宽度*/
    font-size: 0.8rem;             /*定义字体大小*/
    color: #919191;                /*定义字体颜色*/
}
```

第 3 步：为导航元素添加单击事件，被单击元素添加 ab 类，其他元素则删除 ab 类。

```
$(function(){
    $("#footer ul li").click(function(){
        $(this).find("a").addClass("ab");
        $(this).siblings().find("a").removeClass("ab");
    })
})
```

　　在 IE 浏览器中运行，底部隐藏导航效果如图 14-24 所示；单击"门店"，将切换到门店页面，效果如图 14-25 所示。

图 14-24

图 14-25

第15章

项目实训3——相册类博客项目

本案例设计一个电子相册项目，项目使用 Bootstrap+Swipebox 灯箱插件进行设计，整个案例页面简洁、精致，适合初学者模仿学习，创建自己的电子相册。

15.1
案例概述

本案例包括 4 个页面：首页、分类页、博客和联系页。主要设计目标说明如下。

- 页面整体设计简洁精致、风格清新。
- 首页中设计图片的左右滚动效果。
- 为首页和分类页设计 Swipebox 灯箱效果。
- 设计简洁的博客，高效的展示信息。
- 设计简洁可用性强的表单结构，添加提示效果。
- 使用醒目的图标突出显示部分内容。

15.1.1 案例结构

本案例目录文件说明如下。

- bootstrap-4.2.1-dist：Bootstrap 框架文件夹。
- swipebox-master：灯箱插件文件夹。
- font-awesome-4.7.0：图标字体库文件。下载地址：http://www.fontawesome.cn/。
- css：样式表文件夹。
- jquery-3.3.1.slim.js：jQuery 文件。

■ images：图片素材。

■ index.html：首页。

■ class.html：分类页。

■ blog.html：博客。

■ contact.html：联系页。

15.1.2 设计效果

本案例是通过顶部导航栏来切换每个页面，每个页面都包括顶部导航栏。

首页是相册的滚动展示区，可通过下方的指示按钮来切换播放的方式（向左或向右），效果如图 15-1 所示。

图 15-1 首页效果

相册分类展示页，通过时间对照片进行分类，使用分类导航选择查看某一年的相册。效果如图 15-2 所示。

图 15-2 分类页效果

博客页是用来记录用户心情和感想的平台，还包括右侧的旅游推荐区。效果如图 15-3 所示。

图 15-3　博客页效果

联系页面，左侧部分是访问者留下联系方式的表单，右侧是作者的联系方式。效果如图 15-4 所示。

图 15-4　联系页面效果

15.1.3　设计准备

应用 Bootstrap 框架的页面建议为 HTML 5 文档类型。同时在页面头部区域导入框架的基本样式文件、脚本文件、jQuery 文件和自定义的 CSS 样式，另外还使用了灯箱插件，所以还需要引入灯箱插件文件。本项目的配置文件如下：

```
<!DOCTYPE html>
<html>
```

```
<head>
<meta charset="UTF-8">
<meta name="viewport" content="width=device-width,initial-scale=1, shrink-to-
fit=no">
<title>Title</title>
<link rel="stylesheet" href="bootstrap-4.2.1-dist/css/bootstrap.css">
<script src="jquery-3.3.1.slim.js"></script>
<script src="bootstrap-4.2.1-dist/js/bootstrap.bundle.js"></script>
<script src="bootstrap-4.2.1-dist/js/bootstrap.min.js"></script>
<!--css文件-->
<link rel="stylesheet" href="css/style.css">
<!--字体图标文件-->
<link rel="stylesheet" href="font-awesome-4.7.0/css/font-awesome.css">
<!--灯箱插件-->
<link rel="stylesheet" href="swipebox-master/src/css/swipebox.css">
<script src="swipebox-master/lib/jquery-2.1.0.min.js"></script>
<script src="swipebox-master/src/js/jquery.swipebox.js"></script>
</head>
<body>
</body>
</html>
```

15.2
设计导航栏

本例顶部导航栏串联整个网站，每个页面中都包含它。它是使用 Bootstrap 导航栏组件进行设计的。

导航栏中的 .navbar-toggler 是切换触发器，它默认是左对齐的。如果给它定义一个同级的兄弟元素 .navbar-brand，它会自动对齐到窗口右边。.navbar-brand 类一般设计项目名称或 Logo，通常位于导航栏的左侧。

导航栏中的 navbar-expand{-sm|-md|-lg|-xl} 定义响应式折叠。本案例定义 navbar-expand-lg 类，在大屏设备（≥ 992px）中显示导航栏内容，如图 15-5 所示；在小屏设备（<992px）中隐藏导航栏内容，如图 15-6 所示。

提示

对于永不折叠的导航条，在导航栏上添加 .navbar-expand 类；对于总是折叠的导航条，不在导航栏上添加任何 .navbar-expand 类。

```
<nav class="navbar navbar-expand-lg navbar-light bg-light">
        <a class="navbar-brand" href="index.html"><img src="images/logo.jpg"
alt="" width="45"></a>
          <button class="navbar-toggler" type="button" data-toggle="collapse"
data-target="#navbarContent">
            <span class="navbar-toggler-icon"></span>
        </button>
        <div class="collapse navbar-collapse" id="navbarContent">
            <ul class="navbar-nav mr-auto">
                <li class="nav-item active">
```

```
                    <a class="nav-link" href="index.html">首页</a>
                </li>
                <li class="nav-item">
                    <a class="nav-link" href="class.html">分类</a>
                </li>
                <li class="nav-item">
                    <a class="nav-link" href="blog.html">博客</a>
                </li>
                <li class="nav-item">
                    <a class="nav-link" href="contact.html">联系</a>
                </li>
            </ul>
            <form class="form-inline my-2 my-lg-0">
                <input class="form-control mr-sm-2" type="search" placeholder="
搜索">
                        <button class="btn btn-outline-success my-2 my-sm-0"
type="submit">搜索</button>
            </form>
        </div>
    </nav>
```

图 15-5　显示导航栏内容

图 15-6　隐藏导航栏内容

15.3
首页

首页主要包括两个部分：导航栏和图片展示区。关于导航栏的设计请参考前一节的内容，接下来具体介绍图片展示区的设计。

15.3.1　设计相册展示

相册展示区是由一组图片和两个按钮组成，图片默认状态下，自左向右滚动展示，可以通过下方的两个按钮控制滚动方向，如图 15-7 所示。

图 15-7　相册展示

设计步骤如下。

第 1 步：定义一个 Bootstrap 基本布局容器 container，所有设计内容都包含其中。

第 2 步：设计相册展示区的图片和两个箭头。所有图片包含在无序列表中，使用超链接来定义左右箭头，箭头图标使用 <i class="fa fa-hand-o-left fa-2x"> 和 <i class="fa fa-hand-o-right fa-2x"> 定义。代码如下：

```
<div class="container">
<div id="div1" >
    <ul id="ul1" class="py-3">
        <li><img src="images/002.jpg" alt="image" class="img-fluid"></li>
        <li><img src="images/003.jpg" alt="image" class="img-fluid"></li>
        <li><img src="images/004.jpg" alt="image" class="img-fluid"></li>
        <li><img src="images/005.jpg" alt="image" class="img-fluid"></li>
        <li><img src="images/006.jpg" alt="image" class="img-fluid"></li>
        <li><img src="images/007.jpg" alt="image" class="img-fluid"></li>
        <li><img src="images/010.jpg" alt="image" class="img-fluid"></li>
        <li><img src="images/008.jpg" alt="image" class="img-fluid"></li>
        <li><img src="images/009.jpg" alt="image" class="img-fluid"></li>
        <li><img src="images/011.jpg" alt="image" class="img-fluid"></li>
        <li><img src="images/012.jpg" alt="image" class="img-fluid"></li>
        <li><img src="images/013.jpg" alt="image" class="img-fluid"></li>
        <li><img src="images/014.jpg" alt="image" class="img-fluid"></li>
        <li><img src="images/015.jpg" alt="image" class="img-fluid"></li>
    </ul>
    <div class="btn-box text-center mb-2">
        <a href="javascript:void(0);" id="btn1" class="mr-5"><i class="fa fa-hand-o-left fa-2x"></i></a>
        <a href="javascript:void(0);" id="btn2" class=""><i class="fa fa-hand-o-right fa-2x"></i></a>
    </div>
</div>
</div>
```

第 3 步：设计了一些自定义样式，来调整一些简单的页面样式。代码如下：

```
#div1{
    width: 100%;                    /* 定义宽度*/
    height: 300px;                  /* 定义高度*/
    margin: 150px auto;             /* 定义外边距,上下为150px,左右自动*/
    position: relative;             /* 定义相对定位*/
    overflow: hidden;               /* 超出隐藏*/
    border: 2px solid white;        /* 定义边框*/
    background-color: white;        /* 定义背景色*/
}
#div1 ul{
    height:240px;                   /* 定义高度*/
    position:absolute;              /* 绝对定位*/
    left:0;                         /* 距离左侧为0*/
    top:0;                          /* 距离顶部为0*/
    overflow: hidden;               /* 超出隐藏*/
    background-color: white;        /* 定义背景颜色*/
}
#div1 ul li{
    float: left;                    /* 定义浮动*/
    width: 360px;                   /* 定义宽度*/
    list-style: none;               /* 删除无须列表的项目符号*/
    margin-left:1.1rem;             /* 左边外边距1.1rem*/
}
.btn-box{
    position: relative;             /* 定义相对定位*/
    left: 0;                        /* 距离左侧为0px*/
    top: 255px;                     /* 距离顶部为255px*/
}
```

第 4 步：编写 JavaScript 脚本来实现图片的自动滚动和左右方向滚动的功能。代码
如下：

```
<script>
    window.onload = function(){
        var oDiv = document.getElementById('div1');
        var oUl = document.getElementById('ul1');
        var speed = 2;                           //初始化速度
        oUl.innerHTML += oUl.innerHTML; )
        var oLi= document.getElementsByTagName('li');
        oUl.style.width = oLi.length*160+'px';    //设置ul的宽度使图片可以放下
        var oBtn1 = document.getElementById('btn1');
        var oBtn2 = document.getElementById('btn2');
        function move(){
            if(oUl.offsetLeft<-(oUl.offsetWidth/2)){
                                                    //向左滚动,当靠左的图移出边框时
                oUl.style.left = 0;
            }
            if(oUl.offsetLeft > 0){                 //向右滚动,当靠右的图移出边框时
                oUl.style.left = -(oUl.offsetWidth/2)+'px';
            }
            oUl.style.left = oUl.offsetLeft + speed + 'px';
        }
        oBtn1.addEventListener('click',function(){
            speed = -2;
        },false);
        oBtn2.addEventListener('click',function(){
            speed = 2;
        },false);
```

```
            var timer = setInterval(move,30);              //全局变量,保存返回的定时器
      }
</script>
```

15.3.2 添加Swipebox灯箱插件

Swipebox 是一个用于桌面、移动和平板电脑的 jQuery 灯箱插件，具有以下特性。

■ 支持手机的触摸手势。

■ 支持桌面电脑的键盘导航。

■ 通过 JQuery 回调提供 CSS 过渡效果。

■ Retina 支持 UI 图标。

■ CSS 样式容易定制。

Swipebox 插件的使用需完成以下三个步骤。

1. 引入文件

首先在 http://brutaldesign.github.io/swipebox/ 网站下载 Swipebox 插件。Swipebox 插件目录结构如图 15-8 所示。

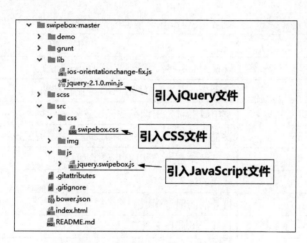

图 15-8 Swipebox 插件目录结构

只需要在 <head> 标签中引入 JQuery、swipebox.js 和 swipebox.css 文件，便可使用 Swipebox 插件。

```
<link rel="stylesheet" href="swipebox-master/src/css/swipebox.css">
<script src="swipebox-master/lib/jquery-2.1.0.min.js"></script>
<script src="swipebox-master/src/js/jquery.swipebox.js"></script>
```

2. HTML 结构

添加以下 HTML 结构代码：

```
<a href="big/image.jpg" class="swipebox" title="My Caption">
    <img src="small/image.jpg" alt="image">
</a>
```

为超链接标签使用指定的 Swipebox 类，使用 title 属性来指定图片的标题。超链接

href 属性指定大图的路径，img 标签指定小图的路径。

提示

> 　　有时为了省去一些麻烦，img 标签中的图片和超链接中的大图可指向相同的路径。通过设置 img 图标的 width 属性来设置小图片，以适应布局。

3. 调用插件

通过 .swipebox 选择器来绑定灯箱插件的 swipebox 事件：

```
<script>
    // 绑定了.swipebox类
    jQuery(function($) {
        $(".swipebox").swipebox();
    });
</script>
```

Swipebox 插件提供了丰富的选项配置，可满足大多数开发者的需求，具体说明如表 15-1 所示。

表 15-1　Swipebox 插件的选项配置

参　　数	说　　明
useCSS	设置为 false 时，强制使用 jQuery 动画
useSVG	设置为 flase 时，使用 PNG 来制作按钮
initialIndexOnArray	使用数组时，用该参数来设置下标
hideCloseButtonOnMobile	设置为 true 时，将在移动设备上隐藏关闭按钮
hideBarsDelay	在桌面设备上隐藏信息条的延时时间
videoMaxWidth	视频的最大宽度
beforeOpen	打开前的回调函数
afterOpen	打开后的回调函数
afterClose	关闭后的回调函数
loopAtEnd	设置为 true 时，将在播放到最后一张图片时接着返回第一张图片播放

接下来使用 Swipebox 插件为图片展示区设计插件效果。只需要把相册展示区的代码改成符合插件的条件，即可实现插件的效果，代码更改如下：

```
<div id="div1" >
        <ul id="ul1" class="py-3">
            <li>
                <a href="images/002.jpg" class="swipebox" title="2028年">
                    <img src="images/002.jpg" alt="image" class="img-fluid">
                </a>
            </li>
            <li>
                <a href="images/003.jpg" class="swipebox" title="2028年">
                    <img src="images/003.jpg" alt="image" class="img-fluid">
```

```
            </a>
        </li>
        <li>
            <a href="images/004.jpg" class="swipebox" title="2028年">
                <img src="images/004.jpg" alt="image" class="img-fluid">
            </a>
        </li>
        <li>
            <a href="images/005.jpg" class="swipebox" title="2028年">
                <img src="images/005.jpg" alt="image" class="img-fluid">
            </a>
        </li>
        <li>
            <a href="images/006.jpg" class="swipebox" title="2028年">
                <img src="images/006.jpg" alt="image" class="img-fluid">
            </a>
        </li>
        <li>
            <a href="images/007.jpg" class="swipebox" title="2028年">
                <img src="images/007.jpg" alt="image" class="img-fluid">
            </a>
        </li>
        <li>
            <a href="images/010.jpg" class="swipebox" title="2028年">
                <img src="images/010.jpg" alt="image" class="img-fluid">
            </a>
        </li>
        <li>
            <a href="images/008.jpg" class="swipebox" title="2028年">
                <img src="images/008.jpg" alt="image" class="img-fluid">
            </a>
        </li>
        <li>
            <a href="images/009.jpg" class="swipebox" title="2028年">
                <img src="images/009.jpg" alt="image" class="img-fluid">
            </a>
        </li>

        <li>
            <a href="images/011.jpg" class="swipebox" title="2028年">
                <img src="images/011.jpg" alt="image" class="img-fluid">
            </a>
        </li>
        <li>
            <a href="images/012.jpg" class="swipebox" title="2028年">
                <img src="images/012.jpg" alt="image" class="img-fluid">
            </a>
        </li>
        <li>
            <a href="images/013.jpg" class="swipebox" title="2028年">
                <img src="images/013.jpg" alt="image" class="img-fluid">
            </a>
        </li>
        <li>
            <a href="images/014.jpg" class="swipebox" title="2028年">
                <img src="images/014.jpg" alt="image" class="img-fluid">
            </a>
        </li>
        <li>
```

```
                <a href="images/015.jpg" class="swipebox" title="2028年">
                    <img src="images/015.jpg" alt="image" class="img-fluid">
                </a>
            </li>
        </ul>
        <div class="btn-box text-center mb-2">
            <a href="javascript:void(0);" id="btn1" class="mr-5"><i class="fa
fa-hand-o-left fa-2x"></i></a>
            <a href="javascript:void(0);" id="btn2" class=""><i class="fa fa-hand-
o-right fa-2x"></i></a>
        </div>
    </div>
```

调用 Swipebox 插件，并配置参数，代码如下：

```
<script>
    // 绑定了.swipebox类
    jQuery(function($) {
        $(".swipebox").swipebox({
            useCSS : true,                          // 不使用jQuery的动画效果。
            useSVG : true,                          // 不对按钮使用png
            initialIndexOnArray : 0,                // 传递数组时初始化图像索引
            hideCloseButtonOnMobile : false,        // 显示移动设备上的关闭按钮
            removeBarsOnMobile : true,              // 在移动设备上不显示顶部栏
            hideBarsDelay : 3000,                   // 隐藏信息条的延时时间为3秒
            loopAtEnd: false                        // 到达最后一个图像后不返回到第一个图像
        });
    });
</script>
```

在 IE 浏览器运行 index.html 文件，效果如图 15-9 所示；当单击图片展示区任意一张图片时，将调用插件，效果如图 15-10 所示。

插件显示界面中，可以通过下方的箭头来查看之前或之后的图片，也可通过右上角的关闭按钮来关闭插件效果。

图 15-9　首页效果

图 15-10　激活 Swipebox 插件效果

15.4
分类页

分类页中根据时间的先后来对图片进行分类，选择相应的年份查看图片。分类页中图片也添加了 Swipebox 灯箱插件。

15.4.1　设计相册分类展示

第 1 步：设计分类展示区结构。首先外层是 Bootstrap 选项卡组件。选项卡组件包含导航部分和内容部分。导航部分使用 Bootstrap 的胶囊导航来定义，内容部分使用 Bootstrap 网格系统布局，一行设置 3 列。

```
<div class="container">
    <!--选项卡-->
    <ul class="nav">
        <li><a href="#pills-home"></a></li>
        <li><a href="#pills-profile" ></a></li>
        <li><a href="#pills-contact"></a></li>
    </ul>
    <!--选项卡内容-->
<div class="tab-content">
    <div class="tab-pane fade active" id="pills-home">
        <div class="row list">
            <div class="col-4"></div>
        </div>
    </div>
    <div class="tab-pane fade" id="pills-profile">
        <div class="row list">
            <div class="col-4"></div>
        </div>
```

```
            </div>
            <div class="tab-pane fade" id="pills-contact">
                <div class="row list">
                    <div class="col-4"></div>
                </div>
            </div>
        </div>
    </div>
```

第 2 步：设计选项卡的导航部分。导航部分使用 <ul class="nav nav-pills"> 来定义，每个项目中的超链接使用 <a href="#pills-profile" data-toggle="pill"> 来定义，并添加胶囊导航样式。外层添加一个容器，来控制导航的宽度和圆角效果。

```
<div class="menu bg-white">
        <!--选项卡-->
        <ul class="nav nav-pills my-4 p-2" id="myTab">
            <li>
                <a class="ab" href="#pills-home" data-toggle="pill">2030年</a>
            </li>
            <li>
                <a href="#pills-profile" data-toggle="pill">2029年</a>
            </li>
            <li>
                <a href="#pills-contact" data-toggle="pill">2028年</a>
            </li>
            <li>
                <a href="javascript:void(0);">更多</a>
            </li>
        </ul>
    </div>
```

第 3 步：设计选项卡的内容部分。选项卡的内容框使用 <div class="tab-content"> 来定义。内容部分的项目使用 <div class="tab-pane" id="pills-home"> 来定义。项目中的每个 id 值对应导航中超链接的 href 属性值。在内容部分的项目中使用 Bootstrap 网格系统来布局，一行三列。

```
<div class="tab-content">
        <div class="tab-pane fade show active" id="pills-home">
            <div class="row list">
                <div class="col-4">
                    <img src="images/002.jpg" alt="image" class="img-fluid">
                </div>
                <div class="col-4">
                    <img src="images/003.jpg" alt="image" class="img-fluid">
                </div>
                <div class="col-4">
                    <img src="images/004.jpg" alt="image" class="img-fluid">
                </div>
                <div class="col-4">
                    <img src="images/005.jpg" alt="image" class="img-fluid">
                </div>
                <div class="col-4">
                    <img src="images/006.jpg" alt="image" class="img-fluid">
                </div>
                <div class="col-4">
```

```
                <img src="images/012.jpg" alt="image" class="img-fluid">
            </div>
        </div>
    </div>
    <div class="tab-pane fade" id="pills-profile">
        <div class="row list">
            <div class="col-4">
                <img src="images/007.jpg" alt="image" class="img-fluid">
            </div>
            <div class="col-4">
                <img src="images/008.jpg" alt="image" class="img-fluid">
            </div>
            <div class="col-4">
                <img src="images/009.jpg" alt="image" class="img-fluid">
            </div>
            <div class="col-4">
                <img src="images/014.jpg" alt="image" class="img-fluid">
            </div>
            <div class="col-4">
                <img src="images/011.jpg" alt="image" class="img-fluid">
            </div>
        </div>
    </div>
    <div class="tab-pane fade" id="pills-contact">
        <div class="row list">
            <div class="col-4">
                <img src="images/012.jpg" alt="image" class="img-fluid">
            </div>
            <div class="col-4">
                <img src="images/015.jpg" alt="image" class="img-fluid">
            </div>
            <div class="col-4">
                <img src="images/010.jpg" alt="image" class="img-fluid">
            </div>
            <div class="col-4">
                <img src="images/013.jpg" alt="image" class="img-fluid">
            </div>
            <div class="col-4">
                <img src="images/001.jpg" alt="image" class="img-fluid">
            </div>
        </div>
    </div>
    </div>
</div>
```

第 4 步：调整页面，自定义样式代码。

```
.menu{
    width: 275px;                        /* 定义宽度*/
    border-radius:10px;                  /* 定义圆角边框*/
}
#myTab{list-style: none;}
#myTab li{float: left;margin-left: 15px;}
#myTab li a{
    color: #919191;                      /* 定义字体颜色*/
}
.ab{
    color:#00A862!important;             /* 定义字体颜色*/
}
.list{
```

```
    min-width: 600px;                           /* 定义最小宽度*/
}
.list div{
    margin-bottom: 20px;                        /* 定义底外边距为20px*/
}
```

在 IE 浏览器中运行 class.html 文件，效果如图 15-11 所示；选择导航条中其他时间时，可切换到相对应时间的相册，效果如图 15-12 所示。

图 15-11　分类页效果　　　　　　　　　　　图 15-12　切换后效果

15.4.2　添加Swipebox灯箱插件

把相册展示区的代码，根据插件的条件进行更改，即可实现插件的效果，代码更改如下：

```
<div class="tab-content">
<div class="tab-pane fade show active" id="pills-home">
<div class="row list">
    <div class="col-4">
        <a href="images/002.jpg" class="swipebox" title="2030年">
            <img src="images/002.jpg" alt="image" class="img-fluid">
        </a>
    </div>

</div>
</div>
<div class="tab-pane fade" id="pills-profile">
<div class="row list">
    <div class="col-4">
        <a href="images/007.jpg" class="swipebox" title="2029年">
            <img src="images/007.jpg" alt="image" class="img-fluid">
        </a>
    </div>

</div>
</div>
<div class="tab-pane fade" id="pills-contact">
<div class="row list">
    <div class="col-4">
        <a href="images/012.jpg" class="swipebox" title="2028年">
            <img src="images/012.jpg" alt="image" class="img-fluid">
```

```
        </a>
    </div>
</div>
</div>
```

最后调用 Swipebox 插件，并配置参数：

```
<script>
    jQuery(function($) {
        $(".swipebox").swipebox({
            useCSS : true,                      // 不使用jQuery的动画效果
            useSVG : true,                      // 不对按钮使用png
            initialIndexOnArray : 0,            // 传递数组时初始化图像索引
            hideCloseButtonOnMobile : false,    // 显示移动设备上的关闭按钮
            removeBarsOnMobile : true,          // 在移动设备上不显示顶部栏
            hideBarsDelay : 3000,               // 隐藏信息条的延时时间为3秒
            loopAtEnd: false                    // 到达最后一个图像后不返回到第一个图像
        });
    });
</script>
```

在 IE 浏览器运行 class.html 文件，效果如图 15-13 所示，单击分类展示区任意一张图片，调用 Swipebox 插件，效果如图 15-14 所示。

图 15-13　分类页效果　　　　　　　　图 15-14　激活 Swipebox 插件效果

15.5
博客

博客页分为两部分，左侧是文章展示部分，右侧为推荐区，如图 15-15 所示。

第 1 步：使用 Bootstrap 网格系统来设计页面布局，左侧占网格的 8 份，右侧占 4 份。

```
<div class="row">
    <div class="col-8"></div>
    <div class="col-4"></div>
</div>
```

图 15-15

第 2 步：设计左侧文章展示部分。每篇文章都设计标题、作者、发布时间、评价和感想，且使用 awesome 字体库来设置图标，代码如下：

```
<div class="border row bg-white m-0 px-3 pt-4 pb-5 blog-border">
<div class="col-8">
<div>
    <h4><i class="fa fa-smile-o mr-2"></i><span>我的足迹</span></h4><hr/>
    <div class="mb-3">
        <i class="fa fa-user-o"></i><span class="ml-1 mr-2">欢欢</span>
        <i class="fa fa-clock-o"></i><span class="ml-1 mr-2">15天前</span>
            <a href="javascript:void(0);" class="ml-1 mr-2"><i class="fa fa-
commenting-o"></i>156条</a>
        </div>
        <img class="img-fluid mb-3" src="images/005.jpg" alt="">
        <div>
            <p class="retract">
                一个人旅行，一台相机足以，不理会繁杂的琐事，自由自在地，去体验一个城市，一段故事，
留下一片欢笑。
            </p>
        </div>
    </div>
</div>
</div>
</div>
```

第 3 步：设计右侧推荐区。推荐区的标题使用了图片背景和自定义样式进行设计，内容使用 Bootstrap 的列表组组件进行设计，且添加字体图标，代码如下：

```
<div class="border row bg-white m-0 px-3 pt-4 pb-5 blog-border">
<div class="col-4">
<h4 class="shadow mb-4"><span class="mx-2">推荐旅游胜地</span><i class="fa fa-
bicycle"></i></h4>
    <ul class="list-group list-group-flush">
        <li class="list-group-item border-top-0">
            <i class="fa fa-hand-o-right mr-3"></i>神秘奇幻、佳景荟萃的九寨沟
        </li>
        <li class="list-group-item">
            <i class="fa fa-hand-o-right mr-3"></i>奇伟俏丽、灵秀多姿的黄山
        </li>
```

```html
        <li class="list-group-item">
            <i class="fa fa-hand-o-right mr-3"></i>青山碧水、银滩巨浪的三亚
        </li>
        <li class="list-group-item">
            <i class="fa fa-hand-o-right mr-3"></i>山青、水秀、洞奇、石美的桂林山水
        </li>
        <li class="list-group-item border-bottom">
            <i class="fa fa-hand-o-right mr-3"></i>山水秀丽、景色宜人的杭州西湖
        </li>
    </ul>
</div>
</div>
```

博客页自定义的样式代码如下：

```css
.blog-border{
    border-radius: 10px;                    /*定义圆角边框*/
}
.retract{
    text-indent: 2rem;                      /* 定义首行缩进*/
}
.shadow{
    line-height: 48px;                      /* 定义行高*/
    padding: 0 10px;                        /* 定义内边距,上下为0,左右为10px*/
    margin-bottom: 20px;                    /* 定义底边外边距*/
    border-top: 2px solid #d7d7d7;          /* 定义上边边框*/
    border-bottom: 2px solid #ffffff;       /* 定义下边边框*/
    background: url(images/light-bg.png) repeat-x;  /* 定义背景图片,X轴方向平铺*/
    border-radius: 5px;                     /* 定义圆角边框*/
    -moz-border-radius: 5px;                /*定义圆角边框*/
    -webkit-border-radius: 5px;             /*定义圆角边框*/
}
```

15.6
联系页

联系表单页面分为两部分，一部分是访客预留信息的表单；另一部分是网站作者的信息。左侧表单还设计了 Bootstrap 工具提示效果。

15.6.1　设计布局

第 1 步：设计页面主体布局。页面主体区域使用 Bootstrap 网格系统进行设计，为了适应不同的设备，还添加了响应性的类。在大屏设备（≥ 992px）中分为一行两列，如图 15-16 所示。在中小屏设备（<992px）中显示为一列，如图 15-17 所示。

```html
<div class="row">
    <div class="col-12 col-lg-8 "></div>
    <div class="col-12 col-lg-4"></div>
</div>
```

343

图 15-16　大屏上显示效果　　　　图 15-17　小屏上显示效果

第 2 步：设计左侧表单。左侧表单使用 Bootstrap 表单组件来设计。每个表单元素都添加 form-control 类，并包含在 <div class="form-group"> 容器中。使用通用样式类 w-75（75%）来设置表单宽度。代码如下：

```
<div class="row border bg-white m-0 px-3 pt-4 pb-5 blog-border">
<div class="col-12 col-lg-8 pb-5">
<h4><i class="fa fa-volume-control-phone mr-2"></i><span>你的联系方式</span></
h4><hr/>
<form>
<div class="form-group">
    <input type="text" class="form-control w-75" placeholder="姓名">
</div>
<div class="form-group">
    <input type="email" class="form-control w-75" placeholder="邮箱" >
</div>
<div class="form-group">
    <input type="tel" class="form-control w-75" placeholder="手机号" >
</div>
<div class="form-group">
    <textarea class="form-control w-75" rows="5" placeholder="留言板"></
textarea>
</div>
<button type="submit" class="btn btn-primary">提交</button>
    </form>
</div>
</div>
```

第 3 步：设计右侧联系信息。右侧联系信息使用 Bootstrap 中的警告组件进行设计。每个警告框使用 <div class="alert"> 定义，并根据需要添加不同的背景颜色类。代码如下：

```
<div class="row border bg-white m-0 px-3 pt-4 pb-5 blog-border">
<div class="col-12 col-lg-4">
    <h4 class="shadow mb-4"><i class="fa fa-phone-square mx-2"></i><span>联系我
们</span></h4>
    <div class="alert alert-primary">
        <i class="fa fa-qq mr-3"></i>
```

```
            <span>2145201314</span>
        </div>
        <div class="alert alert-info">
            <i class="fa fa-weixin mr-3"></i>
            <span>欢欢</span>
        </div>
        <div class="alert alert-success">
            <i class="fa fa-mobile fa-2x mr-3"></i>
            <span>13312345678</span>
        </div>
        <div class="alert alert-danger">
            <i class="fa fa-map-marker fa-2x mr-3"></i>
            <span>北京千古摄影工作室</span>
        </div>
    </div>
    </div>
```

15.6.2　添加工具提示

左侧联系表单使用 Bootstrap 中的工具提示组件来设计提示文本。当表单获取焦点后，右侧激活提示文本，如图 15-18 所示。

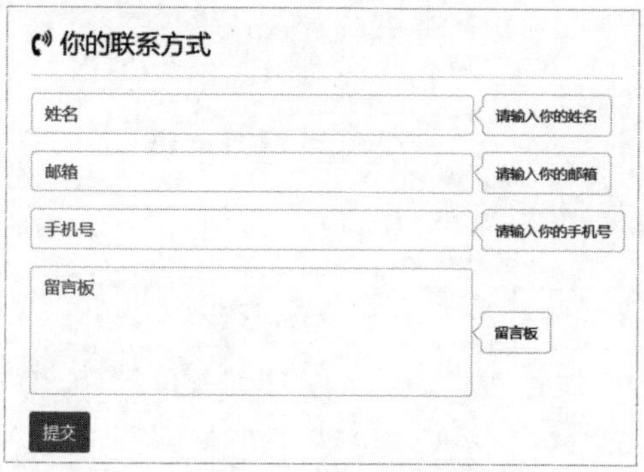

图 15-18　工具提示效果

第 1 步：因为工具提示组件依赖 popper.js 进行定位，需要在 head 标签中引入 popper.js 文件，并且把 popper.min.js 放在 bootstrap.js 之前引入。

```
<script src="https://cdn.staticfile.org/popper.js/1.14.6/umd/popper.js"></script>
<script src="bootstrap-4.2.1-dist/js/bootstrap.min.js"></script>
```

第 2 步：配置 HTML 结构，在表单元素中添加以下属性类别。

■ data-toggle="popover"：用于激活工具提示。

■ data-placement=" "：设置提示信息弹出的方向，包括 left、right、top 和 bottom。

■ data-content=" "：提示的文本内容。

```
<form>
<div class="form-group">
    <input type="text" class="form-control w-75" placeholder="姓名" data-toggle="popover" data-placement="right" data-content="请输入你的姓名">
```

```
        </div>
    <div class="form-group">
        <input type="email" class="form-control w-75" placeholder="邮箱" data-
toggle="popover" data-placement="right" data-content="请输入你的邮箱">
    </div>
    <div class="form-group">
        <input type="tel" class="form-control w-75" placeholder="手机号" data-
toggle="popover" data-placement="right" data-content="请输入你的手机号">
    </div>
    <div class="form-group">
        <textarea class="form-control w-75" rows="5" placeholder="留言板" data-
toggle="popover" data-placement="right" data-content="留言板"></textarea>
    </div>
        <button type="submit" class="btn btn-primary">提交</button>
    </form>
```

第 3 步：使用 data-toggle="popover" 属性初始化所有的提示。

```
<script>
    $(function () {
        $('[data-toggle="popover"]').popover()
    })
</script>
```

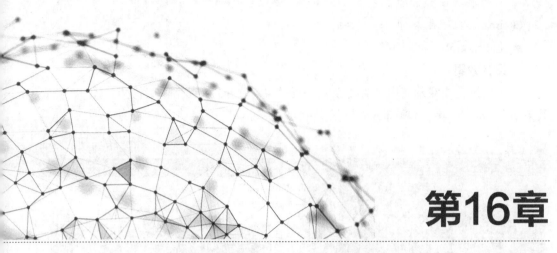

第16章

项目实训4——设计流行企业网站

在信息化时代，企业信息可通过企业网站传达到世界各个角落，可以通过网站宣传自己的企业，宣传企业的产品，宣传企业的服务，全面展示企业形象。

在平时浏览网页时，用户可能已经访问了大量的企业网站，尽管它们各有特色，但整体布局相似，一般包括一个展示企业形象的首页，几个介绍企业资料的文章页，一个"关于"页面。本章就来设计一个流行的企业网站。

16.1
网站概述

本案例将设计一个复杂的网站，主要设计目标说明如下。

- 完成复杂的页头区，包括左侧隐藏的导航以及 Logo 和右上角实用导航（登录表单）。
- 实现企业风格的配色方案。
- 实现特色展示区的响应式布局。
- 实现特色展示图片的遮罩效果。
- 页脚设置多栏布局。

1. 网站结构

本案例目录文件说明如下。

- bootstrap-4.2.1-dist：Bootstrap 框架文件夹。
- font-awesome-4.7.0：图标字体库文件。下载网址：http://www.fontawesome.com.cn/。
- css：样式表文件夹。
- js：JavaScript 脚本文件夹，包含 index.js 文件和 jQuery 库文件。

- images：图片素材。
- index.html：主页面。

2. 设计效果

本案例是企业网站应用，主要设计主页效果。在桌面等宽屏中浏览主页，上半部分效果如图 16-1 所示；下半部分效果如图 16-2 所示。

图 16-1　上部分效果　　　　　　　　　　　图 16-2　下部分效果

页头中设计了隐藏的左侧导航和登录表单，左侧导航栏效果如图 16-3 所示；登录表单效果如图 16-4 所示。

图 16-3　左侧导航栏　　　　　　　　　　　图 16-4　登录表单

3. 设计准备

应用 Bootstrap 框架的页面建议为 HTML 5 文档类型。同时在页面头部区域导入框架的基本样式文件、脚本文件、jQuery 文件和自定义的 CSS 样式及 JavaScript 文件。

```html
<!DOCTYPE html>
<html>
```

```
<head>
    <meta charset="UTF-8">
    <meta name="viewport" content="width=device-width,initial-scale=1, shrink-
to-fit=no">
    <title>Title</title>
    <link rel="stylesheet" href="bootstrap-4.2.1-dist/css/bootstrap.css">
    <link rel="stylesheet" href="font-awesome-4.7.0/css/font-awesome.css">
    <link rel="stylesheet" href="css/style.css">
    <script src="js/index.js"></script>
    <script src="jquery-3.3.1.slim.js"></script>
    <script src="https://cdn.staticfile.org/popper.js/1.14.6/umd/popper.js"></
script>
    <script src="bootstrap-4.2.1-dist/js/bootstrap.min.js"></script>
</head>
<body>
</body>
</html>
```

16.2
设计主页

在网站开发中，主页设计和制作将会占据整个制作时间的 30% ~ 40%。主页设计的好坏是一个网站成功与否的关键，应该让用户看到主页就会对整个网站有一个整体的印象。

1. 主页布局

本例主页主要包括页头导航条、轮播广告区、功能区、特色推荐和页脚区。

就像搭积木一样，每个模块是一个单位积木，如何拼凑出一个漂亮的房子，需要创意和想象力。本案例布局效果如图 16-5 所示。

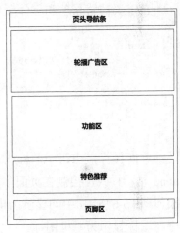

图 16-5 主页布局效果

2. 设计导航条

第 1 步，构建导航条的 HTML 结构。整个结构包含 3 个图标，图标的布局使用 Bootstrap 网格系统，代码如下：

```
<div class="row">
<div class="col-4"></div>
<div class="col-4 "></div>
<div class="col-4 "></div>
<div class="col-4 "></div>
</div>
</div>
```

第 2 步，应用 Bootstrap 的样式，设计导航条效果。在导航条外添加 <div class="head fixed-top"> 包含容器，自定义的 .head 控制导航条的背景颜色，.fixed-top 固定导航栏在顶部。然后为网格系统中每列添加 Bootstrap 水平对齐样式 .text-center 和 .text-right，为中间 2 个容器添加 Display 显示属性。

```
<div class="head fixed-top">
<div class="mx-5 row py-3 ">
<!一左侧图标-->
<div class="col-4">
<a class="show" href="javascript:void(0);"><i class="fa fa-bars fa-2x"></i></a>
</div>
<!一中间图标-->
<div class="col-4 text-center d-none d-sm-block">
<a href="javascript:void(0);"><i class="fa fa-television fa-2x"></i></a>
</div>
<div class="col-4 text-center d-block d-sm-none">
<a href="javascript:void(0);"><i class="fa fa-mobile fa-2x"></i></a>
</div>
<!一右侧图标-->
<div class="col-4 text-right">
<a href="javascript:void(0);" class="show1"><i class="fa fa-user-o fa-2x"></i></a>
</div>
</div>
</div>
```

自定义的背景色和字体颜色样式如下：

```
.head{
    background: #00aa88;          /*定义背景色*/
    z-index:50;                   /*设置元素的堆叠顺序*/
}
.head a{
    color:white;                  /*定义字体颜色*/
}
```

中间图标，由两个图标构成，每个图标都添加了 d-none d-sm-block 和 d-block d-sm-none 显示样式，控制在页面中只能显示一个图标。在中、大屏设备（>768px）中显示效果如图 16-6 所示，中间显示为电脑图标；在小屏设备（<768px）上显示效果如图 16-7 所示，中间图标显示为手机图标。

当拖动滚动条时，滚动条始终固定在顶部，效果如图 16-8 所示。

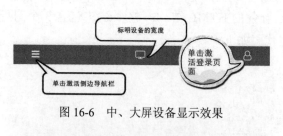

图 16-6　中、大屏设备显示效果

图 16-7　小屏设备显示效果

图 16-8 导航条固定效果

第 3 步，为左侧图标添加 click（单击）事件，绑定 show 类。当单击左侧图标时，激活隐藏的侧边导航栏，效果如图 16-9 所示。

第 4 步，为右侧图标添加 click 事件，绑定 show1 类。当单击右侧图标时，激活隐藏的登录页，效果如图 16-10 所示。

图 16-9 侧边导航栏激活效果

图 16-10 登录页面激活效果

3. 设计轮播广告

Bootstrap 框架中，轮播插件结构比较固定，轮播包含框需要指明 ID 值和 carousel、slide 类。框内包含三部分组件：标签框（carousel-indicators）、图文内容框（carousel-inner）和左右导航按钮（carousel-control-prev、carousel-control-next）。通过 data-target="#carousel" 属性启动轮播，使用 data-slide-to="0"、data-slide ="pre"、data-slide ="next" 定义交互按钮的行为。完整的代码如下：

```
<div id="carousel" class="carousel slide">
    <!—标签框-->
```

```
        <ol class="carousel-indicators">
            <li data-target="#carousel" data-slide-to="0" class="active"></li>
        </ol>
         <!--图文内容框-->
        <div class="carousel-inner">
            <div class="carousel-item active">
                <img src="images " class="d-block w-100" alt="...">
                <div class="carousel-caption d-none d-sm-block">
                    <h5> </h5>
                    <p> </p>
                </div>
            </div>
        </div>
         <!--左右导航按钮-->
        <a class="carousel-control-prev" href="#carousel" data-slide="prev">
            <span class="carousel-control-prev-icon"></span>
        </a>
        <a class="carousel-control-next" href="#carousel" data-slide="next">
            <span class="carousel-control-next-icon"></span>
        </a>
    </div>
```

在轮播基本结构基础上，来设计本案例轮播广告位结构。在图文内容框（carousel-inner）中包裹了多层内嵌结构，其中每个图文项目使用 <div class="carousel-item"> 定义，使用 <div class="carousel-caption"> 定义轮播图标签文字框。本案例没有设计标签框。

左右导航按钮分别使用 carousel-control-prev 和 carousel-control-next 来控制，使用 carousel-control-prev-icon 和 carousel-control-next-icon 类来设计左右箭头。通过使用 href="#carouselControls" 绑定轮播框，使用 data-slide="prev" 和 data-slide="next" 激活轮播行为。整个轮播图的代码如下：

```
        <div id="carouselControls" class="carousel slide" data-ride="carousel">
            <div class="carousel-inner max-h">
                <div class="carousel-item active">
                    <img src="images/001.jpg" class="d-block w-100" alt="...">
                    <div class="carousel-caption d-none d-sm-block">
                        <h5>推荐一</h5>
                        <p>说明</p>
                    </div>
                </div>
                <div class="carousel-item">
                    <img src="images/002.jpg" class="d-block w-100" alt="...">
                    <div class="carousel-caption d-none d-sm-block">
                        <h5>推荐二</h5>
                        <p>说明</p>
                    </div>
                </div>
                <div class="carousel-item">
                    <img src="images/003.jpg" class="d-block w-100" alt="...">
                    <div class="carousel-caption d-none d-sm-block">
                        <h5>推荐三</h5>
                        <p>说明</p>
                    </div>
                </div>
            </div>
```

```
                  <a class="carousel-control-prev" href="#carouselControls" data-
slide="prev">
                  <span class="carousel-control-prev-icon" aria-hidden="true"></span>
                  <span class="sr-only">Previous</span>
            </a>
            <a class="carousel-control-next" href="#carouselControls" data-
slide="next">
                  <span class="carousel-control-next-icon" aria-hidden="true"></span>
                  <span class="sr-only">Next</span>
            </a>
      </div>
```

在 IE 浏览器中运行，轮播的效果如图 16-11 所示。

图 16-11　轮播广告区页面效果

考虑到布局的设计，在图文内容框中添加了自定义的样式 max-h，用来设置图文内容框最大高度，以免由于图片过大而影响整个页面布局，代码如下：

```
.max-h{
    max-height:500px;
}
```

4. 设计功能区

功能区包括欢迎区、功能导航区和搜索区三部分。

欢迎区设计代码如下：

```
<div class="text-center">
<h2 class="color">欢 迎 您 !</h2>
<h6  class="my-3">最专业、最权威的技术团队用心做事，为企业客户提供最领先的房产配套系统服务
</h6>
    </div>
```

功能导航区使用了 Bootstrap 的导航组件。导航框使用 <ul class="nav"> 定义，使用 justify-content-center 设置水平居中。导航中每个项目使用 <li class="nav-item"> 定义，每个项目中的链接添加 nav-link 类。设计代码如下：

```
<ul class="nav justify-content-center nav-head">
    <li class="nav-item">
```

```
        <a class="nav-link" href="">
           <i class="fa fa-home"></i>
           <h6 class="size">买房</h6>
        </a>
     </li>
     <li class="nav-item">
        <a class="nav-link" href="#">
           <i class="fa fa-university "></i>
           <h6 class="size">出售</h6>
        </a>
     </li>
     <li class="nav-item">
        <a class="nav-link" href="#">
            <i class="fa fa-hdd-o "></i>
            <h6 class="size">租赁</h6>
        </a>
     </li>
  </ul>
```

搜索区使用了表单组件。搜索表单包含在 <div class="container"> 容器中，代码如下：

```
  <h5 class="text-center my-3">查找您需要的房子 <i class="fa fa-hand-o-down
color1"></i> </h5>
  <div class="container">
       <form>
           <div class="form-group">
                   <input type="search" class="form-control form-control-lg"
placeholder="您需要房子的编号或者房子的类型">
           </div>
       </form>
        <a href="" class="btn1 border d-block text-center py-2">搜索</a>
  </div>
```

考虑到页面的整体效果，功能区自定义了一些样式代码，具体如下：

```
  .nav-head li{
      text-align: center;              /*居中对齐*/
      margin-left: 15px;               /*定义左边外边距*/
  }
  .nav-head li i{
      display: block;                  /*定义元素为块级元素*/
      width: 50px;                     /*定义宽度*/
      height: 50px;                    /*定义高度*/
      border-radius: 50%;              /*定义圆角边框*/
      padding-top: 10px;               /*定义上边内边距*/
      font-size: 1.5rem;               /*定义字体大小*/
      margin-bottom: 10px;             /*定义底边外边距*/
      color:white;                     /*定义字体颜色为白色*/
      background: #00aa88;             /*定义背景颜色*/
  }
  .size{font-size: 1.3rem;}            /*定义字体大小*/
  .btn1{
      width: 200px;                    /*定义宽度*/
      background: #00aa88;             /*定义背景颜色*/
      color: white;                    /*定义字体颜色*/
```

```
    margin: auto;                     /*定义外边距自动*/
}
.btn1:hover{
    color:#8B008B;                    /*定义字体颜色*/
}
```

在 IE 浏览器中运行，功能区的效果如图 16-12 所示。

图 16-12　功能区页面效果

5. 设计特色展示

第 1 步，使用网格系统设计布局，并添加响应类。在中屏及以上设备（>768px）显示为 3 列，如图 16-13 所示；在小屏设备（<768px）下显示为每行一列，如图 16-14 所示。

```
<div class="row">
    <div class="col-12 col-md-4"></div>
    <div class="col-12 col-md-4 "></div>
    <div class="col-12 col-md-4"></div>
</div>
```

图 16-13　中屏及以上设备显示效果

图 16-14　小屏显示效果

第 2 步，在每列中添加展示图片以及说明。说明框使用了 Bootstrap 框架的卡片组件，使用 <div class="card"> 定义，主体内容框使用 <div class="card-body"> 定义。代码如下：

```
<div class="box">
    <img src="images/004.jpg" class="img-fluid" alt="">
</div>
<div class="card border-0 pt-0">
<div class="card-body">
<h6>户型:三层别墅</h6>
<h6>面积:360平方</h6>
<h6>预售价:860万</h6>
<h6 class="mt-3"><a href="" class="btn2 border py-1 px-3">详情</a></h6>
</div>
</div>
</div>
```

第 3 步，为展示图片设计遮罩效果。设计遮罩效果，默认状态下，隐藏显示 <div class="box-content"> 遮罩层，当鼠标经过图片时，渐现遮罩层，并通过绝对定位覆盖在展示图片的上面。HTML 代码如下：

```
<div class="box">
    <img src="images/005.jpg" class="img-fluid" alt="">
    <div class="box-content">
    <h3 class="title">地址</h3>
    <span class="post">北京五环商品房</span>
    <ul class="icon">
        <li><a href="#"><i class="fa fa-search"></i></a></li>
        <li><a href="#"><i class="fa fa-link"></i></a></li>
    </ul>
    </div>
</div>
```

CSS 代码如下：

```
.box{
    text-align: center;                    /*定义水平居中*/
    overflow: hidden;                      /*定义超出隐藏*/
    position: relative;                    /*定义绝对定位*/
}
.box:before{
    content: "";                           /*定义插入的内容*/
    width: 0;                              /*定义宽度*/
    height: 100%;                          /*定义高度*/
    background: #000;                      /*定义背景颜色*/
    position: absolute;                    /*定义绝对定位*/
    top: 0;                                /*定义距离顶部的位置*/
    left: 50%;                             /*定义距离左边50%的位置*/
    opacity: 0;                            /*定义透明度为0*/
                                           /*cubic-bezier贝塞尔曲线CSS3动画工具*/
    transition: all 500ms cubic-bezier(0.47, 0, 0.745, 0.715) 0s;
}
.box:hover:before{
    width: 100%;                           /*定义宽度为100%*/
    left: 0;                               /*定义距离左侧为0px*/
    opacity: 0.5;                          /*定义透明度为0.5*/
}
.box img{
    width: 100%;                           /*定义宽度为100%*/
    height: auto;                          /*定义高度自动*/
}
.box .box-content{
    width: 100%;                           /*定义宽度*/
    padding: 14px 18px;                    /*定义上下内边距为14px,左右内边距为18px*/
    color: #fff;                           /*定义字体颜色为白色*/
    position: absolute;                    /*定义绝对定位*/
    top: 10%;                              /*定义距离顶部为10% */
    left: 0;                               /*定义距离左侧为0*/
}
.box .title{
    font-size: 25px;                       /* 定义字体大小*/
    font-weight: 600;                      /* 定义字体加粗*/
    line-height: 30px;                     /* 定义行高为30px*/
    opacity: 0;                            /* 定义透明度为0*/
    transition: all 0.5s ease 1s;          /* 定义过渡效果*/
}
.box .post{
    font-size: 15px;                       /* 定义字体大小*/
    opacity: 0;                            /* 定义透明度为0*/
    transition: all 0.5s ease 0s;          /* 定义过渡效果*/
}
.box:hover .title,
.box:hover .post{
    opacity: 1;                            /* 定义透明度为1*/
    transition-delay: 0.7s;                /* 定义过渡效果延迟的时间*/
}
.box .icon{
    padding: 0;                            /* 定义内边距为0*/
    margin: 0;                             /*定义外边距为0*/
    list-style: none;                      /* 去掉无序列表的项目符号*/
    margin-top: 15px;                      /* 定义上边外边距为15px*/
}
.box .icon li{
    display: inline-block;                 /* 定义行内块级元素*/
```

```
    }
.box .icon li a{
    display: block;                          /* 设置元素为块级元素*/
    width: 40px;                             /* 定义宽度*/
    height: 40px;                            /* 定义高度*/
    line-height: 40px;                       /* 定义行高*/
    border-radius: 50%;                      /* 定义圆角边框*/
    background: #f74e55;                     /* 定义背景颜色*/
    font-size: 20px;                         /* 定义字体大小*/
    font-weight: 700;                        /* 定义字体加粗*/
    color: #fff;                             /* 定义字体颜色*/
    margin-right: 5px;                       /* 定义右边外边距*/
    opacity: 0;                              /* 定义透明度为0*/
    transition: all 0.5s ease 0s;            /* 定义过渡效果*/
}
.box:hover .icon li a{
    opacity: 1;                              /* 定义透明度为1 */
    transition-delay: 0.5s;                  /* 定义过渡延迟时间*/
}
.box:hover .icon li:last-child a{
    transition-delay: 0.8s;                  /*定义过渡延迟时间*/
}
```

在 IE 浏览器中运行，鼠标经过特色展示区图片上时，显示遮罩层，如图 16-15 所示。

图 16-15　遮罩层效果

6. 设计脚注

脚注部分由 3 行构成，前两行是联系和企业信息链接，使用 Bootstrap 4 导航组件来设计，最后一行是版权信息。设计代码如下：

```html
<div class="bg-dark py-5">
    <ul class="nav justify-content-center list pb-3">
        <li class="nav-item">
            <a class="nav-link p-0" href="">
                <i class="fa fa-qq"></i>
            </a>
        </li>
        <li class="nav-item">
```

```
                    <a class="nav-link p-0" href="#">
                        <i class="fa fa-weixin"></i>
                    </a>
            </li>
            <li class="nav-item">
                <a class="nav-link p-0" href="#">
                    <i class="fa fa-twitter"></i>
                </a>
            </li>
            <li class="nav-item">
                <a class="nav-link p-0" href="#">
                    <i class="fa fa-maxcdn"></i>
                </a>
            </li>
        </ul>
        <hr class="border-white my-0 mx-5" style="border:1px dotted red"/>
        <ul class="nav justify-content-center pt-0">
                <li class="nav-item">
                    <a class="nav-link text-white" href="#">企业文化</a>
                </li>
                <li class="nav-item">
                    <a class="nav-link text-white" href="#">企业特色</a>
                </li>
                <li class="nav-item">
                    <a class="nav-link text-white" href="#">企业项目</a>
                </li>
                <li class="nav-item">
                    <a class="nav-link text-white" href="#">联系我们</a>
                </li>
        </ul>
        <hr class="border-white my-0 mx-5" style="border:1px dotted red"/>
        <div class="text-center text-white mt-2">Copyright 2020-2-14 圣耀地产 版权所
有</div></div>
```

添加自定义样式代码如下：

```
.list a{
    display: block;
    width: 28px;
    height: 28px;
    font-size: 1rem;
    border-radius: 50%;
    background: white;
    text-align: center;
    margin-left: 10px;
}
```

在 IE 11 浏览器中运行，效果如图 16-16 所示。

图 16-16 脚注效果

16.3
设计侧边导航栏

侧边导航栏包含一个关闭按钮、企业 logo 和菜单栏，效果如图 16-17 所示。

图 16-17　侧边导航栏效果

第 1 步，关闭按钮使用 awesome 字体库中的字体图标进行设计，企业 logo 和名称包含在 <h3> 标签中。代码如下：

```
<a class="del" href="javascript:void(0);"><i class="fa fa-times text-white"></i></a>
<h3 class="mb-0 pb-3  pl-4"><img src="images/logo.jpg" alt="" class="img-fluid mr-2" width="35">圣耀地产</h3>
```

给关闭按钮添加 click 事件，当单击时关闭按钮时，侧边栏向左移动并隐藏；当激活时，侧边导航栏向右移动并显示。实现该效果的 JavaScript 脚本文件如下：

```
$('.del').click(function(){
    $('.sidebar').animate({
        "left":"-200px",
    })
})
// 弹出侧边栏
$('.show').click(function(){
    $('.sidebar').animate({
        "left":"0px",
    })
})
```

第 2 步，设计左侧导航栏。左侧导航栏并没有使用 Bootstrap 4 中的导航组件，而是使用 Bootstrap 4 框架的其他组件来设计。首先是使用列表组来定义导航项，在导航项中添加折叠组件，在折叠中再嵌套列表组。

HTML 代码如下：

```
<div class="sidebar min-vh-100 text-white">
    <div class="sidebar-header">
        <div class="text-right">
```

```
                    <a class="del" href="javascript:void(0);"><i class="fa fa-times
text-white"></i></a>
                </div>
            </div>
        <h3 class="mb-0 pb-3  pl-4"><img src="images/logo.jpg" alt="" class="img-
fluid mr-2" width="35">圣耀地产</h3>
        <ul class="list-group">
            <!--折叠面板-->
            <li class="list-group-item" data-toggle="collapse" href="#collapse">
                    买新房 <i class="fa fa-gratipay ml-2"></i>
                    <div class="collapse border-bottom border-top border-white"
id="collapse">
                    <ul class="list-group ">
                        <li class="list-group-item"><i class="fa fa-rebel mr-2"></
i>普通住房</li>
                        <li class="list-group-item"><i class="fa fa-rebel mr-2"></
i>特色别墅</li>
                        <li class="list-group-item"><i class="fa fa-rebel mr-2"></
i>奢华豪宅</li>
                    </ul>
                </div>
            </li>
            <li class="list-group-item">买二手房</li>
            <li class="list-group-item">出售房屋</li>
            <li class="list-group-item">租赁房屋</li>
        </ul>
    </div>
```

关于侧边栏自定义的样式代码如下：

```
.sidebar{
    width:200px;                          /* 定义宽度*/
    background: #00aa88;                  /* 定义背景颜色*/
    position: fixed;                      /* 定义固定定位*/
    left: -200px;                         /* 距离左侧为-200px*/
    top:0;                                /* 距离顶部为0px*/
    z-index: 100;                         /* 定义堆叠顺序*/
}
.sidebar-header{
    background: #066754;                  /* 定义背景颜色*/
}
.sidebar ul li{
    border: 0;                            /* 定义边框为0*/
    background: #00aa88;                  /* 定义背景颜色*/
}
.sidebar ul li:hover{
    background:#066754;                   /* 定义背景颜色*/
}
.sidebar h3{
    background: #066754;                  /* 定义背景颜色*/
    border-bottom: 2px solid white;       /* 定义底边框为2px、实线、白色边框*/
}
```

实现侧边导航栏的 JavaScript 脚本代码如下：

```
$(function(){
    // 隐藏侧边栏
    $('.del').click(function(){
```

```
            $('.sidebar').animate({
                "left":"-200px",
            })
        })
        // 弹出侧边栏
        $('.show').click(function(){
            $('.sidebar').animate({
                "left":"0px",
            })
        })
    })
```

16.4
设计登录页

登录页通过顶部导航条右侧图标来激活。激活后效果如图 16-18 所示。

本案例设计了一个复杂的登录页，使用 Bootstrap 4 的表单组件进行设计，并添加了 CSS 3 动画效果。当表单获取焦点时，label 标签将向上移动到输入框之上，并伴随着输入框颜色和文字的变化。

```
<div class="vh-100 vw-100 reg">
    <div class="container mt-5">
        <div class="text-right">
            <a class="del1" href="javascript:void(0);"><i class="fa fa-times fa-2x"></i></a>
        </div>
        <h2 class="text-center mb-5">圣耀地产</h2>
        <form>
            <div class="input__block form-group">
                <input type="text" id="name" name="name"required class="input text-center form-control"/>
                <label for="name" class="label">姓名</label>
            </div>
            <div class="input__block form-group">
                <input type="email" id="email" name="email" required class="input text-center form-control"/>
                <label for="email" class="label">邮箱</label>
            </div>
            <div class="form-check">
                <input type="checkbox" class="form-check-input" id="exampleCheck1">
                <label class="form-check-label" for="exampleCheck1">记住我?</label>
            </div>
        </form>
        <button type="button" class="btn btn-primary btn-block my-2">登录</button>
        <h6 class="text-center"><a href="">忘记密码</a><span class="mx-4">|</span><a href="">立即注册</a></h6>
    </div>
</div>
```

为登录页自定义样式，label 标签设置固定定位，当表单获取焦点时，label 内容向上移动。Bootstrap 4 中的表单组件和按钮组件，在获取焦点时四周会出现的闪光的阴影，影响整个网页效果，也可自定义样式覆盖掉 Bootstrap 4 默认的样式，如图 6-19 所示。自定义代码如下：

```css
.reg{
    position: absolute;                              /* 定义绝对定位*/
    display: none;                                   /* 设置隐藏*/
    top:-100vh;                                      /* 距离顶部为-100vh*/
    left: 0;                                         /* 距离左侧为0*/
    z-index: 500;                                    /* 定义堆叠顺序*/
    background-image:url("../images/bg1.png");       /* 定义背景图片*/
}
.input__block {
    position: relative;                              /* 定义相对定位*/
    margin-bottom: 2rem;                             /* 定义底外边距为2rem*/
}
.label {
    position: absolute;                              /* 定义绝对定位*/
    top: 50%;                                        /* 距离顶部为50%*/
    left:1rem;                                       /* 距离左侧为1rem*/
    width:3rem;                                      /* 宽度为3rem*/
    transform: translateY(-50%);                     /* 定义Y轴方向上的位移为-50%*/
    transition: all 300ms ease;                      /* 定义过渡动画*/
}
.input:focus + .label,
.input:focus:required:invalid + .label{
    color: #00aa88;                                  /* 定义字体颜色*/
}
.input:focus + .label,
.input:required:valid + .label {
    top: -1rem                                       /* 距离顶部的距离为-1rem*/
}
.input {
    line-height: 0.5rem;                             /* 行高为0.5rem*/
    transition: all 300ms ease;                      /* 定义过渡效果*/
}
.input:focus:invalid {
    border: 2px solid #00aa88;                       /* 定义边框*/
}
    /*去掉bootstrap表单获得焦点时四周的闪光阴影*/
.form-control:focus,
.has-success .form-control:focus,
.has-warning .form-control:focus,
.has-error .form-control:focus {
    -webkit-box-shadow: none;                        /* 删除阴影效果（兼容-webkit-内核
的浏览器）*/
    box-shadow: none;                                /* 删除阴影效果*/
}
    /*去掉bootstrap按钮获得焦点时四周的闪光阴影*/
.btn:focus, .btn.focus {
    -webkit-box-shadow: none;                        /*删除阴影效果*/
    box-shadow: none;                                /*删除阴影效果*/
}
```

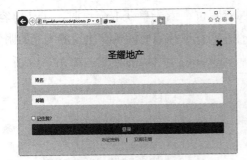

图 16-18　登录页效果

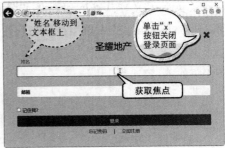

图 16-19　获取焦点激活动画效果

给关闭按钮添加 click 事件，当单击关闭按钮时，登录页向上移动并隐藏；当激活时，再向下弹出并显示。JavaScript 脚本文件如下：

```
$('.del1').click(function(){
    // 隐藏注册表
    $('.reg').animate({
        "top":"-100vh",
    })
    $('.reg').hide();
    $('.main').show();
})
    // 弹出注册表
$('.show1').click(function(){
    $('.reg').animate({
        "top":"0px",
    })
    $('.reg').show();
    $('.main').hide();
})
```

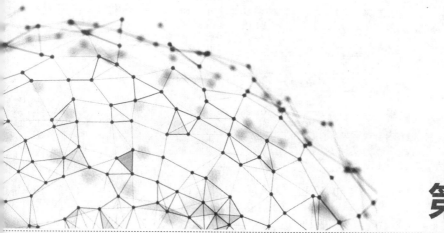

第17章

项目实训5——Web设计与定制网站

本案例是一个 Web 设计与定制网站，包括制作 Logo、宣传品设计、包装设计、其他设计、策划、广告设计制作、品牌管理咨询、印刷服务等。通过 Web 设计与定制，可以使企业快速适应互联网运营，让企业的业务网络化、信息化。

17.1
网站概述

本案例是一个单页面项目，主要使用 Bootstrap 中的滚动监听插件进行构思，通过导航顶部导航栏进行页面的切换，当滚动滚动条时，导航栏中的项目也相应的切换。

17.1.1 网站结构

本案例目录文件说明如下。

- bootstrap-4.2.1-dist：Bootstrap 框架文件夹。
- font-awesome-4.7.0：图标字体库文件。下载网址：http://www.fontawesome.com.cn/。
- css：样式表文件夹。
- js：包含 jQuery 库文件。
- images：图片素材。
- index.html：主页面。

17.1.2 网站布局

网站是单页面，布局效果如图 17-1 所示。顶部导航栏固定在页面顶部，通过选择选项可切换内容。

图 17-1　网站布局

17.1.3　设计准备

应用 Bootstrap 框架的页面建议为 HTML 5 文档类型。同时在页面头部区域导入框架的基本样式文件、脚本文件、jQuery 文件和自定义的 CSS 样式文件。

如果在页面中使用多个插件，可以导入 bootstrap.min.js；如果仅需特定的插件，可以仅导入特定的插件 scrollspy.js。本项目的配置文件如下：

```
<!DOCTYPE html>
<html>
<head>
    <meta charset="UTF-8">
     <meta name="viewport" content="width=device-width,initial-scale=1, shrink-
to-fit=no">
    <title>Title</title>
    <link rel="stylesheet" href="bootstrap-4.2.1-dist/css/bootstrap.css">
    <link rel="stylesheet" href="font-awesome-4.7.0/css/font-awesome.css">
    <link rel="stylesheet" href="style.css">
    <script src="jquery-3.3.1.slim.js"></script>
      <script src="https://cdn.staticfile.org/popper.js/1.14.6/umd/popper.js"></
script>
    <script src="bootstrap-4.2.1-dist/js/bootstrap.min.js"></script>
</head>
<body>
</body>
</html>
```

应用 Bootstrap 插件时，推荐使用 data 属性进行激活，不建议使用 JavaScript 脚本激活，对于部分必须使用 JavaScript 激活的除外。各种插件激活的方法，请参阅第 11 章。

17.2
设计主页面导航

本案例是一个单页面项目，整个项目使用 Bootstrap 滚动监听插件进行设计，主页面导航使用导航栏组件设计。通过监听 <body>，主页面导航可以自动更新主页面内容，根据滚动条的位置自动更新对应的导航栏项目，随着滚动条位置的变化向导航栏添加 .active 类。

下面看一下具体的实现的步骤。

第 1 步：使用 Bootstrap 导航栏组件设计结构，把导航栏右侧的表单改成了联系图标。

```
<nav class="navbar navbar-expand-lg navbar-light bg-light">
    <button class="navbar-toggler" type="button" data-toggle="collapse" data-
target="#navbarContent">
        <span class="navbar-toggler-icon"></span>
    </button>
    <div class="collapse navbar-collapse" id="navbarContent">
        <a class="navbar-brand" href="#">Web设计</a>
        <ul class="navbar-nav mr-auto mt-2 mt-lg-0 nav-list">
            <li class="nav-item active">
                <a class="nav-link" href="#">首页</a>
            </li>
            <li class="nav-item">
                <a class="nav-link" href="#">关于</a>
            </li>
            <li class="nav-item">
                <a class="nav-link" href="#">团队</a>
            </li>
            <li class="nav-item">
                <a class="nav-link" href="#">服务</a>
            </li>
            <li class="nav-item">
                <a class="nav-link" href="#">博客</a>
            </li>
            <li class="nav-item">
                <a class="nav-link" href="#">定制</a>
            </li>
        </ul>
        <div class="px-5">
            <a href="#"><i class="fa fa-weixin"></i></a>
            <a href="#"><i class="fa fa-qq"></i></a>
            <a href="#"><i class="fa fa-twitter"></i></a>
            <a href="#"><i class="fa fa-google-plus"></i></a>
            <a href="#"><i class="fa fa-github"></i></a>
        </div>
    </div>
</nav>
```

在 IE 11 浏览器中运行，导航栏的效果如图 17-2 所示。

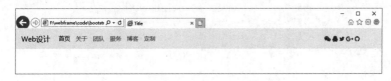

图 17-2　导航栏效果

第 2 步：添加滚动监听。为 <body> 设置被监听的 Data 属性：data-spy="scroll"，指定监听的导航栏：data-target="#menu"，当 <body> 滚动滚动条时，导航栏项目相应的切换。使用 Bootstrap 常用的类样式微调导航栏的内容，添加 fixed-top 类把导航栏固定在页面顶部。

在导航栏项目中添加对用的锚点："#list1"、"#list2"、"#list3"、"#list4"、"#list5" 和 "#list6"，分别对应主页面的内容：

```
<h4 id="list1" class="list"></h4>
<h4 id="list2" class="list"></h4>
<h4 id="list3" class="list"></h4>
<h4 id="list4" class="list"></h4>
<h4 id="list5" class="list"></h4>
<h4 id="list6" class="list"></h4>
```

导航栏代码如下：

```
<body data-spy="scroll" data-target="#navbar">
<nav class="navbar navbar-expand-md navbar-dark bg-dark fixed-top" id="navbar">
    <a class="navbar-brand px-5" href="#">Web设计</a>
     <button class="navbar-toggler" type="button" data-toggle="collapse" data-target="#navbarContent">
        <span class="navbar-toggler-icon"></span>
    </button>
    <div class="collapse navbar-collapse ml-5" id="navbarContent">
        <ul class="navbar-nav mr-auto mt-2 mt-lg-0 nav-list">
            <li class="nav-item active">
                <a class="nav-link" href="#list1">首页</a>
            </li>
            <li class="nav-item">
                <a class="nav-link" href="#list2">关于</a>
            </li>
            <li class="nav-item">
                <a class="nav-link" href="#list3">团队</a>
            </li>
            <li class="nav-item">
                <a class="nav-link" href="#list4">服务</a>
            </li>
            <li class="nav-item">
                <a class="nav-link" href="#list5">博客</a>
            </li>
            <li class="nav-item">
                <a class="nav-link" href="#list6">定制</a>
            </li>
        </ul>
        <div class="iconColor px-5">
            <a href="#"><i class="fa fa-weixin"></i></a>
            <a href="#"><i class="fa fa-qq"></i></a>
            <a href="#"><i class="fa fa-twitter"></i></a>
            <a href="#"><i class="fa fa-google-plus"></i></a>
            <a href="#"><i class="fa fa-github"></i></a>
        </div>
    </div>
</nav>
</body>
```

第 3 步：设计简单样式。

```
#navbar{
    height: 60px;                        /*定义高度*/
```

```
    box-shadow: 0 1px 10px red;              /*定义阴影效果*/
}
.list{
    height: 50px;                            /*定义高度*/
}
.nav-list li{
    margin-left: 10px;                       /*定义左边外边距*/
}
.nav-list li:hover{
    border-bottom: 2px solid white;          /*定义底边边框*/
}
.iconColor a{
    color: white;                            /*定义字体颜色*/
}
.iconColor a:hover i{
    color:red;                               /*定义字体颜色*/
    transform: scale(1.5);                   /*定义2d缩放*/
}
.active{
    border-bottom: 2px solid red;            /*定义底边边框*/
}
```

以下类两个类定义字体图标的样式，在后面的内容中，字体图标也是使用它们来设计的，后续内容中将不再赘述。

```
.iconColor a{
    color: white;                            /*定义字体颜色*/
}
.iconColor a:hover i{
    color:red;                               /*定义字体颜色*/
    transform: scale(1.5);                   /*定义2d缩放*/
}
```

在 IE 11 浏览器中运行，导航栏的最终效果如图 17-3 所示。

图 17-3　导航栏的最终效果

17.3
设计主页面内容

本节介绍监听的主页面内容以及设计的步骤。

17.3.1　设计首页

首页内容首先使用 jumbotron 组件设计广告牌，展示网站主要内容；然后使用网格系统设计布局，介绍网页设计的发展、品牌化和创意。

```
        <h4 id="list1" class="list"></h4>
            <div class="img-b">
                    <div class="jumbotron jumbotron-fluid text-white d-flex align-items-
center m-0">
                        <div class="container">
                            <h1 class="display-4">专业网页设计10年</h1>
                            <p class="lead">我们让每一个品牌都更加出色</p>
                            <a href="" class="btn btn-danger">了解更多>></a>
                        </div>
                    </div>
                </div>
                <div class="bg-dark py-5 text-white">
                    <div class="container">
                        <div class="row">
                            <div class="col-lg-4">
                                    <h2><i class="fa fa-laptop mr-2"></i> 网页设计与<span
class="text-white-50">发展</span></h2>
                                        <p>设计网页的目的不同,应选择不同的网页策划与设计方案</p>
                            </div>
                            <div class="col-lg-4">
                                    <h2><i class="fa fa-rocket mr-2"></i> 网页设计与<span
class="text-white-50">品牌化</span></h2>
                                        <p>网页设计的工作目标,是通过使用更合理的颜色、字体、图片、样式进行页
面设计美化</p>
                            </div>
                            <div class="col-lg-4">
                                        <h2><i class="fa fa-camera mr-2"></i>网页设计与<span
class="text-white-50">创意</span></h2>
                                        <p>在功能限定的情况下,尽可能给予用户完美的视觉体验</p>
                            </div>
                        </div>
                    </div>
                </div>
```

设计 jumbotron 的 rgba 背景色，在其外层添加一个外包框，并设计背景图片。样式代码如下：

```
.img-b{
    background: url("images/0002.jpg") no-repeat;          /*定义背景图片,不平铺*/
    background-size: 1150px 568px;                         /*定义背景图片的大小*/
}
.jumbotron{
    height:500px;                                          /*定义高度*/
    background: rgba(0,0,255,0.6);                         /*定义rgba背景色*/
}
```

在 IE 11 浏览器中运行，首页的效果如图 17-4 所示。

17.3.2　"关于我们"页面设计

"关于我们"页面包括上半部分和下半部分。

上半部分介绍我们的职责。首先创建一个响应式 <div class="container"> 容器，在其中设计标题和文本，然后使用网格系统创建两列布局，左侧展示我们的职责，右侧是一张图片，展示我们的工作状态。

图 17-4 首页效果

```
<h4 id="list2" class="list"></h4>
    <div class="container">
        <h1 class="text-center">  关于我们  </h1>
        <p class="my-4">运营平台的强大流量资源与用户资源,把企业信息即时地展现在有需求的
移动用户面前,促使用户关注您的企业产品与服务,并进一步与您的企业建立深入沟通,最终达成交易</p>
        <div class="row">
            <div class="col-lg-6">
                <h3 class="mb-4">我们的职责</h3>
                <ul>
                    <li><i class="fa fa-angle-right"></i> 负责对网站整体表现风格的
定位,对用户视觉感受的整体把握。</li>
                    <li><i class="fa fa-angle-right"></i> 进行网页的具体设计制作。
</li>
                    <li><i class="fa fa-angle-right"></i> 产品目录的平面设计。</li>
                    <li><i class="fa fa-angle-right"></i> 各类活动的广告设计。</li>
                    <li><i class="fa fa-angle-right"></i> 协助开发人员页面设计等工
作。</li>
                </ul>
                <a class="btn btn-primary" href="#">开始你的工作吧</a>
            </div>
            <div class="col-lg-6">
                <img src="images/0001.png" alt="about" class="img-fluid img-
thumbnail">
            </div>
        </div>
    </div>
</div>
```

在 IE 11 浏览器中运行，"关于我们"上半部分的效果如图 17-5 所示。

图 17-5 "关于我们"上半部分的效果

下半部分介绍我们的工作内容。使用网格系统创建两列。左侧是一张图片，展示我们的工作状态。其中添加了 **no-gutters** 类来删除网格系统的左右外边距。

```
<h4 id="list2" class="list"></h4>
    <div class="row no-gutters mt-5">
        <div class="col-md-6">
            <img src="images/0014.png" alt="" class="img-fluid">
        </div>
        <div class="col-md-6 bg-dark text-white px-5 pt-5">
            <h3 class="mb-4">工作的内容:</h3>
                <p class="">网页如门面,小到个人主页,大到大公司、大的政府部门以及国际组织等
在网络上无不以网页作为自己的门面。当点击到网站时,首先映入眼帘的是该网页的界面设计,如内容的介绍、
按钮的摆放、文字的组合、色彩的应用、使用的引导等。这一切都是网页设计的范畴,都是网页设计师的工作。
</p>
        </div>
    </div>
```

在 IE 11 浏览器中运行，"关于我们"下半部分的效果如图 17-6 所示。

图 17-6　"关于我们"下半部分的效果

最后为图片添加过渡动画和 2D 缩放，为文本内容（<p>）添加首行缩进 2em。这里设置的内容对整个网页都起作用，所以在后续的内容中将不再赘述。

```
img{
    transition: all 0.2s ease-in;              /*定义过渡动画*/
}
img:hover{
    transform: scale(1.1);                     /*定义2d缩放*/
}
p{
    text-indent: 2em;                          /*首行缩进2字符*/
}
```

17.3.3　"我们的团队"页面设计

"我们的团队"页面包括上半部分和下半部分。

上半部分介绍团队的成员的照片、联系方式和姓名。使用网格系统设计布局，定义 3 列。每列中添加照片、联系方式图标和姓名。

```
<h4 id="list3" class="list"></h4>
```

```
    <div class="container">
        <h1 class="text-center">__我们的团队__</h1>
            <p class="my-4">每一天,我们都憧憬更高更远的未来,不断前行,加倍自信。团队协作是
通向成功的保证,专注则让我们更加优秀。我们有着从业超过十年的设计总监群,也有年轻而具有活力的新生代力
量,当业界顶尖的设计师同聚一堂,那一定可以创造奇迹。我们乐于接受新的挑战,也相信明天会一定更好。</p>
        <div class="row">
            <div class="col-12 col-md-4">
                <div class="box"><img src="images/0006.png" alt="" class="img-
fluid w-100"></div>
                <div class="bg-primary text-center py-2 iconColor">
                    <a href="#"><i class="fa fa-weixin"></i></a>
                    <a href="#" class="mx-2"><i class="fa fa-qq"></i></a>
                    <a href="#"><i class="fa fa-phone"></i></a>
                </div>
                <h2 class="text-center bg-dark text-white py-3">Wilson</h2>
            </div>
            <div class="col-12 col-md-4">
                <div class="box"><img src="images/0007.png" alt="" class="img-
fluid w-100"></div>
                <div class="bg-primary text-center py-2 iconColor">
                    <a href="#"><i class="fa fa-weixin"></i></a>
                    <a href="#" class="mx-2"><i class="fa fa-qq"></i></a>
                    <a href="#"><i class="fa fa-phone"></i></a>
                </div>
                <h2 class="text-center bg-dark text-white py-3">Anne</h2>
            </div>
            <div class="col-12 col-md-4">
                <div class="box"><img src="images/0008.png" alt="" class="img-
fluid w-100"></div>
                <div class="bg-primary text-center py-2 iconColor">
                    <a href="#"><i class="fa fa-weixin"></i></a>
                    <a href="#" class="mx-2"><i class="fa fa-qq"></i></a>
                    <a href="#"><i class="fa fa-phone"></i></a>
                </div>
                <h2 class="text-center bg-dark text-white py-3">Kevin</h2>
            </div>
        </div>
    </div>
```

在 IE 11 浏览器中运行，团队页面的上半部分效果如图 17-7 所示。

图 17-7　团队页面的上半部分效果

下半部分介绍我们团队的成就，包括获奖、代码行、全球客户和已交付的项目。使用网格进行布局，定义 4 列，每列中都添加了字体图标。

```
<h4 id="list3" class="list"></h4>
    <div class="mt-4 bg1">
        <div class="row text-white">
            <div class="col-md-3 text-center py-5">
                <div><i class="fa fa-trophy fa-3x i-circle rounded-circle"></i></div>
                <h2 class="my-4">50</h2>
                <h5>获奖</h5>
            </div>
            <div class="col-md-3 text-center py-5">
                <div><i class="fa fa-code fa-3x i-circle rounded-circle"></i></div>
                <h2 class="my-4">358000</h2>
                <h5>代码行</h5>
            </div>
            <div class="col-md-3 text-center py-5">
                <div><i class="fa fa-globe fa-3x i-circle rounded-circle"></i></div>
                <h2 class="my-4">786</h2>
                <h5>全球客户</h5>
            </div>
            <div class="col-md-3 text-center py-5">
                <div><i class="fa fa-rocket fa-3x i-circle rounded-circle"></i></div>
                <h2 class="my-4">1280</h2>
                <h5>交付的项目</h5>
            </div>
        </div>
    </div>
```

添加背景色（.bg1），并重新定义字体图标的大小类样式，并添加 2D 缩放效果。

```
.bg1{
    background:  #7870E8;              /*定义背景色*/
    padding:30px 0;                   /*定义内边距*/
}
.i-circle{
    padding: 20px 22px;               /*定义内边距*/
    background:white;                 /*定义背景颜色*/
    color: #7870E8;                   /*定义字体颜色*/
}
.i-circle1{
    padding: 20px 35px;               /*定义内边距*/
    background:white;                 /*定义背景色*/
    color: #7870E8;                   /*定义字体颜色*/
}
.i-circle:hover{
    transform: scale(1.1);            /*定义2d缩放*/
}
.i-circle1:hover{
    transform: scale(1.1);            /*定义2d缩放*/
}
```

在 IE 11 浏览器中运行，团队页面的下半部分效果如图 17-8 所示。

图 17-8　团队页面的下半部分效果

17.3.4　"我们的服务"页面设计

"我们的服务"页面使用网格系统布局，首先定义 4 列，每列占 6 份，呈两排显示；然后在每列中再嵌套网格系统，定义两列，分别占 4 份和 8 份，左侧是字体图标，右侧是服务内容。

```html
<div class="bg-dark pb-5 text-white">
        <h4 id="list4" class="list"></h4>
        <div class="container">
            <h1 class="text-center">  我们的服务  </h1>
            <p class="my-4">我们可以为您的公司提供全面服务——从检验和审核,到测试和分析
以及认证。我们致力于为您的公司提供每个领域中的最佳解决方案。</p>
        </div>
        <div class="row">
            <div class="col-md-6">
                <div class="row">
                    <div class="col-md-4 text-center"><i class="fa fa-diamond
fa-3x i-circle rounded-circle"></i></div>
                    <div class="col-md-8">
                        <h4>认证</h4>
                        <p>在众多技术领域和国家地区,我们都已获得授信以验证您的体系、产
品、人员或资产满足特定要求,并颁发证书正式确认。</p>
                        <a class="btn btn-primary" href="#">更多信息</a>
                    </div>
                </div>
            </div>
            <div class="col-md-6 mb-5">
                <div class="row">
                    <div class="col-md-4 text-center"><i class="fa fa-mobile
fa-3x i-circle1 rounded-circle"></i></div>
                    <div class="col-md-8">
                        <h4>咨询</h4>
                        <p>我们可以为您提供质量、安全、环境和社会责任方面的建议、全球行
业基准和技术咨询服务。</p>
                        <a class="btn btn-primary" href="">更多信息</a>
                    </div>
                </div>
            </div>
            <div class="col-md-6">
                <div class="row">
                    <div class="col-md-4 text-center"><i class="fa fa-rocket
fa-3x i-circle rounded-circle"></i></div>
                    <div class="col-md-8">
```

375

```
            <h4>培训</h4>
                <p>我们提供全方位的培训服务,覆盖了与您业务活动相关的所有符合性
问题。从而帮助您改进质量、安全、社会责任领域的能力,并且鼓励您考虑"人员因素"。</p>
                <a class="btn btn-primary" href="">更多信息</a>
            </div>
        </div>
    </div>
    <div class="col-md-6">
        <div class="row">
            <div class="col-md-4 text-center"><i class="fa fa-internet-
explorer fa-3x i-circle rounded-circle"></i></div>
            <div class="col-md-8">
                <h4>检查与审核</h4>
                <p>在全世界的每个经济领域中,我们都能够依照本地或国际标准和法规,
或自愿要求,对您的设施、设备和产品实施检验——并审核您的系统与流程。</p>
                <a class="btn btn-primary" href="">更多信息</a>
            </div>
        </div>
    </div>
    </div>
</div>
```

在 IE 11 浏览器中运行,服务页面的效果如图 17-9 所示。

图 17-9　服务页面的效果

17.3.5 "我们的博客"页面设计

"我们的博客"页面直接使用网格系统进行布局,定义 6 列,每列占 4 份,所以呈 2 行进行排列,在每列中添加一张图片。图片添加了过渡效果和 2D 缩放,具体可参考"关于我们"一节中的样式代码。

```
<div class="container blog">
    <h4 id="list5" class="list"></h4>
    <h1 class="text-center">__我们的博客__</h1>
    <p class="my-4">"乐于分享,加速成长,共同进步,和谐共赢",不仅说到,并且做到了!知识不是
力量,知识只是潜能,应用改变自我和世界才有价值,知行合一! 分享知识会得到更多知识以及更多超越知识的
东西!分享是人与人之间最基础的信任。</p>
    <div class="row">
        <div class="col-4">
```

```
            <img src="images/0009.png" alt="" class="img-fluid">
        </div>
        <div class="col-4">
            <img src="images/0010.png" alt="" class="img-fluid">
        </div>
        <div class="col-4 mb-4">
            <img src="images/0011.png" alt="" class="img-fluid">
        </div>
        <div class="col-4">
            <img src="images/0012.png" alt="" class="img-fluid">
        </div>
        <div class="col-4">
            <img src="images/0013.png" alt="" class="img-fluid">
        </div>
        <div class="col-4">
            <img src="images/0015.png" alt="" class="img-fluid">
        </div>
    </div>
</div>
```

在 IE 11 浏览器中运行，博客页面的效果如图 17-10 所示。

图 17-10　博客页面的效果

17.3.6　"我们的定制"页面设计

"我们的定制"页面使用网格系统进行布局，定义 3 列，每列占 4 份。每列内容有两部分构成：套餐和说明，说明部分使用 Bootstrap 列表组组件进行设计。

```
<h4 id="list6" class="list"></h4>
    <div class="container px-5">
        <h1 class="text-center">__我们的定制__</h1>
         <p class="my-4">我们的定制内容包括以下3种,您可以根据需要进行选择,期待与您的合
作。</p>
        <div class="row text-white">
            <div class="col-4">
                <div class="text-center">
                    <h5 class="bg-light py-3 m-0 text-success">创业基础</h5>
                    <h5 class="bg-primary py-2 m-0">服务标准</h5>
```

```
                    </div>
                    <ul class="list-group list-group-flush text-center ">
                        <li class="list-group-item list-group-item-secondary">1-3年
经验设计师</li>
                         <li class="list-group-item list-group-item-secondary">2套
LOGO设计方案</li>
                        <li class="list-group-item list-group-item-secondary">3个工
作日出设计初稿</li>
                        <li class="list-group-item list-group-item-secondary">5个工
作日出设计稿</li>
                         <li class="list-group-item list-group-item-secondary">12项
可编辑矢量源文件</li>
                        <li class="list-group-item list-group-item-secondary py-
4"><a href="#" class="btn btn-primary">现在定制</a></li>
                    </ul>
                </div>
                <div class="col-4">
                    <div class="text-center">
                        <h5 class="bg-success py-3 m-0">豪华套餐</h5>
                        <h5 class="bg-dark py-2 m-0">服务标准</h5>
                    </div>
                    <ul class="list-group list-group-flush text-center ">
                        <li class="list-group-item list-group-item-secondary">3-5年
经验设计师</li>
                         <li class="list-group-item list-group-item-secondary">3套
LOGO设计方案</li>
                        <li class="list-group-item list-group-item-secondary">2个工
作日出LOGO设计初稿</li>
                        <li class="list-group-item list-group-item-secondary">5-8个
工作日出设计稿</li>
                         <li class="list-group-item list-group-item-secondary">30项
可编辑矢量源文件</li>
                        <li class="list-group-item list-group-item-secondary py-
4"><a href="#" class="btn btn-primary">现在定制</a></li>
                    </ul>
                </div>
                <div class="col-4">
                    <div class="text-center">
                        <h5 class="bg-light py-3 m-0 text-success">全部套餐</h5>
                        <h5 class="bg-primary py-2 m-0">服务标准</h5>
                    </div>
                    <ul class="list-group list-group-flush text-center ">
                        <li class="list-group-item list-group-item-secondary">5年以
上经验设计师</li>
                         <li class="list-group-item list-group-item-secondary">4套
LOGO设计方案</li>
                        <li class="list-group-item list-group-item-secondary">5个工
作日出LOGO设计初稿</li>
                        <li class="list-group-item list-group-item-secondary">7-9个
工作日出设计稿</li>
                         <li class="list-group-item list-group-item-secondary">58项
可编辑矢量源文件</li>
                        <li class="list-group-item list-group-item-secondary py-
4"><a href="#" class="btn btn-primary">现在定制</a></li>
                    </ul>
                </div>
            </div>
        </div>
```

在 IE 11 浏览器中运行，博客页面的效果如图 17-11 所示。

图 17-11　博客页面的效果

17.4
设计脚注

定义脚注外包含框，设置黑色背景颜色，白色字体颜色。内容部分包括一组联系图标和版权说明。

```
<footer class="footer bg-dark text-white py-5 mt-5">
    <div class="iconColor text-center">
        <a href="#"><i class="fa fa-weixin fa-2x"></i></a>
        <a href="#" class=" mx-3"><i class="fa fa-qq fa-2x"></i></a>
        <a href="#"><i class="fa fa-twitter fa-2x"></i></a>
        <a href="#" class="mx-3"><i class="fa fa-google-plus fa-2x"></i></a>
        <a href="#"><i class="fa fa-github fa-2x"></i></a>
    </div>
    <div class="text-center my-3">
        <p>Copyright &copy; 2020.</p>
    </div>
</footer>
```

在 IE 11 浏览器中运行，脚注页面的效果如图 17-12 所示。

图 17-12　脚注页面效果

379

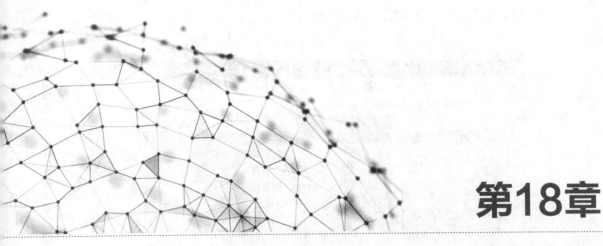

第18章

项目实训6——开发神影视频网站

视频网站是指在完善的技术平台支持下，让互联网用户在线流畅发布、浏览和分享视频作品的网络媒体。除了传统的对视频网站的理解外，近年来，无论是 P2P 直播网站，BT 下载站，还是本地视频播放软件，都将向影视点播扩展作为自己的一块战略要地。影视点播已经成为各类网络视频运营商的必争之地。本章将介绍一款视频网站的开发项目。

18.1

网站概述

本案例介绍"神影视频"网站的主页面，主要使用 Bootstrap 进行设计，页面简单、时尚，布局与各大视频网站类似。

1. 网站结构

本案例目录文件说明如下。

- bootstrap-4.2.1-dist：Bootstrap 框架文件夹。
- font-awesome-4.7.0：图标字体库文件。下载地址：http://www.fontawesome.com.cn/。
- css：样式表文件夹。
- js：包含 jQuery 库文件。
- image：图片素材。
- index.html：主页面。

2. 网站布局

本案例主页面布局效果如图 18-1 所示。

3. 网站效果

在 IE 11 浏览器中运行 index.html 文件,页面效果如图 18-2、图 18-3 所示。

图 18-1 网站布局

图 18-2 页面上半部分效果

图 18-3 页面下半部分效果

4. 设计准备

应用 Bootstrap 框架的页面建议为 HTML 5 文档类型。同时在页面头部区域导入框架的基本样式文件、脚本文件、jQuery 文件和自定义的 CSS 样式文件。

```
<!DOCTYPE html>
<html>
<head>
    <meta charset="UTF-8">
```

```
        <meta name="viewport" content="width=device-width,initial-scale=1, shrink-
to-fit=no">
        <title>Title</title>
        <link rel="stylesheet" href="bootstrap-4.2.1-dist/css/bootstrap.css">
        <link rel="stylesheet" href="font-awesome-4.7.0/css/font-awesome.css">
        <link rel="stylesheet" href="css/style.css">
        <script src="jquery-3.3.1.slim.js"></script>
         <script src="https://cdn.staticfile.org/popper.js/1.14.6/umd/popper.js"></
script>
        <script src="bootstrap-4.2.1-dist/js/bootstrap.min.js"></script>
    </head>
    <body>
    </body>
    </html>
```

18.2
设计主页面

本案例主要讲述主页面的设计方法，主要包括头部内容、轮播、分类列表、视频内容和脚注等部分。

18.2.1　设计头部内容

头部内容包含比较多，有 Logo、网站名称、搜索框、导航按钮、登录注册按钮和推荐语。Logo、网站名称、搜索框、导航按钮、登录注册按钮使用网格系统布局，使用 Flex 实用程序类排列内容，推荐语使用 Bootstrap 警告框和旋转器组件设计。

```
        <div class="header">
            <div class="row no-gutters">
                <div class="col-6">
                    <div class="row">
                        <div class="col-1">
                            <i class="fa fa-life-ring fa-4x text-success"></i>
                        </div>
                        <div class="col-4 text-center ml-3">
                            <h3 class="header-size"><a href="#">神影视频</a></h3>
                            <span><a href="#">ShenYingWang</a></span>
                        </div>
                    </div>
                </div>
                <div class="col-6">
                    <div class="d-flex justify-content-end">
                        <div class="form-inline">
                            <input type="search" class="form-control" placeholder="
搜索">
                                <a href="#" class="btn btn-success"><i class="fa fa-
search"></i></a>
                        </div>
                    </div>
```

```
                    <ul class="nav size1 justify-content-end">
                        <li class="nav-item">
                            <a class="nav-link" href="#">三生三世十里桃花</a>
                        </li>
                        <li class="nav-item">
                            <a class="nav-link" href="#">仙剑奇侠传</a>
                        </li>
                        <li class="nav-item">
                            <a class="nav-link" href="#">诛仙</a>
                        </li>
                    </ul>
                </div>
            </div>
            <div class="row no-gutters mt-2">
                <div class="col-6">
                    <a href="" class="btn btn-warning">首页</a>
                    <a href="" class="btn btn-warning">电影</a>
                    <a href="" class="btn btn-warning">电视剧</a>
                    <a href="" class="btn btn-warning">动漫</a>
                    <a href="" class="btn btn-warning">综艺</a>
                </div>
                <div class="col-6 text-right">
                    <a href="" class="btn btn-warning">登录</a>
                    <a href="" class="btn btn-warning">注册</a>
                </div>
            </div>
            <div class="alert alert-success mt-3">
                <div class="spinner-border spinner-border-sm text-info">
                    <span class="sr-only">Loading...</span>
                </div>
                如果您喜欢神影视频,请把它推荐给更多的人!
            </div>
        </div>
    </div>
```

设计样式代码如下:

```
body{
    background: #ececec;              /*定义主体背景色*/
    font-family: 微软雅黑;           /*定义主体字体颜色*/
}
.header-size{
    font-size: 2rem;                 /*定义字体大小*/
}
.size1{
    font-size: 0.8rem;               /*定义字体大小*/
}
```

在 IE 11 浏览器中运行，头部效果如图 18-4 所示。

图 18-4　头部效果

18.2.2 设计轮播

本例使用 Bootstrap 轮播组件进行设计，没有添加任何的自定义样式，删除的 Bootstrap 自带的标题和文本说明。关于轮播的具体内容可查看本书的第 12 章。

```
<div id="Carousel" class="carousel slide" data-ride="carousel">
        <!--标识图标-->
        <ol class="carousel-indicators">
            <li data-target="#Carousel" data-slide-to="0" class="active"></li>
            <li data-target="#Carousel" data-slide-to="1"></li>
            <li data-target="#Carousel" data-slide-to="2"></li>
        </ol>
        <!--幻灯片-->
        <div class="carousel-inner">
            <div class="carousel-item active">
                <img src="image/11.jpg" class="d-block w-100" alt="">
            </div>
            <div class="carousel-item">
                <img src="image/12.png" class="d-block w-100" alt="">
            </div>
            <div class="carousel-item">
                <img src="image/10.jpg" class="d-block w-100" alt="">
            </div>
        </div>
        <!--控制按钮-->
        <a class="carousel-control-prev" href="#Carousel" data-slide="prev">
          <span class="carousel-control-prev-icon"></span>
        </a>
        <a class="carousel-control-next" href="#Carousel" data-slide="next">
          <span class="carousel-control-next-icon"></span>
        </a>
    </div>
```

在 IE 11 浏览器中运行，轮播效果如图 18-5 所示。

图 18-5　轮播效果

18.2.3 设计分类列表

电影分类列表使用 Bootstrap 进行布局，一行四列，占网格系统的份数分别为 4、4、2 和 2。每列内容都是由标题和内容包含框组成的，标题中使用了 Bootstrap 中卡片的

card-header 类，并覆盖了部分样式；内容使用超链接设计，并添加伪类（hover）设置悬浮效果，如图 18-6 所示。

图 18-6　悬浮效果

具体代码如下：

```
<div class="row my-3">
    <div class="col-4">
        <h5 class="card-header">按热播排行</h5>
        <div class="p-1 bg-white">
            <a href="#" class="btn color4">本周最火</a>
            <a href="#" class="btn color4">历史最火</a>
            <a href="#" class="btn color4">最新上映</a>
            <a href="#" class="btn color4">评分最高</a>
            <a href="#" class="btn color4">女性专场</a>
            <a href="#" class="btn color4">罪恶题材</a>
        </div>
    </div>
    <div class="col-4">
        <h5 class="card-header">按类型</h5>
        <div class="p-1 bg-white">
            <a href="#" class="btn color4">爱情</a>
            <a href="#" class="btn color4">动作</a>
            <a href="#" class="btn color4">喜剧</a>
            <a href="#" class="btn color4">惊悚</a>
            <a href="#" class="btn color4">恐怖</a>
            <a href="#" class="btn color4">悬疑</a>
            <a href="#" class="btn color4">科幻</a>
            <a href="#" class="btn color4">历史</a>
            <a href="#" class="btn color4">灾难</a>
            <a href="#" class="btn color4">经典</a>
        </div>
    </div>
    <div class="col-2">
    <h5 class="card-header">按地区</h5>
        <div class="p-1 bg-white">
        <a href="#" class="btn color4">内地</a>
            <a href="#" class="btn color4">港台</a>
            <a href="#" class="btn color4">欧美</a>
        </div>
    </div>
    <div class="col-2">
        <h5 class="card-header">按电影基因</h5>
        <div class="p-1 bg-white">
            <a href="#" class="btn color4">抗日</a>
            <a href="#" class="btn color4">间谍</a>
            <a href="#" class="btn color4">硬汉</a>
            <a href="#" class="btn btn-outline-success btn-sm">更多</a>
        </div>
    </div>
</div>
```

设计的样式代码如下：

```
.color4{
    font-size: 0.9rem;                    /*定义字体大小*/
}
```

```
.color4:hover{
    background: #00cc00;                    /*定义背景色*/
    color: white;                          /*定义字体颜色*/
}
.card-header{
    border: 0;                             /*定义边框为0px*/
    background: #dedede;                   /*定义背景颜色*/
    font-size: 1rem;                       /*定义字体大小*/
    border-left: 3px solid #00cc00;        /*定义左边边框*/
}
```

在 IE 11 浏览器中运行，电影分类列表效果如图 18-7 所示。

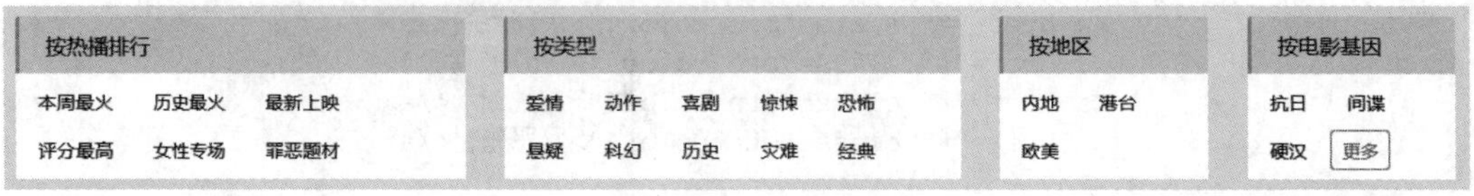

按热播排行			按类型					按地区		按电影基因	
本周最火	历史最火	最新上映	爱情	动作	喜剧	惊悚	恐怖	内地	港台	抗日	间谍
评分最高	女性专场	罪恶题材	悬疑	科幻	历史	灾难	经典	欧美		硬汉	更多

图 18-7　电影分类列表效果

18.2.4　设计"视频内容"页面

"视频内容"页面包括左右两部分，左边是最新视频的展示部分，右侧是对应视频的热度排行榜。使用 Bootstrap 网格系统进行布局，一行两列，分别占 9 份和 3 份。

左侧展示了最新的电影和电视剧，再嵌套一层网格系统，定义 4 列，每列占 3 份。每列内容由图片、视频名称和说明组成，为图片添加了 2D 缩放效果，为视频名称和说明添加了伪类悬浮效果。

```
<div class="row pl-3 scale">
    <div class="col-9 bg-white pt-3">
        <div class="d-flex justify-content-between">
            <div><h3><div class="border1 mr-2"></div>最新电影</h3></div>
            <div><a href="#" class="btn btn-outline-danger btn-sm">更多</
a></div>
        </div>
        <div class="row no-gutters">
            <div class="col-3 p-1">
                <img src="image/01.png" alt="" class="img-fluid">
                <h5 class="color1">绿巨人2</h5>
                <p class="color2">最帅绿巨人诺顿</p>
            </div>
            <div class="col-3 p-1">
                <img src="image/02.png" alt="" class="img-fluid">
                <h5 class="color1">蚁人</h5>
                <p class="color2">漫威宇宙第二阶段收官之作</p>
            </div>
            <div class="col-3 p-1">
                <img src="image/03.png" alt="" class="img-fluid">
                <h5 class="color1">复仇者联盟三部连看</h5>
                <p class="color2">漫威英雄齐聚</p>
            </div>
            <div class="col-3 p-1">
```

```
                    <img src="image/04.png" alt="" class="img-fluid">
                    <h5 class="color1">钢铁侠3</h5>
                    <p class="color2">钢铁侠的崛起</p>
                </div>
            </div>
            <div class="d-flex justify-content-between mt-2">
                <div><h3><span class="border2 mr-2"></span>最新电视剧</h3></div>
                <div><a href="#" class="btn btn-outline-primary btn-sm">更多</a></div>
            </div>
            <div class="row no-gutters">
                <div class="col-3 p-1">
                    <img src="image/06.png" alt="" class="img-fluid">
                    <h5 class="color1">闪电侠</h5>
                    <p class="color2">宇宙快男大战思考者</p>
                </div>
                <div class="col-3 p-1">
                    <img src="image/07.png" alt="" class="img-fluid">
                    <h5 class="color1">西部世界</h5>
                    <p class="color2">人工智能的终极复仇</p>
                </div>
                <div class="col-3 p-1">
                    <img src="image/08.png" alt="" class="img-fluid">
                    <h5 class="color1">河谷镇</h5>
                    <p class="color2">高颜值悬疑版绯闻女孩</p>
                </div>
                <div class="col-3 p-1">
                    <img src="image/09.png" alt="" class="img-fluid">
                    <h5 class="color1">权力的游戏</h5>
                    <p class="color2">HBO奇幻史诗巨作</p>
                </div>
            </div>
        </div>
    </div>
</div>
```

左侧部分样式代码：

```
.color1{
    font-size: 1rem;              /*定义字体大小*/
    font-weight: bold;            /*定义字体加粗*/
    margin: 10px 0 5px;           /*定义内边距*/
}
.color1:hover{
    color: red;                   /*定义字体颜色*/
}
.scale img:hover{
    transform: scale(1.05);       /*定义2D缩放*/
}
.color2{
    font-size: 0.8rem;            /*定义字体大小*/
    color: grey;                  /*定义字体颜色*/
}
.color2:hover{
    color: black;                 /*定义字体颜色*/
}
```

在 IE 11 浏览器中运行，左侧最新视频展示效果如图 18-8 所示。

图 18-8　最新视频展示效果

　　右侧部分使用列表组进行设计，并更改了默认的内边距样式。关于列表组的介绍请参考本书第 9 章。

```
<div class="row pl-3 scale">
        <div class="col-3">
            <div><h4><i class="fa fa-fire mr-2 text-danger"></i>最热电影</h4></
div>
            <div class="list-group list-group-flush mt-3">
                <a href="#" class="list-group-item list-group-item-action list-
group-item-light">
                    <span class="number1 mr-3">1</span><b class="color3">老师好
</b>
                </a>
                <a href="#" class="list-group-item list-group-item-action list-
group-item-light">
                    <span class="number1 mr-3">2</span><b class="color3">笑盗江
湖</b>
                </a>
                <a href="#" class="list-group-item list-group-item-action list-
group-item-light">
                    <span class="number1 mr-3">3</span><b class="color3">流浪地
球</b>
                </a>
                <a href="#" class="list-group-item list-group-item-action list-
group-item-light">
                    <span class="number3 mr-3">4</span><b class="color3">人间喜
剧</b>
                </a>
                <a href="#" class="list-group-item list-group-item-action list-
group-item-light">
                    <span class="number3 mr-3">5</span><b class="color3">复仇者
联盟3</b>
                </a>
```

```
                    <a href="#" class="list-group-item list-group-item-action list-
group-item-light">
                            <span class="number3 mr-3">6</span><b class="color3">一代宗
师</b>
                    </a>
                    <a href="#" class="list-group-item list-group-item-action list-
group-item-light">
                            <span class="number3 mr-3">7</span><b class="color3">叶问
3</b>
                    </a>
                    <a href="#" class="list-group-item list-group-item-action list-
group-item-light">
                            <span class="number3 mr-3">8</span><b class="color3">风中有
朵雨做的云</b>
                    </a>
                </div>
                    <div class="mt-4 mb-3"><h4><i class="fa fa-fire mr-2 text-
primary"></i>最热电视剧</h4></div>
                    <div class="list-group list-group-flush">
                    <a href="#" class="list-group-item list-group-item-action list-
group-item-light">
                            <span class="number2 mr-3">1</span><b class="color3">仙剑奇
侠传</b>
                    </a>
                    <a href="#" class="list-group-item list-group-item-action list-
group-item-light">
                            <span class="number2 mr-3">2</span><b class="color3">趁我们
还年轻</b>
                    </a>
                    <a href="#" class="list-group-item list-group-item-action list-
group-item-light">
                            <span class="number2 mr-3">3</span><b class="color3">暖暖小
时光</b>
                    </a>
                    <a href="#" class="list-group-item list-group-item-action list-
group-item-light">
                            <span class="number3 mr-3">4</span><b class="color3">何人生
还</b>
                    </a>
                    <a href="#" class="list-group-item list-group-item-action list-
group-item-light">
                            <span class="number3 mr-3">5</span><b class="color3">权力的
游戏</b>
                    </a>
                    <a href="#" class="list-group-item list-group-item-action list-
group-item-light">
                            <span class="number3 mr-3">6</span><b class="color3">遇见爱
情</b>
                    </a>
                    <a href="#" class="list-group-item list-group-item-action list-
group-item-light">
                            <span class="number3 mr-3">7</span><b class="color3">三生三
世十里桃花</b>
                    </a>
                    <a href="#" class="list-group-item list-group-item-action list-
group-item-light">
                            <span class="number3 mr-3">8</span><b class="color3">诛仙</b>
                    </a>
                </div>
            </div>
```

```
</div>
```

右侧部分样式代码如下：

```
.number1{
    padding: 0.3rem 0.65rem;        /*定义内边距*/
    background: red;                /*定义背景颜色*/
    color: white;                   /*定义字体颜色*/
    font-size: 12px;                /*定义字体大小*/
}
.number2{
    padding: 0.3rem 0.65rem;        /*定义内边距*/
    background: blue;               /*定义背景颜色*/
    color: white;                   /*定义字体颜色*/
    font-size: 12px;                /*定义字体大小*/
}
.number3{
    padding: 0.3rem 0.65rem;        /*定义内边距*/
    background: #ffac2b;            /*定义背景颜色*/
    color: white;                   /*定义字体颜色*/
    font-size: 12px;                /*定义字体大小*/
}
.border1{
    height: 20px;                   /*定义高度*/
    display: inline-block;          /*定义行内块级元素*/
    border:3px solid red;           /*定义边框*/
}
.border2{
    height: 20px;                   /*定义高度*/
    display: inline-block;           /*定义行内块级元素*/
    border:3px solid blue;          /*定义边框*/
}
.list-group-item {
    padding: 0.5rem 1rem;           /*定义内边距*/
}
.color3{
    font-size: 1rem;                /*定义字体大小*/
    color: black;                   /*定义字体颜色*/
}
.color3:hover{
    color: red;                     /*定义字体颜色*/
}
```

在 IE 11 浏览器中运行，右侧最热视频排行榜效果如图 18-9 所示。

图 18-9　最热视频排行榜效果

18.2.5　设计脚注

脚注部分由一个导航栏构成，用来指向下一个重要栏目。

```
<div class="footer mt-4 py-4">
        <ul class="nav justify-content-center">
            <li class="nav-item">
                <a class="nav-link active" href="#">关于我们</a>
            </li>
            <li class="nav-item">
                <a class="nav-link" href="javascript:void(0)">|</a>
            </li>
            <li class="nav-item">
                <a class="nav-link" href="#">联系我们</a>
            </li>
            <li class="nav-item">
                <a class="nav-link" href="javascript:void(0)">|</a>
            </li>
            <li class="nav-item">
                <a class="nav-link" href="#">诚聘英才</a>
            </li>
            <li class="nav-item">
                <a class="nav-link" href="javascript:void(0)">|</a>
            </li>
            <li class="nav-item">
                <a class="nav-link" href="#">友情链接</a>
            </li>
        </ul>
        <div class="text-center size2">电影卫星频道节目中心</div>
</div>
```

设计样式如下：

```
.footer{
    border-top:2px solid white;            /*定义顶部边框*/
}
.footer a, .size2{
    font-size: 0.8rem;                     /*定义字体大小*/
    color: black;                          /*定义字体颜色*/
}
.footer a:hover{
    color: red;                            /*定义字体颜色*/

}
```

在 IE 11 浏览器中运行，脚注页面效果如图 18-10 所示。

图 18-10　脚注页面效果